质量保障

— 筑 梦 之 路 · 臻 于 至 善 —

网易互动娱乐事业群 | 编著
网易游戏学院 | 游戏研发入门系列丛书

清华大学出版社
北 京

内 容 简 介

本书为"网易游戏学院·游戏研发入门系列丛书"中的系列之四"质量保障"单本。本书通过 3 篇（共 7 章）的篇幅，从"道法术器"各个维度全方位地介绍了游戏质量保障领域的相关知识。包括网易游戏测试团队的质量观和质量团队、质量保障方法和测试案例，以及相应质保测试技术与工具等的内容。书籍以网易游戏十多年的质量保障工作经验积淀为基础，内容丰富，体系完善，层次清晰。作者均为一线的游戏质保人员，行文通俗易懂，初学者及非游戏专业的读者可以通过本书一窥游戏质保职业的全貌与知识技能体系，专业从业者则可以系统地学习参考一些知识点与案例，激发灵感，解决现实遇到的问题。

图书在版编目（CIP）数据

质量保障：筑梦之路·臻于至善 / 网易互动娱乐事业群编著 . —北京：清华大学出版社，2020.12（2025.2重印）
（网易游戏学院·游戏研发入门系列丛书）
ISBN 978-7-302-56920-6

Ⅰ. ①质… Ⅱ. ①网… Ⅲ. ①游戏程序－程序设计 Ⅳ. ① TP317.6

中国版本图书馆 CIP 数据核字（2020）第 226868 号

责任编辑：贾　斌
装帧设计：易修钦　庞　健　殷　琳　唐　荣
责任校对：徐俊伟
责任印制：宋　林

出版发行：清华大学出版社
　　　　网　　　址：https://www.tup.com.cn，https://www.wqxuetang.com
　　　　地　　　址：北京清华大学学研大厦 A 座　　　邮　　编：100084
　　　　社 总 机：010-83470000　　　邮　　购：010-62786544
　　　　投稿与读者服务：010-62776969，c-service@tup.tsinghua.edu.cn
　　　　质量反馈：010-62772015，zhiliang@tup.tsinghua.edu.cn
　　　　课件下载：http://www.tup.com.cn，010-83470236
印 装 者：小森印刷（北京）有限公司
经　　销：全国新华书店
开　　本：210mm×285mm　　印　张：14.5　　　字　　数：436 千字
版　　次：2020 年 12 月第 1 版　　　印　　次：2025 年 2 月第 4 次印刷
印　　数：4001～4500
定　　价：118.00 元

产品编号：085403-01

INTRODUCTION
OF SERIES

丛书简介

"网易游戏学院·游戏研发入门系列丛书"是由网易游戏学院发起，网易游戏内部各领域专家联合执笔撰写的一套游戏研发入门教材。本套教材包含七册，涉及游戏设计、游戏开发、美术设计、美术画册、质量保障、用户体验、项目管理等。书籍内容以网易游戏内部新人培训大纲为体系框架，以网易游戏十多年的项目研发经验为基础，系统化地整理出游戏研发各领域的入门知识。旨在帮助新入门的游戏研发热爱者快速上手，全面获取游戏研发各环节的基础知识，在专业领域提高效率，在协作领域建立共识。

丛书全七册一览

01	02	03	04	05	06	07
游戏设计	游戏开发	美术设计	质量保障	用户体验	项目管理	美术画册
筑梦之路·万物肇始	筑梦之路·造物工程	筑梦之路·妙手丹青	筑梦之路·臻于至善	筑梦之路·上善若水	筑梦之路·推演妙算	筑梦之路·游生绘梦

PREFACE
丛书序言

网易游戏的校招新人培训项目"新人培训 – 小号飞升，梦想起航"第一次是在 2008 年启动，刚毕业的大学生首先需要经历为期 3 个月的新人培训期：网易游戏所有高层和顶级专家首先进行专业技术培训和分享，新人再按照职业组成一个小型的 mini 开发团队，用 8 周左右时间做出一款具备可玩性的 mini 游戏，专家评审之后经过双选正式加入游戏研发工作室进行实际游戏产品研发。这一培训项目经过多年成功运营和持续迭代，为网易培养出六千多位优秀的游戏研发人才，帮助网易游戏打造出一个个游戏精品。"新人培训 – 小号飞升，梦想起航"这一项目更是被人才发展协会（Association for Talent Development，ATD）评选为 2020 年 ATD 最佳实践（ATD Excellence in Practice Awards）。

究竟是什么样的培训内容能够让新人快速学习并了解游戏研发的专业知识，并能够马上应用到具体的游戏研发中呢？网易游戏学院启动了一个项目，把新人培训的整套知识体系总结成书，以帮助新人更好地学习成长，也是游戏行业知识交流的一种探索。目前市面上游戏研发的相关书籍数量种类非常少，而且大多缺乏连贯性、系统性的思考，实乃整个行业之缺憾。网易游戏作为中国游戏行业的先驱者，一直秉承游戏热爱者之初心，对内坚持对每一位网易人进行培训，育之用之；对外，也愿意担起行业责任，更愿意下挖至行业核心，将有关游戏开发的精华知识通过一个个精巧的文字共享出来，传播出去。我们通过不断的积累沉淀，以十年磨一剑的精神砥砺前行，最终由内部各领域专家联合执笔，共同呈现出"网易游戏学院·游戏研发入门系列丛书"。

本系列丛书共有七册，涉及游戏设计、游戏开发、美术设计、质量保障、用户体验、项目管理等六大领域，另有一本网易游戏精美图集。丛书内容以新人培训大纲为框架，以网易游戏十多年项目研发经验为基础，系统化整理出游戏研发各领域的入门知识体系，希望帮助新入门的游戏研发热爱者快速上手，并全面获取游戏研发各环节的基础知识。与丛书配套面世的，还有我们在网易游戏学院 App 上陆续推出的系列视频课程，帮助大家进一步沉淀知识，加深收获。我们也希望能借此激发每位从业者及每位游戏热爱者，唤起各位那精益求精的进取精神，从而大展宏图，实现自己的职业愿景，并达成独一无二的个人成就。

游戏，除了天然的娱乐价值外，还有很多附加的外部价值。譬如我们可以通过为游戏增添文化性、教育性及社交性，来满足玩家的潜在需求。在现实生活中，好的游戏能将世界范围内，多元文化背景下的人们联系在一起，领步玩家进入其所构筑的虚拟世界，扎根在同一个相互理解、相互包容的文化语境中。在这里，我们不分肤色，不分地域，我们沟通交流，我们结伴而行，我们变成了同一个社会体系下生活着的人。更美妙的是，我们还将在这里产生碰撞，还将在这里书写故事，我们愿举起火把，点燃文化传播的引信，让游戏世界外的人们也得以窥见烟花之绚烂，情感之涌动，文化之多元。终有一日，我们这些探路者，或说是学习者，不仅可以让海外的优秀文化走进来，也有能力让我们自己的文化走出去，甚至有能力让世界各国的玩家都领略到中华文化的魅力。我们相信这一天终会到来。到那时，我们便不再摆渡于广阔的海平面，将以"热爱"为桨，辅以知识，乘风破浪！

放眼望去，在当今的中国社会，在科技高速发展的今天，游戏早已成为一大热门行业，相信将来涉及电子游戏这个行业的人只多不少。在我们洋洋洒洒数百页的文字中，实际凝结了大量网易游戏研发者的实践经验，通过书本这种载体，将它们以清晰的结构展现出来，跃然纸上，非常适合游戏热爱者去深度阅读、潜心学习。我们愿以此道，使各位有所感悟，有所启发。此后，无论是投身于研发的专业人士，还是由行业衍生出的投资者、管理者等，这套游戏开发丛书都将是开启各位职业生涯的一把钥匙，带领各位有志之士走入上下求索的世界，大步前行。

文富俊
网易游戏学院院长、项目管理总裁

TABLE
OF
PREFACE

序

计算机软件正在越来越深入我们的日常生活与工作，并且扮演着越来越重要的角色。计算机软件正在悄然地改变着现实世界。软件产品已经成为人类最重要的产品之一。

如果软件产品的质量出现问题，则有可能会让用户和软件研发公司蒙受损失，这种损失甚至有可能是灾难性的。因此，软件测试与质量保障（QA）已经成为软件产品生存和发展的生命线，是提高软件产品市场竞争力，实现软件研发公司营销目标的重要保证。随着计算机软件的迅猛发展，社会需要大量的软件测试与质量保障技术人才；然而，目前软件测试与质量保障并没有得到足够的重视，甚至众多软件公司的管理人员与工程师对软件测试与质量保障技术的理解与掌握还不到位。这些都造成了软件测试与质量保障技术人才的严重缺乏。

本书内容无疑将会改善当前的这种局面。它由网易游戏学院牵头与网易游戏质量保障中心共同组织多年在一线工作并拥有丰富实践经验的游戏软件测试与质量保障专家编写的培训资料整理汇编而成。它是众多大量实际游戏软件测试与质量保障案例实践与探索的结晶。文字叙述，结合具体实践案例，生动形象，深入浅出，通俗易懂；在内容上，逻辑严密、体系完整、内涵丰富，非常实用。相信这本教材将有助于读者理解和掌握软件测试与质量保障技术，尤其是在游戏软件方面。

软件测试与质量保障的目标就是使软件产品"臻于至善"。从内容中也可以看出本书的组织者与编写者对本书"臻于至善"的追求。目前，游戏软件测试与质量保障技术研究和培训事业在国内并未成熟。本书提供了很有价值的探索思路与成果，对整个软件行业的软件测试与质量保障技术的研究和培训也具有很好的参考价值。

"臻于至善"并不是说本书已经十全十美，而是体现出了那种永不止息地对产品、对技术以及对人才培养不断精益求精的进取精神。本书只是从软件技术层面谈论游戏软件测试与质量保障，没有涉及游戏软件在伦理道德和社会责任层面的质量保障。这是一个非常有争议而且令人深思的问题。如何在向人民群众提供健康有益的文化娱乐产品的同时，及早发现或避免出现由于游戏软件而引发的个人或社会问题，是当前的一个重大难题。这个问题有时也会是灾难性的。我本人非常期待这方面的质量保障体系，也希望能够引起相关人员的重视，并开展这方面的"臻于至善"的探索。

—雍俊海

清华大学软件学院教授

2019 年 3 月 3 日于北京清华园

PREFACE

前言

爱玩是人类的天性，而玩的方式总会随着社会技术进步变得丰富，于是电子技术的发展普及便自然催生了"电子游戏"这一新兴娱乐产业。"电子游戏"作为一类提供娱乐功能的特殊软件，其内涵可以非常丰富：除了软件技术，还包括了我们所能想到的各种愉悦大众的玩法设计、艺术和文化。给这么一类复杂的娱乐软件做质量保障从来不是一件容易的事情，加上目前市面游戏产品众多且竞争巨大，过去单纯的"让游戏可玩"的质量目标早已提升到"让玩家玩好"，这也对游戏行业的质量保障工作提出了不少严苛要求。

从 2003 年组建至今，网易游戏 QA 团队伴随着网易游戏，跟大量优秀项目共同成长：众多超长生命期的优秀产品，让我们在质量服务中培养了更加高远的质量视角；各类高热度爆款头部产品，则给我们的质量服务提出了更高的质量目标，也让我们的服务边界不断扩大，服务能力不断提升；而能容纳大量不同类型游戏并头开发的大体量，则让我们的质量服务得以在大量项目实践下不断改进、验证和推广；作为行业的一份子，我们非常乐意和同行分享这十多年积累的经验，同时我们也希望有兴趣加入我们行列的新人清晰看到这个行业的职能画像，于是借着此次丛书出版的机会，编撰了此书。

我们认为一套相对完整的经验体系离不开"道法术器"几个层次，而本书也从"道法""术"和"器"三大部分进行介绍，依次让读者了解网易游戏 QA 团队的质量观和团队组织方法、实施质量保障的方法，以及一些质保技术和工具的落地应用案例。三个篇章形成了自上而下的三个相互独立而不失联系的内容维度，希望读者能透过这三个代表不同维度的章节内容，全面了解我们的质保工作从思路到落地的全貌；另外不同职业角色、不同关注点的读者也能方便地从中选取感兴趣的内容深入阅读。

本书第一篇"道法自然——网易游戏的质量观和质量团队"，主要介绍了部门的价值观还有质量团队。质量观是个抽象的概念，在这部分内容中，我们通过部门的发展改革历史以及对 QA 广阔职业舞台的论述，让各位读者了解隐藏在案例背后的质量观；质量团队介绍的部分则给读者介绍了合格 QA 的画像、如何开展团队协作以及团队培训成长方面的内容。

第二篇"神术妙策——质量保障方法和测试案例"，这部分内容会从"理解测试业务""测试设计与管理"和"专项业务测试与实践"三大部分进行介绍，让读者从中了解到一些质保业务核心环节的理念和实施方法，另外众多来自一线项目的真实案例相信也能给到读者不少启发。

第三篇"积厚成器——测试技术与工具"，这部分内容主要是介绍一些测试工具的实践案例。"测试开发技术"挑选了几个深入的技术解决方案进行介绍，"测试平台实践案例"展出了三个较为综合的工具平台。这部分内容虽以技术介绍为主线，但读者可以轻松窥见技术内容背后"用测试工具解决难题、提升效率和改进流程"的思路。

本书所有内容均来自部门一线业务专家们的内部分享，我们相信实训锤炼出真知，这些一线经验必定能给各位读者带来更为宽阔的视角，以及不少有益的启发。感谢各位业务专家，在繁忙的工作中抽出时间对本书内容进行编写和校对，如果没有他们的全心投入，本书将很难顺利完成。感谢清华大学软件学院雍俊海教授为本书作序。感谢业务专家陈觉晓、潘少彬的组织统筹。感谢网易游戏学院－知识管理部的同事们在内容整理和校对上注入了极大的精力。感谢清华大学出版社的贾斌老师，柴文强老师以及其他幕后的编审人员为本书进行的细致的查漏补缺工作，保证了本书的质量。

我们希望用出版书籍这种特殊的交流方式跟同行以及未来的同行"对话"，为整个游戏质量保障行业的进步和提升尽我们一点绵薄之力，祝各位开卷有益。

网易互娱 · 质量保障书籍编委会

TABLE
OF
CONTENTS

目录

02 神术妙策
质量保障方法和测试案例
MAGICAL TECHNIQUES — QUALITY ASSURANCE METHODS AND TEST CASES

03 积厚成器
测试技术与工具
QA TECHNOLOGY AND TOOLS

理解测试业务 / 03

测试设计与管理 / 04

专项业务测试与实践 / 05

测试开发技术 / 06

测试平台实践案例 / 07

QUALITY CONCEPT AND QA TEAM IN NETEASE GAMES

01

道法自然——网易游戏的质量观和质量团队

01 我们眼中的质量
How We See Quality Assurance

网易游戏质量保障中心，肩负着维护产品质量与过程质量的重任。它既是保障游戏品质的一道坚固"防线"，更是一台推动改进游戏品质的"发动机"。这样的防线与发动机，是如何一步步建立起来的？QA 人员秉持着何种质量之道？工作和业务中有哪些挑战和施展才能的空间？就让本章为你揭示这些问题的答案吧。

1.1 质量观的建立部门的启航

本节是一个老员工的回忆。文章回顾了网易游戏质量保障中心从零开始组建的历程，带读者游历整个部门的起步、发展和壮大。从中你也将看到网易 QA 在质量方面秉持的信念，以及质量保障能力的一次次跃升。

各位读者好。我是网易游戏质量保障中心（简称 QA 部）的一名老员工，在本书的第一篇章，我想为大家介绍一下，这个部门里的一群人，持有着怎样的信念，以及这个部门是如何一步步成长起来的。

1.1.1 QA 部的建立

时间回到 2003 年，网易游戏的第一款成功产品——《大话西游 2》正式开始收费运营已有半年时间了。玩家的反响非常不错。但公司领导们面对着一个急需解决的情况：《大话西游 2》的团队里有策划、程序员、美术、市场、客服等人员，却并没有测试人员。由于未经过专门的测试，对外发布的版本，总有这样那样的问题。客服同事疲于接待投诉的玩家，策划、程序也要不停地花大量的时间精力来改正出现的错误。

我在历史记录里，查阅了 2002 年《大话西游 2》的重大错误（见图 1-1）。

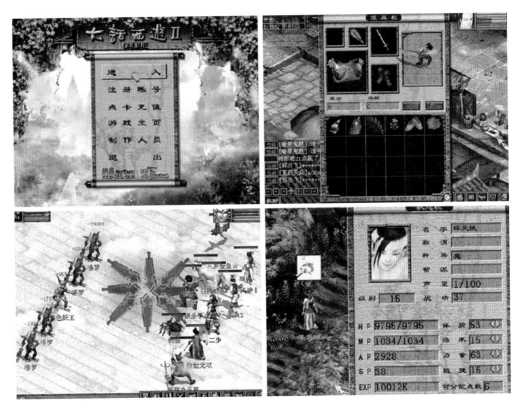

图 1-1　《大话西游 2》2002 年重大 BUG 示意图

- 野鬼 Bug——产生于 2002 年 6—8 月间的公开测试中。老版野生召唤兽"野鬼"捕捉后其成长率即可达 1.666。这种成长率本应是稀有的,需要玩家设法提升的。玩家的游戏难度因而降低,策划的设计目标就因为填错数字而落空。

弥补措施:保留已携带在玩家身上的老版野鬼,限制不可转生,不能像其他召唤兽一样继续提升成长率。

- 召唤兽抗性 Bug——产生于 2002 年 6—8 月间的公开测试中。抗性是抵御伤害、抵御法术效果的能力。部分设计成初始属性为抗物理伤害的召唤兽,却变成了法术抗性,例如初始抗混乱属性为 30 的猴子,这使得混乱法术的作用被弱化了。Bug 的产生原因是填错了文字。

弥补措施:大部分出错召唤兽由系统回收,也许还有少量继续存在于游戏中。

- 帮捐 Bug——大约发生于 2002 年国庆中秋期间。在帮派账房处捐钱时,若在钱数前面加负号(例如 -8000000),玩家反而得到相应金钱。有玩家使用这些金钱购买了点卡,玩家利用 Bug 轻松获得巨大收益(点卡是玩家充值所得,可以用于抵扣游戏时间,也可以卖给其他玩家获得金钱)。

弥补措施:数据回退。系统没收玩家非法所得的金钱。已购买的点卡,系统予以保留,玩家仍可用于抵扣游戏时间(因此,这也是公司的直接经济损失)。

- PK 系统 Bug——大约发生于 2002 年岁末。PK 系统即玩家间的决斗玩法,某次更新:PK 者或被 PK 者在战斗中死亡,将损失 1% 的经验。同时,玩家 90 级以后每升 1 级被 PK 的损失减少 0.1%。于是,100 级的 PK 损失是 0%。101 级开始,玩家反而会获得经验。于是,玩家可利用此 Bug 轻松赚经验!

弥补措施：更改 PK 系统损失规则，并对使用该 Bug 赚经验者处以降级处罚。

这里列出的每一个错误，都会严重地破坏游戏的平衡，缩短游戏的寿命，是重大的游戏运营事故。短短的半年内，如此严重的问题，有四次之多，其他的小修小改就更别提了。换成今时今日，也许游戏的用户会迅速流失，被其他竞争产品带走。

而且，这每一个错误，重现条件并不复杂。如能提前发现，就可以挽回巨大的损失。因此，游戏部领导决定在当时的游戏技术部下面，建立一个 QC 组，专职测试工作。这正是 QA 部的前身。

1.1.2 QA 部的职权和质量观

回想 2003 年，国产游戏刚刚起步，一切都在摸索。QC 组初建，大家只知道自己的职责是发现问题，努力避免让玩家遇到问题。但具体可以做些什么，有什么样的权力并不清楚。这里有一个我听说的故事。

在某次内部开发测试时，测试人员发现了一些问题，认为会产生比较重要的影响。这个问题反馈给策划、程序，却没有得到认同。他们认为问题影响不大，版本可以继续外放。最终，策划、程序坚持己见，将版本外放了。外放以后，真的如同测试人员预期的一般，问题招致了玩家的不满。自此以后，游戏部领导决定，测试报告第一项为测试人员是否同意外放。如果测试人员不同意外放，策划程序仍然坚持外放，就必须由产品经理拍板决定。当然，产品经理也要为决定负起责任。

这个故事，也是我刚刚加入网易时，从前辈口中听来的。听完这个故事的时候，我忽然觉得有一种腰板挺起来的感觉，也忽然觉得肩膀上多了些什么。我忍不住想，自己今后绝不能在测试报告上轻易地写下"测试通过，同意发布"，也绝不可以随便地让问题从手中漏过去。

另外一个故事，是我亲身经历的。*popogame* 是网易游戏在 2005 年推出的一款休闲类游戏平台（见图 1-2）。在产品即将首次发布的前几天，游戏部领导专门来到我们的座位，了解一线情况。他走走停停，跟大家打招呼，聊上两句。后来，就走到了负责游戏大厅的程序员面前。

他关心地问："xx 模块，现在没什么问题吧？"

程序同学答到："有些 Bug，我已经修改了。QC 同学测试一下就 OK 了。"

图 1-2 《popogame》之斗地主游戏截图

这时，领导认真地说："我不希望再听到这个说法。不是 QC 测过，你们就不管了。质量也是你们的责任，你们自己也要检查。"

好吧，我承认，我立刻成为这位领导的粉丝了。他的言行再次给我注入了充足的正能量。

各位读者，我曾经听说一些同行的经历，他们有着一些"糊涂"的领导。领导认为测试人员发现错误是很容易的事，有错误没发现就是测试人员的错。他们还希望不要在测试上耽误时间，测试时间越短越好。这些领导，还未能正确理解"质量"，还心存侥幸。在这样的情况下，测试人员需要先花时间向领导传递正确的质量观，在公司内普及质量文化，取得从上到下的支持。

而网易 QA 部，却在一开始就成长于一种健康的组织文化、质量文化中，真是何其幸运！在这样的背景下，QA 部在质量观方面也拥有了一个很朴实、很高的起点：

（1）零 Bug。

（2）令玩家满意。

那么，如何达成这些目标呢？

1.1.3 如何“零”Bug

老实说，零 Bug 是一个几乎难以企及的目标。如今的游戏产品本身极具复杂性，激烈的市场竞争带来了产品上线加速，已经决定了这是一个看起来很美却难以摘到的果实。然而，如果一个质量部门从未放弃过这个“梦想”，还是可以在探索的道路上越来越接近它，整个部门也会欣喜地看到自己因此而变得强大。网易 QA 部正是从未放弃过这种努力。

以下，就为各位读者列出一些我们所做的事情。

/ 让功能测试更深入

功能测试，包括文档分析、用例设计，是 QA 的基本功。外放遗漏里，有相当大的比例，是 QA 遗漏了一些需要测试的情况。简化地看，我们可以认为是三个层次。

一是需求的遗漏。没有做好测试用例准备工作，或策划需求在开发工作中有所变动，都可能导致某块内容被漏测了。对此，我们会组织用例 review、加强需求监控的流程，来减少类似的失误（见图 1–3 和图 1–4）。

日期	编辑者	编辑说明
2018/2/5		创建文档
2018/4/13		根据三方和实际开发结果明确文档，之后做出的改动都会以更新编辑列表的形式 细化了一些tips的文案 删除了大雁塔二考验 更新了粽子大战领任务npc（已填表） 更新了粽子大战缩圈具体规则和时间 更新了粽子大战的奖励规则 更新总体活动时间 更新了活动结束时注意事项 更新了粽子大战详细规则 更新了粽子大战客户端场景出处
2018/4/16		更新了粽子大战总时间限制 更新了缩圈之后玩家被推挤的规则 更新了粽子死亡后保留尸体的规则 更新了平局规则 进一步详细描述了每个任务的流程
2018/4/24		优化暂离逻辑 更新活跃度说明 更新赛龙舟奖励方案
2018/4/27		新增赛龙舟BUFF道具功能，详见赛龙舟标签页；4 迭代需求：路径增加拾取道具

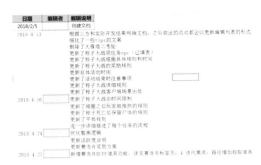

图 1-3 游戏文档更新的例子

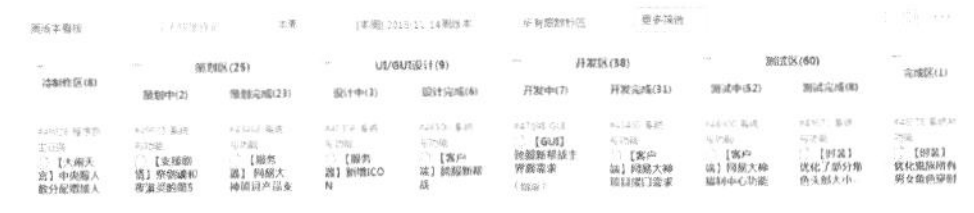

图 1-4 需求管理系统

二是游戏的情景想象不足。一个双人的玩法，在MMO的游戏世界里涉及的，就可能是三个、四个甚至更多的玩家。仅仅把思路停留在游戏策划文档里，是会漏掉一些测试内容的。改善这个方面的最好方法，就是真正地去玩一款游戏，让自己充分理解玩家玩游戏时想些什么、遇到些什么、感受是怎样的。

因此，网易 QA 部非常重视整个部门的游戏体验，在部门里有明确的日常体验要求，为营造氛围还鼓励大家参加内部比赛（见图 1–5）。

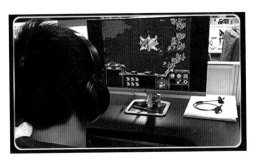

图 1-5 星际争霸重制版比赛

三是对游戏内部的技术机制不了解。仅以黑盒角度去进行测试，必然会有些逻辑无法覆盖到。我们尝试了灰盒测试、探索性测试，近几年甚至充分地进行代码的阅读，在此基础上去设计更全面的测试用例，图 1–6 显示了学习探索性测试非常有价值的参考工具。作为最最基础的工作，功能测试还在不断地被实践和探索，如何做到精准有效？如何减少重复错误？在第 3 和第 4 章还有更多的论述。

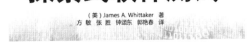

图 1-6 著名测试专家 James A.Whittaker 的著作

除了用例设计方法上改进，我们也引入了辅助工具，例如静态代码检查，代码覆盖检查。这些辅助工具，可以有效地帮助我们规避常见问题（见图 1–7 和图 1–8）。

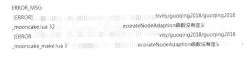

图 1-7 静态代码检查，发现未定义变量

图 1-8　用例执行后的代码覆盖检查

/ 探索专项测试

2005 年，popogame 的测试工作中，我们首次尝试了性能测试。之后，每一款休闲游戏，都会使用录像方式，进行性能测试（见图 1-9）。

图 1-9　第一份性能测试报告

2012 年，在《龙剑》项目，我们自主开发了客户端性能测试工具，为程序员提供了清晰的瓶颈定位。

到了今天，如图 1-10 所示，借助于云平台，《阴阳师》《荒野行动》这样的产品可以进行 10 万甚至 100 万级别的压力测试。

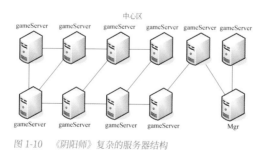

图 1-10　《阴阳师》复杂的服务器结构

2014 年，随着手游时代的到来，网易游戏 QA 部在广杭两地同时组建了 MTL 实验室。

实验室拥有非常全面的真机设备，可以对游戏客户端进行兼容性、电量等各类专项测试，迎接着手游时代的设备多样性所带来的挑战（见图 1-11）。

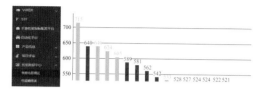

图 1-11　电量测试

为了更好地进行各项专项测试工作，我们也逐渐建立了 Qkit、FiT 等完整的工具平台（见图 1-12 和图 1-13），（详见第 7 章）。

图 1-12　Qkit 工具集成

图 1-13　FiT 安全测试

/ 用变动监控和自动化来应对版本迭代

2008 年，我们在《精灵传说》自研了 Excel 表格 diff 工具，让执行测试的同学能够一眼看出表格有哪些修改（见图 1-14）。

2009 年，《创世西游》项目的 QA 同学尝试自研了 QAuto 语言，用于编写专用的自动化测试脚本。

到了今天，我们有非常全面的变动监控网站，有明确的变动确认流程。而 Airtest 这种专门针对手游的自动化测试框架，可以用 Python 语言和图像识别来编写通用的自动化测试脚本（见图 1-15）。这一框架受到 Google 的欢迎，在 2018 的 GDC 大会 Google 专场亮相（详见第 6 章）。

子表:时装店-男（行数:7）

修改行（行数:3）

结果（修改）	主键		标记(旧)	标记(新)
第10行:	暖冬将至(男)(周)			新品
结果（修改）	主键		标记(旧)	标记(新)
第11行:	暖冬将至(男)(月)			新品
结果（修改）	主键		标记(旧)	标记(新)
第12行:	暖冬将至(男)(永久)			新品

新增行（行数:4）

结果(新增)	主键	物品类型名称	说明	价格类型	价格	大图标	标记
新数据(第3行):	梦幻情人(男)(周)	梦幻情人(男)(周)	象征着美好爱情的玫瑰，只献给梦幻般的爱人...	水晶	99.0	梦幻情人(男)大图标	新品
新数据(第4行):	春节·萌宠(男)(周)	春节·萌宠(男)(周)	举国欢腾的喜庆节日，穿上福气满满的新衣吧！	水晶	99.0	春节·美好(男)大图标	新品
新数据(第5行):	春节·萌宠(男)(月)	春节·萌宠(男)(月)	举国欢腾的喜庆节日，穿上福气满满的新衣吧！	水晶	299.0	春节·美好(男)大图标	新品
新数据(第6行):	春节·萌宠(男)(永久)	春节·萌宠(男)(永久)	举国欢腾的喜庆节日，穿上福气满满的新衣吧！	水晶	2200.0	春节·美好(男)大图标	新品

图 1-14　第一款 Excel 表格 diff 工具

图 1-15　Airtest 官方主页

/ 我们建立标准，进行过程改进，预防同类问题

2011 年起，我们引入了戴明环（PDCA）、六西格玛等质量管理思想，重视过程改进与预防，重视风险识别，使每个盈利产品，都能进入稳定运营。图 1-16 是六西格玛示例。

我们还将各个组的先进实践总结起来，形成质量标准。标准为新产品的测试工作，提供了可靠的指引，令新产品少走弯路，少踩坑（见图 1-17）。

当然，走过的弯路也需要成为前进的动力，我们会仔细回顾出现的问题。图 1-18 是一个事故总结示例。

醇正格玛水平	百万机会缺陷数（DPMO）
1	690000
2	308700
3	66810
4	6210
5	233
6	3.4

图 1-16　六西格玛代表的含义

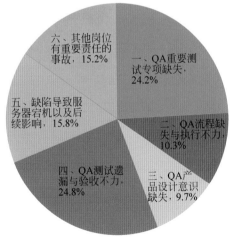

图 1-17　网易手游质量标准

图 1-18　事故总结

以上，是网易 QA 部在"零 Bug"这个梦想上所做的努力。除此之外，我们并未忽视另外一个方向，那就是要让玩家在体验上满意。

1.1.4　如何令玩家满意

游戏软件与工具软件不同的地方，可以用玩具与工具作为类比。一把锤子，作为工具，自发明至今，难有很大变化。也许，会在锤头方面加上羊角，用于拔出钉子。也许，会在手柄上加些塑料把手，握起来更舒服。所有这些变化，大概摊开手掌掰着手指，是可以数的出来的。

玩具的变化，那实在是太多啦。一辆玩具汽车，可以变外形，可以变颜色，可以是机械或电动，还可以是变形金刚！游戏，就跟玩具相似，带着想象力的翅膀，绝对可以上天呢。而如此变化多端的游戏，如何知道能否吸引玩家，能否让玩家玩得满意？

最基本的方法，就是自己亲身体验一下。

于是，在我们自己亲身体验后，发现游戏体验是否能让玩家满意，主要集中于几点。

- 游戏漂不漂亮？

- 游戏是否流畅？

- 游戏好懂吗，操作麻烦吗？

- 游戏难吗，有挑战性吗？

前两点，是由美术设计和程序性能决定的。而后两点，则是策划设计决定的。在 2007 年，我们将易上手、数值合理，作为可玩性测试中需要去分析的部分（见图 1-19）。

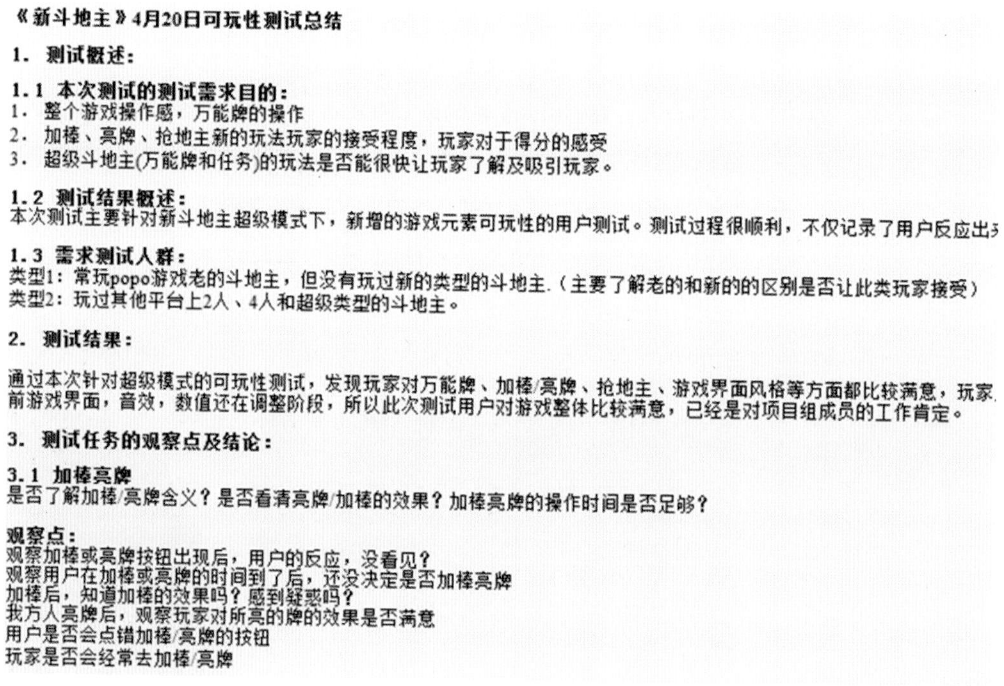

《新斗地主》4月20日可玩性测试总结

1. 测试概述：

1.1 本次测试的测试需求目的：
1. 整个游戏操作感，万能牌的操作
2. 加棒、亮牌、抢地主新的玩法玩家的接受程度，玩家对于得分的感受
3. 超级斗地主(万能牌和任务)的玩法是否能很快让玩家了解及吸引玩家。

1.2 测试结果概述：
本次测试主要针对新斗地主超级模式下，新增的游戏元素可玩性的用户测试。测试过程很顺利，不仅记录了用户反应还

1.3 需求测试人群：
类型1：常玩popo游戏老的斗地主，但没有玩过新的类型的斗地主.（主要了解老的和新的的区别是否让此类玩家接受）
类型2：玩过其他平台上2人、4人和超级类型的斗地主。

2. 测试结果：

通过本次针对超级模式的可玩性测试，发现玩家对万能牌、加棒/亮牌、抢地主、游戏界面风格等方面都比较满意，玩家前游戏界面，音效，数值还在调整阶段，所以此次测试用户对游戏整体比较满意，已经是对项目组成员的工作肯定。

3. 测试任务的观察点及结论：

3.1 加棒亮牌
是否了解加棒/亮牌含义？是否看清亮牌/加棒的效果？加棒亮牌的操作时间是否足够？

观察点：
观察加棒或亮牌按钮出现后，用户的反应，没看见？
观察用户在加棒或亮牌的时间到了后，还没决定是否加棒亮牌
加棒后，知道加棒的效果吗？感到疑惑吗？
我方人亮牌后，观察玩家对所亮的牌的效果是否满意
用户是否会点错加棒/亮牌的按钮
玩家是否会经常去加棒/亮牌

图 1-19　可玩性测试的尝试

后来，在此基础上，公司在 2009 年正式成立了网易游戏用户体验中心这一全新的部门，对用户体验专门进行研究与促进。

QA 人员作为策划的亲密伙伴，则仍然担负着"时刻吐槽"的重任。有经验的同学，往往在文档分析阶段，就能向策划提出重要的建议，影响游戏规则的制定。我们也在利用工具开发能力，和游戏、程序都有理解的优势，去帮助策划完成数值平衡（详见第 5 章）。

直接得到玩家的反馈也是非常重要的。为此，我们在游戏中加入快速反馈系统，让玩家的反馈能被迅速收集起来，用于问题分析（见图1-20）。

图 1-20　玩家反馈收集

我们发现，"连不上、进不去"是吐槽的关键词之一。因此，协助程序同学，我们关注网络情况，尝试捕捉玩家网络不通的问题（见表1-1）。

表 1-1　网络失败统计

业务阶段	本项目受影响比例	所有项目受影响比例均值	本项目排名/排名项目总数	本项目上一周期比例
服务器列表	0.0%	0.19%	1/52	0.0%
补丁列表	0.01%	2.78	9/44	0.01%
补丁下载	0.18%	3.82%	15/46	0.37%
游戏登录	0.0%	0.27%	1/34	0.01%

通过研究数值、收集反馈、收集运行数据等角度，我们正在持续提升着玩家的满意度。

1.1.5　提升生产力

在追求"零Bug"和"令玩家满意"的过程中，我们发现了第三项能为公司带来新竞争力的目标，就是提升生产力，提升开发效率。

举个例子，当游戏策划填写数值表时，可能会反复多次。有些问题很小，但是策划填写、程序导入、QA检查、策划修改这样的过程，就会浪费很多不必要的时间。如果我们能提供一些工具来帮助策划，令这类问题减少发生，就会给整个产品的开发过程带来不菲的收益。图1-21是由QA工具组制作的编辑器。

图 1-21　由 QA 工具组制作的编辑器

再比如，有些新项目缺少经验，对持续集成不够重视，觉得花费时间建立一套集成环境不值得。因此，我们提供了定制版的 jenkins，帮助新项目快速建立（见图 1-22）。

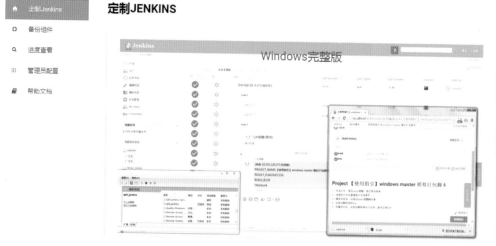

图 1-22　定制版的 jenkins

手游时代，还会出现渠道审核这样的环节，在版本上线时会遇到各式各样的问题。我们主动建立了发布组，探索了发布过程中可能遇到的各种问题，公司也因而将发布职责完全交给了 QA 部，由 QA 部专人代表公司，负责与苹果、Google 的合作沟通。我们建立了手游发布平台，将常见问题收集整理起来（见图 1-23）。

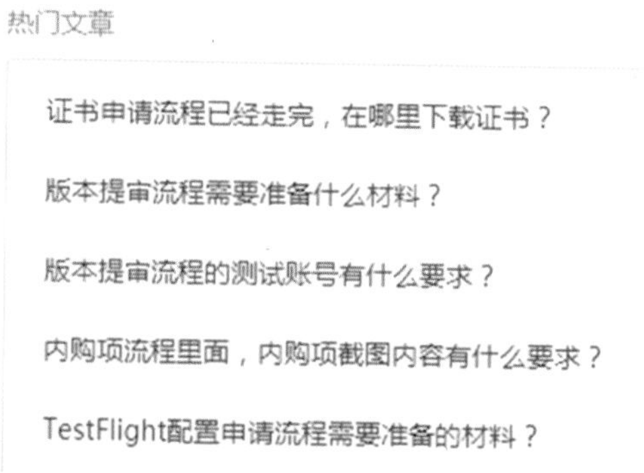

热门文章

证书申请流程已经走完，在哪里下载证书？

版本提审流程需要准备什么材料？

版本提审流程的测试账号有什么要求？

内购项流程里面，内购项截图内容有什么要求？

TestFlight配置申请流程需要准备的材料？

图 1-23　手游发布常见问题

好的，我对网易游戏 QA 部的理念，与简单的发展历程就介绍到这里了。各位读者，回顾这么多年，网易 QA 有如此成就，我作为一名网易 QA 的老员工，确实感到一点小骄傲。我也希望，还能为这份 QA 的梦想再贡献一份力量。你是否也想来体验一下呢？

1.2　QA，大有可为

一直以来普罗大众甚至业内人士对游戏 QA 的职能认识都只是停留在"玩游戏发现 Bug"的印象中；而实际上 QA 所要解决的问题，远不止于此；本节从 QA 的来由开始介绍，用一个例子引出从检测到过程控制改进的各个层面的工作范畴，以及对应范畴所要注意的要点和相应的案例，让你深入了解到"QA，大有可为"。

每次和别人聊起我的工作，大概率都是一个有趣的过程。不少人会认为游戏行业里面的质保工作就是一个天天玩游戏的岗位，甚至还会按照"熟能生巧"的逻辑，打开一个未曾听闻的游戏，热情拉你去帮他把某个过不了的游戏关卡给过掉。每逢碰到这个情况，我总会想起那个"计算机专业学生假期回家总会碰到几次被亲戚朋友拉去帮忙修电脑"的例子，不过认真想想这也无可厚非，毕竟隔行如隔山，正如我自己对 QA 这个岗位的理解也是入职后经年累月地逐渐加深和拓广的。

1.2.1　QA 的来历

QA，是"Quality Assurance"的简写，意为"质量保障"，在标准文档上比较文绉绉的描述是这样的："为了提供足够的信任表明实体能够满足品质要求，而在品质管理体系中实施并根据需要进行证实的全部有计划和有系统的活动"（ISO-8402），通俗而言就是为用户在产品质量方面提供保障，保证用户购得的产品在寿命期内质量可靠的相关活动；而我们这种从事相关活动的人员则是 QA 人员。基于历史发展来看，QA 是近现代才分化出来的新职能，毕竟在过去相当长的一段时间里，生产环节主要是以手工艺人小规模工作坊的方式来组织，技艺娴熟的手工艺人，往往扮演了产品制造者以及检验员的双重身份了；直到现代大生产时代的来临，生产环节被改造成可以进行大批量生产和流水线生产，传统工匠自检验式的质保方式已经无法应对这种大批量和协同复杂的生产环节了，于是独立的质量保障岗位便应运而生，而这段历史仔细算算其实还不足200 年。

对比起实体工业的发展，软件业虽然很年轻，但其实也在周而复始地上演着雷同的轮回，在公司处于小作坊规模时，能做的软件体量比较小，往往程序员即可独力完成质保工作了；而一旦产品和业务不断做大，业务量和协作复杂性的提升都会让这种既是生产者也是质量保障者的工作方式遇到瓶颈，导致质保角色和生产角色出现分离，于是便催生出各种质量保障的职能；甚至随着公司规模以及产品的继续做大，质保岗位的需求、话语权和重要性也会对应得到逐步提升。讲到这里，也许大家也就明白了国内在过去相当长的一段时间内，QA 岗位需求量、待遇水平乃至被重视程度偏低的现状，就是之前国内软件生产行业总体生产规模水平偏低的直接体现；而在一些网络公共论坛上面，看到一些轻视质保工作或质保岗位的论调也就更不足为怪了，毕竟可以认定大部分持有这些落后观念的讨论者，十有八九是未曾真正体会或理解软件的大规模复杂化生产的。

有了解过网易 20 年发展历史的朋友也许会知道网易的游戏部门是在 2003 年正式组建质保团队的，时隔 15 年这个独立的质量团队的规模已经从寥寥几人扩大百倍了，人员快速增长的原因一方面是项目数量的快速增长，另一方面则是质保业务的范围边界不断拓宽。大家也许会好奇网易游戏中的 QA 究竟在处理和负责哪些业务，而我，或者乃至不少网易游戏的同僚都能认真地跟你回答："在网易游戏当 QA，大有可为！"

1.2.2 大有可为

我们知道公司这一社会组织总是以追求各种收益为前提而存在与运转的，而无可置疑的，公司运转中所需要和安排的业务内容肯定也是基于某项收益的考虑来进行设定的，可以说在公司中不会凭空产生一些不需要的职能和业务。那 QA 的质量保障业务又是基于什么需求来产生的呢？我们不妨以一个生产收益演进计算的经济账作为例子来理解 QA 各个层次业务的来源和给我们带来的挑战与成长空间。

/ 质量裸奔

假设生产一个产品的成本是 50 元，而卖出去的价格是 100 元，一天下来我们总共可以生产 100 件产品，于是预期我们将能挣到的利润是：

$$e_{预计} = 收入 - 成本$$
$$= ￥100/件 \times 100 件 -$$
$$￥50/件 \times 100 件 \quad\quad 算式①$$
$$= ￥5000$$

可是由于生产质量的问题，所生产的产品里面存在 10% 的缺陷率，而这些有缺陷的产品流出市面将会引发后续投诉、索赔乃至影响公司品牌和商誉。经过测算，一件有缺陷的商品若流出市面将会引发 1000 元的亏损，于是在有缺陷产品流出的情况下，最终可以挣到的利润是：

$$e_{实际} = 收入 - 成本$$
$$= [￥100 \times (100 件 \times 90\%) +$$
$$(￥100 - ￥1000) \times (100 件 \times \quad 算式②$$
$$10\%)] - ￥50 \times 100 件$$
$$= ￥9000 - ￥9000 - ￥5000$$
$$= ￥ - 5000$$

从上面的例子我们可以看到，在原来预计完美生产质量的状况下能挣 5000 元的生意，却由于现实中产品质量不佳存在 10% 的缺陷率，直接导致了亏损 5000 元这一成倍的反转效果，按照这个每天都亏损的盈利状况算下来，在质量问题未得到解决之前，只能直接停工避免每天亏损了。

/ 测试检验

冰冷的公式不会说谎，①和②这两个公式实现了从盈利到亏损的残酷逆转，细心的读者稍微留意对比下算式的差异就能发现，引发逆转的关键点有二：

- 带有质量缺陷的产品放出了。
- 带有质量缺陷的产品放出会带来远高于产品收益的亏损。

要砍断这个产生亏损的因果链条，最简单的莫过于放出产品之前先行检验，一旦发现问题就直接返工或者扔掉，但是千万不能放出导致引发亏损。于是乎工厂便组建了质量检验岗，专门研究方法去检查和挑出带有质量问题的产品以避免外放。假设通过这个质量检验岗的努力，最终 10 个缺陷产品中能截下 9 个避免外放，则最终的收益变为：

$$
\begin{aligned}
e_{\text{检验后}} &= 收入 - 成本 \\
&= [\ ¥100 \times (100件 \times 90\%) + \\
&\quad (¥100 - ¥1000) \times \\
&\quad (100件 \times 10\% - 9件)] - \quad 算式③ \\
&\quad ¥50 \times 100件 \\
&= ¥9000 - ¥900 - ¥5000 \\
&= ¥3100
\end{aligned}
$$

于是，在不用大动干戈替换生产设备或者改进生产环节，简单地通过增加检验环节避免外放缺陷这一手段便实现了从算式②亏损 5000 到算式③盈利 3100 这个将近 8100 元的大逆转，所以在检测成本不超过 8100 元的前提下，引入质保岗位进行最终产出物的检验总能比什么都不干的情况带来额外收益。通过这一转变的例子，我们可以很直观地引出质量保障工作中作为首要核心业务项的第一大类工作——最终产出物的质量检验业务。

说起这个"产品质量检验"，就是俗称的测试（Test），也是大众层面对于质量保障岗位工作内容的最直接理解，一说起质量保障工作，大家基本上首先就会想到具体的产品测试工作。要判断好不好，首要知道什么是好的，所以这部分工作首要解决的是定义产品质量目标的问题（"怎样才算好"）。而解决这个问题，要点在于"以最终用户的需求和体验作为定义检测目标的落脚点"。在游戏领域里，无论所测试的功能是直接面向用户的客户端操作功能，还是对用户透明的各种服务器内部功能或者运维脚本，对这些功能的测试目标本质上都是要保障用户最终能够顺利在这一整套游戏应用中玩到各种功能。举个例子，如果某个游戏玩法的实现从程序员的角度看，用方法 a 会比较方便实现，但会给玩家带来不好体验的话，那我们总会倾向于以玩家这个最终用户的角度来定义我们的测试目标而非考虑实现难度等非相关的因素。

测试目标定义后，接下来就是根据这个目标来设计出覆盖各种可能情况的检验内容了，这个过程我们业内一般称之为"测试用例设计"。一般而言测试用例包含三大缺一不可的要素：

- 测试的前提和环境。
- 可操作的测试方法和测试结果收集方法。
- 预设用作与实际测试结果相比对的预期结果。

虽说在原理上我们看到这个质量检测过程的要点仅仅包含了目标设定、设计用例以及用例执行三个环节，但是这三个环节在某些情况下要顺利跑起来并不容易，例如：目标设定需要跟成本时间等局限条件作平衡甚至妥协、测试方法欠缺导致无法开展测试，以及测试用例分解出现遗漏等。对于受过相关实验类学科训练的同学而言，可能已经下意识地感觉到这个质量检测过程，本质就是一个从实验计划、实验设计再到实验执行的过程。实验设计中各种关于可测试性、测试有效性、测试效率等的难题和挑战，在实际进行测试业务中也将要面对。

业务难题和挑战如此的多，质保业界在发展过程中也逐渐衍生和积累了不少的专业技能；例如测试用例设计上面有各种基于不同覆盖要求的等价类划分方法、也有针对多因素条件减少测试量的正交测试法；而在软件领域上面，用代码测代码的单元测试早已盛行，免人工操作的各种自动化测试方法也不断推陈出新；这些知识域范围之大，交叉之广，为从事质量检测行业的各位同仁提供了宽广的学习成长空间，同时也为各个 QA 人员提供了不少展示和发展自身才华的空间，以下也挑选几个网易游戏内部的真实案例简单给大家体验一番。

◆ **案例 1-1**

《阴阳师》项目的数值平衡测试

这个案例来自《阴阳师》QA 组，我们知道阴阳师中斗技是其中一个玩法核心，不少玩家的游戏乐趣都是建基于各个式神在游戏中的互相平衡；《阴阳师》的 QA 同学，在平时业务中深入理解游戏各项数值体系，针对《阴阳师》游戏中式神的数值平衡内容设计相关的测试统计口径，并开发了一套数据分析平台把相关测试要点集中起来以支持相关的测试和检验，确保了每隔一段时间放出的新式神在数值平衡性的稳定，让玩家在游戏中能更有乐趣和公平地体验游戏各式功能。图 1-24 是该平台的其中一个功能截图。

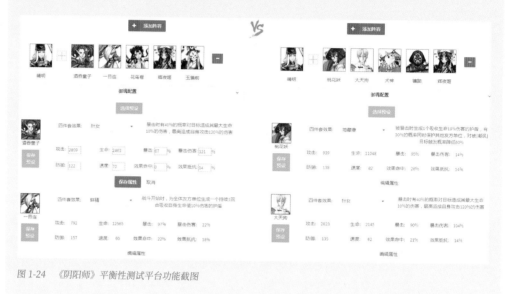

图 1-24　《阴阳师》平衡性测试平台功能截图

◆ **案例 1-2**

基于多机集群的自动化测试

为了解决多机多业务的自动化测试需求，QA 工具组专门开发了一套分布式集群测试平台，命名为 TestLab。它不仅仅解决了底层硬件层面需要同时执行 N 台手机的需求，同时提供了一整套方便简单的任务调度和分配系统。项目组只需要自行根据产品需求设计出测试用例并编写出自动化脚本，配置好测试任务后，TestLab 将会自动调度设备池中的手机设备、分配任务、执行任务并产出结果。图 1-25 是该集群的实际部署图。

◆ **案例 1-3**

基于硬件层面的电量测试方案

这个电量的测试方案来自部门的 MTL 实验室，通过对整合程控电流电源，以及对常用的主流机型进行拆解和重新焊接组织供电电路，实现了用外置可采集数据的直流电源替代电池供电，避免了通过软件方式获取电量的接口繁杂不稳定和数值随外部物理环境以及电池寿命等产生波动导致不准确的情况。图 1-26 展示了这种精确测量方式的连接图。

 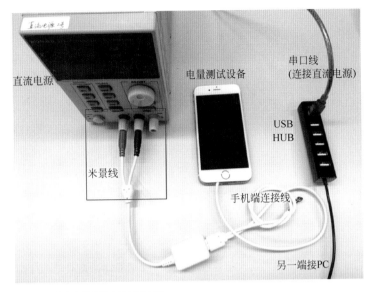

图 1-25 TestLab 自动测试平   图 1-26   结合电流仪的电量测试方案
台的设备集群

/ 短迭代周期或流程上游的质量保障

介绍了质量检测业务之后，让我们回到之前讨论的那笔账。刚才提到引入了质量检验流程后，大
量减少了不必要的缺陷产品放出，从而避免了亏损，企业的生产利润得到了提升。接下来我们继
续思考，还有什么方法可以继续增加我们的利润呢？我们不妨把产生成本的生产过程做进一步考
究。假设通过调研，我们发现生产这个产品需要走三个流水线工序，任何一个工序出问题都会导
致最终产品成为废品，于是我们通过实际统计和检测取得每个工序的成本以及缺陷率，见表1-2：

表1-2 成本及缺陷

环节序号	成本	缺陷率	无故障到达此工序的比例
#1 工序	5	5.00%	100.00%
#2 工序	15	3.00%	95.00%
#3 工序	30	2.33%	92.15%
最终产品	50	10.00%	90.00%

我们发现在第二个生产环节里已经开始出现废品了，譬如通过 #1 工序到达 #2 工序时废品率已
经有 5% 了，由于我们一直在最后的环节才进行检测，于是 #1 工序所产生的废品还将继续被
加工，从而耗费了后两个工序的加工成本，这明显就是成本的浪费；减少成本的浪费其实就是
增加利润，于是我们可以考虑把"在最终产品产出时才进行产品检测"的这个策略改变成"在
每个流水线生产环节都进行检测，避免在废品上继续耗费成本"；这样一来其实会带来两个比
较实在的效能提升：

- 减少了在废品上面继续耗费的加工成本。

- 把最终较为复杂的集成测试分解成了流水线上的单项测试，缺陷更容易检出，检出成本更低。

在这个例子里，我们在算式③的基础上保守假设，最终集成测试时还是放出了一个废品，但是每
个上游工序的单项缺陷检出率都约等于100%，于是针对上述优化后的策略，我们直接可以算出
节约的成本（也就是增加的利润）等于：

$$e_{\text{上游保障后的增量}} = \text{#2 工序节省的成本} + \text{#3 工序节省的成本}$$

$$= ¥15 × 100 \text{件} × (1 - 95\%) + ¥30 × 100 \text{件} × (1 - 92.15\%)$$

$$= ¥75 + ¥235.5$$

$$= ¥310.5$$

算式④

从上面的算式④我们可以看到，通过把相关检测行为往流水线的上游推进，在简化了检测的难度之余，还降低了不少浪费的成本，从而增加了利润。这个简单的策略其实也为我们在软件行业乃至游戏行业里面解决如何高性价比地提升质量和降低缺陷的问题提供了非常有价值的参考。于是也引出了质量保障的另一个比较重要的质量保障方式：短迭代周期或上游生产环节的质量保障业务。

现代大型软件产品生产，由于复杂性不断提高，无可避免会引入各种工序和流水线，例如游戏行业中，策划的文案设计、美术/UI的资源制作和程序的功能代码实现等不同职能的每一步都互相衔接，若等到最终集成阶段才开始检验和测试的话，集成之后的复杂性和耦合度必然会导致测试的难度和遗漏率大幅提升；另外在质量不佳的上游产出物中做下一工序的加工必然会导致无谓的产能浪费，这两个核心问题都在推动着质量保障工作必须要往上游流程以及在周期早段提前介入和干预。图1-27是软件行业中的一个经典的关于各个阶段缺陷成本的测算数据图。我们关注代表着缺陷成本的红线，随着开发测试环节的后延，缺陷所带来的额外成本就越高，且快速地以指数方式上升。要减低这种无谓的成本浪费，尽量提前质量保障的环节就显得非常重要了。

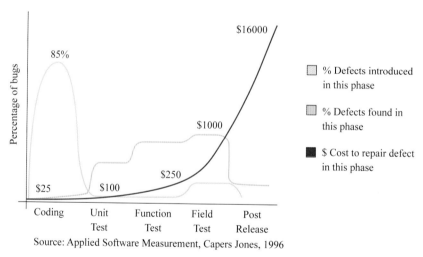

Source: Applied Software Measurement, Capers Jones, 1996

图1-27　软件开发各环节中的缺陷情况变迁图

在游戏行业中，具体的实际操作则以下面两点为主：

● 短迭代周期中及时开展质量保障

图1-28是大部分互联网产品包括游戏产品的周期迭代开发模式，这种偏敏捷的开发模式总是希望能尽快把一项项的新功能进行快速开发、发布且根据反馈快速迭代。在这种情况下，质量保障工作如果无法快速和高效地紧贴每个周期的时间窗口，将会直接拖住这个敏捷开发流程，形成风险敞口，随着迭代周期的快速周转，质量风险也将不断放大且愈发不可控。相反我们若能紧贴发布周期的频率，快速和有效响应测试需求（譬如快速验证新功能和回归确认旧功能），则能把风

险和质量问题在早期版本的这个萌芽期内直接处理掉，无论难度、成本和风险都能得到快速收敛。对于我们 QA 人员来说，如何在快节奏中快速响应测试需求也是一个非常有挑战性的课题，这要求我们必须提升测试的效率和准确性；一方面是人力资源的编排以及技术能力的培养；再者就是提升回归自动化在各上游生产环节的持续集成能力；譬如业内我们常利用持续集成技术把测试跟开发流程进行集成，形成协同效应，让每个短周期的小发布都能得到有效的快速验证，最终降低成本且提高整体的质保效率。

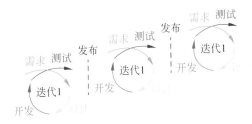

图 1-28 短迭代开发周期模式图

● 推进质量保障往开发周期内的上游环节挺进

我们知道开发周期是由多个前后依存的生产环节所连接起来的，类似软件工程学里提到的"快速失败"理念，我们通过这种关注上游环节制造质量，并把质量保障工作往上游推进的方法，往往能使我们更早发现和修复问题，让质保工作事半功倍。一般而言，上游的质量保证工作往往有两大难点：

◆ **案例 1-4**
变更的监控与确认，保证测试环节不遗漏变更内容。

变更的监控和确认往往可以通过技术手段乃至管理手段进行控制，例如技术手段上可以通过对提交的载体服务器（如 SVN 钩子）进行监听，或者通过管理手段要求变更提交者必须在注释挂上需求单号等来确保所有的上游修改和变更都能不遗漏地得到有效测试和校验确认。

◆ **案例 1-5**
各种上游产出物的产出质量检查（例如策划文档分析、程序代码检查、美术资源合规检查等）。

能在上游检查出问题，从而避免在错的产出上继续耗费时间，这是上游产出物检查的关键目标；通过上一要点提到的变更监控，我们已经可以在各上游职能进行变更提交的时候触发检查了，而这个质量保障业务的内容关键难点和挑战则是如何有效地对上游产出物进行正确性检验。这方面在我厂经过不少时间的积累，已经形成了从策划文档分析、表检查、程序代码静态检查、美术资源检查等一系列的解决方案甚至是工具平台（相关流程如图 1-29 所示）；这方面也是各位 QA 人员可以尽情施展拳脚的大空间。往往通过沉淀和积累各种上游质量保障工作经验的积累，几年之后对应的 QA 同学基本上会成为最了解整个开发协同全貌的角色，此时的经验和开荒能力都直接上升到一个新的层次了。

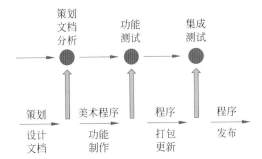

图 1-29 各上游环节产出物及其对应的检查环节

/ 过程管理——过程控制与过程改进

我们继续回到之前讨论的那笔账，通过前面两步"引入检测"和"往上游推进检测"我们把一个生产活动从亏损 5000 元逆转到了盈利 3410.5 元了，后面还有空间提升我们的收益吗？答案是肯定的，截至目前我们的考虑都是在各种阶段或早或晚地对产出物做质检，这些都属于"事后校验"，其核心的原理都是

"通过检测手段来砍断因缺陷带来亏损放大链"。而在质量行业里有一句非常经典的话"质量是生产出来的,而不是测试出来的",每当废品产出则"米已成炊",相关的浪费已成了沉没成本,要继续扩大收益,我们不妨可以重新 review 生产链,甚至扩充到上游的供应链和下游的售后链,然后对整个产品生命周期的各个过程(或流程)进行分析、控制和改进,最终实现事前事中事后的全流程质量保障。

回到例子本身,我们还能怎么优化呢?我们尝试提出两个方案:

● 方案一:组建售后团队,降低缺陷成本

首先我们看到每次废品外放会导致 1000 块的亏损(10 倍于产品收入),于是我们便可考虑构建售后团队,收集和接收质量反馈并构造退换货流程和机制,最后对外可以降低用户的不满以及对商誉的损害,对内则为生产部门形成定量的质量评估体制和避免亏损扩大化的质量风险预警机制。

● 方案二:监控和分析生产环节,解决生产环节存在的质量问题

再者我们也可以在生产链里面下工夫,对某个生产环节进行详细解剖,整理流程衔接的细节并解决流程衔接的低效,定期收集一些关键生产数据并据此改进(例如归类统计各种缺陷归因并按照性价比优先原则逐个解决),通过这些一系列的操作,降低生产成本提高生产效率,最终提升生产环节的过程质量水平。

从例子所提的方案我们可以看到,当质量保障工作延伸到了过程管理阶段,质量的追求已经不仅仅是停留在校验产品的质量属性了,而是拓展到了所有与之相关的方方面面,这样一来 QA 的可发挥空间、问题的复杂度乃至影响的深度都大幅提升。在这些调优做法里面,我们总能看到两大类活动的影子:

● 过程质量控制:过程质量控制是为了达到质量要求所采取的作业技术和活动。其目的在于为了监视过程并排除质量环所有阶段中导致不满意的因素,以此来确保产品质量。

● 过程质量改进:过程质量改进是使效果达到前所未有的水平的突破过程。

一般而言,过程质量管理活动可以划分为两个类型,一类是维持现有过程的质量,对应于上述的"过程质量控制",而另一类则是改进目前的质量,其方法是主动采取措施,是质量在原有基础上有突破性的提高,这个则对应于上述的第二点"过程质量改进"。两者基本上密不可分,如果说"过程质量控制"是维持某一特定的质量水平,控制系统的偶发性缺陷,"过程质量改进"则是对某一特定的质量水平进行"突破式"的变革,使其在更高的目标水平下处于相对平衡的状态(wiki)。两者的关系和区别可以用图 1-30 来表示,这是一张质量控制中经常用到的"控制图",从图里我们可以看到,缺陷率水平随着质量改进过程的成功实行,从原来的高位降低到了低位,这一整个过程就是质量改进的过程;而质量控制则是在新旧两种水平的生产中都被执行,控制的目标是保证整个缺陷率水平的稳定,力争避免偶发性的缺陷。

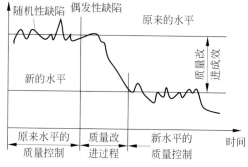

图 1-30 质量控制与质量改进

上面提到的都是比较理论化的知识点,接下来我们可以举一下网易游戏 QA 部在 2011 年推行 QA 职能升级以来相关的过程质量控制和改进的例子借以说明。

◆ **案例 1-6**

项目过程质量 review 制度

部门通过整理和归集各个项目在各个生产开发环节已有的成功经验，形成了一份过程质量 Review 表，上面列出了涵盖整个生产环节的各个需要完成的内容和目标点，定期让每个项目组进行 review 和逐项打分，并把打分情况作为考核的软性参考；于是借此逐渐让有效经验推广到了所有项目组。

◆ **案例 1-7**

满意度跟踪改进制度

部门每月都会收集来自各个项目组对质量和 QA 团队的反馈意见，对于质量改进而言，任何"Exception"都意味着一个可能引发开拓和改进的门，所以部门非常重视这些来自业务一线的反馈意见，并通过订立制度，要求每个低于预期的反馈意见都要得到重视并最终解决落地，在推动这个制度执行和调优一段时间之后，接下来把相关的业务流程固化到了一个业务系统上面，现在已经成为了部门内的一个常规工作内容点了。通过这个制度能尽快解决项目关切的质量问题，也使得 QA 团队在解决这些问题的同时推动项目整体的质量水平不断提升。

◆ **案例 1-8**

外放反馈收集系统

我们每个产品都会有对应的官方论坛让各位玩家交流游戏体验心得，也供玩家反馈外放的 Bug 以及对玩法设计的意见建议；过去运维同事或者项目组成员在外放之后，会不定时通过读帖交流去了解和收集玩家的反馈和意见；但是由于时间和精力的问题，反馈的收集会比较慢；后面 QA 部门研发了反馈收集系统，通过自动读取论坛的公共帖子来快速收集反馈问题，碰到一些严重 Bug 的集中爆发，还可以尽早识别和报警，最终降低因为缺陷的外放而引发的损失。

各位读者读到这里会发现，过程质量控制和改进的相关工作范畴已经不仅仅局限于冰冷的技术、技能和业务了，而已经牵涉到了不少的数据收集分析、统筹安排、制度设计、人事奖惩、业务改造、教育培训等综合工作了，这是一个关注全流程的全面质量保障活动，QA 在这个层面所要解决的问题无论从挑战性还是收益性都是前所未有的，这也是对 QA 人员各种软硬技能和综合素质的考验和锻炼。虽说过程质量控制和改进能解决很大的问题，但是并不意味着相关工作只能在大体量的课题中才有需要，相反的在日常的工作中不少小体量问题解决中也能派上用场，例如常见的缺陷分类汇总推动上游提升开发质量、进度数字化公开化使得开发效率提升等都是一些鲜活的解决小体量课题的例子，而正是 QA 同学识别或收集工作中一个个质量问题并在解决问题过程中推动这些小的过程质量控制改进措施，项目整体的质量也得到了不断的改善。为什么说 QA 大有可为，我想一个很大的理由就是：能从事这些不局限于单一领域的业务，能从全面质量视角去审视、触及和影响改变整个生产过程。

1.2.3 在路上

如果说最终环节的测试业务使得 QA 提升了基本业务测试能力，跨职能和上游的质量保障业务则让 QA 成为行业的生产专家，而涉及全流程的质量控制与改进则会让 QA 变成一个质量问题解决专家；在这个成长路途中，思维和眼界也在扩大，路也将越走越宽。前路漫漫，我们还在路上，若能在时光大道碰回 8 年前那个站在网易 QA 入职当口的懵懂少年，我想对那时的我说声"放心，你没走错！"

02 我们这个质量团队
Our QA Team

本章以 QA 其"人"为核心展开，先为其勾勒画像，再探讨其在大团队中的协作关系，最后展示网易为其成长学习提供的诸多机会。这为有兴趣成为网易游戏 QA 的同学描绘了一幅画卷，即作为 QA 应当具备什么，进入团队后如何协作，以及将来如何发展。本章或将为你带来对 QA 职业立体而全新的认知。

2.1 QA——捍卫质量的智者和勇士

QA 是开发团队中最全能的职业，捍卫质量的智者和勇士。他们和程序一样懂技术，和策划一样懂产品设计，和 PM 一样懂项目管理。他们在测试中的审慎和思维技巧是其专业性的体现，他们凭着责任心和主动性在团队里收获了很好的声望。擅长沟通合作，学习与分享的他们，总能把自己的价值更大地扩散出去，由点到线，由线到面。本节以 9 位形象代言，分基础和进阶两篇带大家了解 QA 这个智勇双全的职业的 9 大技能点。基础篇里的技能点是准入门槛，安身立命之本；进阶篇里的技能是需工作中持续学习，由入门走向卓越的必修课。

2.1.1 基础技能篇

/ 技术背景

QA 形象代言之一，极客（见图 2-1）

游戏的本质是一款软件产品，因此 QA 的技术背景是必要的。QA 需有良好的计算机技术基础，如计算机原理，网络技术，数据库技术，操作系统，数据结构等，并具备软件开发能力和项目经历（并不局限于特定编程语言）。

图 2-1 QA 形象代言之一，极客

日常工作中，QA 需要这些技术背景作为共同的语言，来与开发团队的程序，策划，以及其他 QA 同事进行高效的业务交流，快速并准确地理解游戏产品功能。必要时，QA 还需阅读理解产品程序的代码，或亲手开发一些利于测试工作的软件工具。

很多同学在求职时首先会关心，网易游戏 QA 岗位是用什么语言的？其实用什么语言尚在其次，如果你在学校深入掌握了一门语言，例如 C++ 或 Java，那么快速学习另一门工作中需要的语言，是比较轻松的事情。只要你过去真正写过代码，做过项目，在实际工作中也会发现很多技术思想都是相通的。

日常工作中，QA 可能会自己写一些指令，通过修改内存数据或调用程序接口以辅助测试；可能会写一些脚本，自动化检查重要数据，执行例行操作，解放人力；可能会写一些软件，比如一个集成了切换版本，初始化环境，收集报错等常用功能的 PC 端程序，或一个网站自动收集了产品所有数据、代码、资源的提交 diff，供查询、确认和统计；也可能加入 QA 的专业开发项目，开发一些大型的工具，如与 Google 合作的 UI 自动化测试方案。

/ 审慎

QA 形象代言之二，包青天（见图 2-2）

图 2-2 QA 形象代言之二，包青天

游戏测试是一项需耐心细致，关注细节的工作。作为游戏开发团队生产链上的最后一环，QA 的任何失误都可能丧失最后的挽救机会，遗憾地看着产品遭受经济和口碑的损失。QA 的审慎需远高于开发团队中的任何其他岗位。

审慎不意味着结果上万无一失，或过程上容许以无限的成本去谋求完美的质量。QA 的审慎表现在事前周密地洞察了产品和过程质量中的绝大部分风险，慎重地以最合适的成本对质量做好最优化的保障，外放没有事故，也没有低级失误和重复犯错。

从性格上看，QA 应该是细心、严谨、敏感的，生活中也绝非丢三落四，犯错不断的人。在工作当中，其他岗位可能总会有各种错漏发生，而 QA 需比他们都审慎得多，才能把这些错漏全都找出来。"靠谱""周全""稳"是其他团队成员对 QA 的评价。

/ 思维技巧

QA 形象代言之三，侦探（见图 2-3）

图 2-3 QA 形象代言之三，侦探

面对一个新开发即将外放的玩法，或一项功能变更，它有哪些测试点，对现有系统将造成什么影响，玩家群体对此可能会有怎样的认知和行为，这需要 QA 事先以足够细致入微又广阔发散的思维对其进行分析，设计测试用例，以及对产品给出有效建议。

面对外服的一个问题表象，QA 需如侦探般，通过实验和逻辑分析，最终定位到背后的症结。这个"破案"过程中需绕开一些常见的思维陷阱，并运用到各种思维技巧。

例如在《梦幻西游》这样的 MMO 游戏里，就是一个微缩的社会，有它的政治、法律、文化、经济系统。如果现在产品要调整某样重要物资的投放，QA 可以动用思维技巧预先判断其将产生的影响吗？类似现实社会中，国家对房地产出台新的调控政策后，你能推断一下后续楼市的走向吗？虽游戏社会比现实社会简单多了，但要回答类似这样的问题，依然是需要一些思维技巧的。

还有很多的时候，玩家会报上来一些"事故现场"，比如他在一个游戏副本里卡住了，而其他人都没事，不知道他的情况是怎么出现的。这时你便化身福尔摩斯，来到案发现场，观察各种蛛丝马迹，收集可能的证据。游戏内包含可能因素很多，你需要大胆假设，小心求证，严密推导，最终破案，找到凶手（Bug），修复之以避免其他玩家再遇害。你的经验和思维技巧将很大程度影响你的破案效率。

/ 责任心

QA 形象代言之四，超人（见图 2-4）

图 2-4　QA 形象代言之四，超人

或许在有些工作岗位上，需要一些该领域上的奇才，他能做出不一般的强大输出，即使其性格有些任性，做事偶尔不守规则，团队也能容忍他的存在。

然而在 QA 岗位上，责任心是不容挑战的，一旦失责便可能直接对产品和团队产生伤害，而对于这伤害可能另外做好十件事情也未必能弥补回来。

强调责任心也是为了 QA 能勇于承担属于自己的责任。各种各样的外放问题既然发生了，与质量有关，那 QA 就有责任去改进，勇于承担起这部分责任才能在将来做得更好，毕竟严格要求自己，总比寄希望于改变他人，会更可靠，更快见效。

游戏开发团队由多个不同岗位精细分工所组成，实际工作中也许会遇到以下问题：

- 策划奖励配错了？

- 程序漏处理了某种异常情况？

- 美术制作某张贴图效果不对？

- UI 设计界面信息未突出关键信息？

- SA 忘记开服了？

- 营销推广某渠道包体上架信息有问题？

- 运营以极端方式使用 GM 指令引发问题？

- PM 对项目进度的管控不到位？

以上这些问题，既然确实发生了，那 QA 不能推锅也不可盲目揽锅，需明确在这件事其中 QA 有哪些本可以做得更好的地方。例如其他岗位经常出错的地方是否可以加入自动化检查和提醒？高风险高影响的环节可否由 QA 多加一层验收流程？在开发团队中多承担一些责任是好事，引用蜘蛛侠的名言，就是'With great power comes great responsibility'。

/ 主动性

QA 形象代言之五，匡衡（见图 2-5）

图 2-5　QA 形象代言之五，匡衡

游戏产品在信息产业中当属变化最快的一类产品了，因此项特性，游戏开发环境里通常形成了许多的环境因素和过程资产，并时刻在发生大量变化。

在这样的环境下，很难事先通过明确的指令去控制一名 QA 做好所有的工作，实战中，总有一些不在历史经验笔记中列明的异常情况，希望你可以主动去尝试自己解决，也总有一些测试执行之外的，没强制要求必须做，但希望你通过请示或自己判断后主动去做好的工作，比如一些关于开发，沟通，知识分享，流程改进的工作。

QA 在开发团队中的工作范围弹性非常大，网易游戏也是个非常开放的工作平台。具备足够的主动性，QA 涉足的领域，能做的事情，或许比任何其他岗位都要广。

举个例子说明 QA 实际工作场景中体现主动性差别的例子吧。

A 某接手一个测试需求，便是测试，提 Bug，验证，关单。小改动的测试尚能四平八稳，但接手稍微复杂一些系统就暴露问题了，如到临近外放时发现时间不足问题修不完，外放之后 Bug，体验性问题皆不少。

B 某接手除以上基本工作外，他还会：

（1）在程序开工前先仔细分析需求文档，与策划，程序沟通明确需求后，提前设计好测试用例。

（2）开发过程中时刻关注各方进度，当进度比较紧张时与上游协商能否先做一部分提交一部分，先跟进测试一点，进度不妥之时及时汇报风险。

（3）测试的同时完善测试指令，记录该系统的测试接口、方法、要点、潜规则等到组内知识管理系统里面。

（4）外放前，提前主动邀请策划在内服体验，美术资源则邀请美术过来真实手机环境里确认效果，若有不满还能在外放前迭代修改。

（5）玩法外放开启之时，也能在外服观察玩法进展，玩家的反馈情况，随时汇报和响应问题。

（6）跟进测试该玩法的过程中，思考记录团队内一些流程或人员的问题，事后主动与主管商量如何用技术或流程迭代的手段进行改进的方案。

如上，在跟进一项玩法测试中，不一样的主动性下，最终产出相差甚远。

对新人来说，大部分时候做哪些工作是由主管安排的，但如何去完成一项工作则是很大程度可由自己决定的。拥有了这样的主动性，新人其实还可以决定自己如何成长。即通过工作中各种主动的尝试，找到自己的天赋，发现自己的不足，明确今后发展的方向。

2.1.2　进阶技能篇

/ 产品设计

QA 形象代言之六，游戏热爱者（见图 2-6）

图 2-6　QA 形象代言之六，游戏热爱者

"游戏的魅力，去热爱才懂
对游戏，我们从不游戏
和你一样，我是游戏热爱者"

游戏并非一堆冷冰冰的数据，代码和美术资源，它是有温度的，万千玩家聚集在一个崭新的世

界里，有恩怨情仇，喜怒哀乐，以及共同的热爱让大家留在这里一直玩下去。

作为游戏 QA，你应当与万千玩家融合在一起，成为游戏热爱者之一，如此才能懂玩家，并真正理解游戏。尤其对于自己跟进的游戏，应当成为它的资深玩家，甚至高端玩家。有了热爱，游戏 QA 工作本身也变得有趣起来。同时，QA 对游戏的这份热爱也需要多一份理性和克制。

我们不仅玩自己原本所熟悉，喜爱的游戏，也要拥抱新事物，乐于去体验那些新的游戏类型，新的成功产品。我们既能投入一款游戏，成为资深的玩家，也能跳出来一个更高的视角，分析游戏的架构设计。游戏始终是放松和娱乐，我们也不会因游戏而耽误工作和睡眠。

QA 对游戏的爱，既充满浪漫主义的狂热，又伴随着现实主义的理性和思辨，这让我们进阶为更专业的 QA，与策划一样深谙产品设计的 QA。

游戏产品设计的大方向由产品经理，主策划把控，具体设计文档由策划同学创造和跟进，即策划同学负责写文档和填数据表。而产品设计的质量、体验、品质，是由策划和 QA 共同把控的。

从一开始刚写出设计文档，到最后玩法外放到外服，整个过程，QA 都可以参与到设计中，提出各种意见。对于设计的数值、文案、交互、体验，甚至方向，只要你能力足够，都可以左右。

在有些时候，如老 QA 跟进一个新策划的需求时，这时由 QA 把控产品设计的责任更大了，QA 需要理解和判断什么是好的设计，什么是糟糕的设计，以及哪些设计有所遗漏。

产品设计能力对于 QA 属于进阶的要求，但这非常重要，因为需求的设计在游戏生产链条的最上游，如果一个有问题的设计被落实生产下来了，不仅外放出去对游戏产品会造成伤害，而且为了纠正这个设计问题，又得回到最前端去改设计，中间一路的生产测试流程都是资源

的重大浪费。

/ 项目管理技能

QA 形象代言之七，具备项目管理才能的 QA（见图 2-7）

图 2-7　QA 形象代言之七，具备项目管理才能的 QA

QA 即质量管理，其实是项目管理中的重要一环。为了真正做好质量管理，那么项目管理里其他知识领域都是紧密相关，绕不过去的。

而且质量处在一个偏向于结果的位置，因此往往会有很多的责任都是落在 QA 肩上。为了保障好最后这个质量是好的，你必须擅用项目管理的其他知识领域，对整个项目的每一个生产环节，职能层面，都对其有所监控和影响。

1. 项目整合管理

其他职位往往专注于将自己领域的工作做得最好，而作为 QA 你更应该有大局观，为确保项目全局的利益，对范围、进度、成本和质量等分目标，以及其他有竞争的目标进行整合。

2. 项目范围管理

QA 需保证程序、美术和 UI 等输出的内容都是在策划需求范围内的，没有偏差，并推动策划去验收。在面对一个复杂的新内容时，比如游戏中推出一个全新的职业时，QA 需做好工作分解结构，即细化明确新职业的推出将细化为哪些填表工作，如装备、技能、奖励；哪些美术工作，如模型、场景、特效；哪些 UI 需重新设计；哪些系统将必须有新的代码功能，等

等。这项工作涉及多岗位领域，以及细致地涵盖游戏中受影响的每一方面不遗漏，这些正是 QA 该有的强项。

3. 项目进度管理

进度失控意味着后期的疯狂加班，甚至加班也干不完工作，最终只能外放出糟糕质量的版本内容。实际工作中，每个岗位都有自己的优先级安排，策划可能会先赶文档而不愿填表，程序会先做需求而不愿修 Bug，UI 和美术承接多个项目的需求，可能优先赶其他项目去了，或者在一个大局上看不那么重要的资源上花费了太多的时间。局部上，他们的优先级选择或许问题不大，但全局上，可能他们暂且搁置的填表，修 Bug，资源，就是下游环节的一个强依赖节点。站在全局观的 QA，需合理把控好整个项目的进度。

4. 项目成本管理

很多时候，团队会有一种追求完美的精神，一份匠心，甘愿以巨大的成本去专研好一个细节问题。这种精神是可嘉的，但 QA 本着对项目负责的态度，应当强调成本的重要性，合理估算成本，控制成本，争取在有限的成本下完成最优化的结果。虽然我们大部分 QA 都并非处在可以决定项目资金成本，人力成本，时间成本的位置，但我们可以知会和建议。

5. 项目质量管理

这不仅是我们日常测试的技术问题，更是理念问题。如预防胜于检查，持续改进，全面质量管理等。要落实到游戏项目质量管理中，需要你对产品流程有深刻的理解，并能影响和说服他人。

6. 项目资源管理

对于游戏开发管理，最重要的资源是人力。因此这就涉及团队建议，团队管理，冲突解决，和团队工作分配等专题了。游戏团队中，这些并非领导才能涉足的领域，我们每个人在积累一些工作经验后，都可能接触到招聘面试，带新人，带实习生，组内带一个小型团队跟进一个专项等等。

7. 项目风险管理

当 QA 能从测 Bug 中跳出来更高的层面，于每项工作的跟进中能识别风险，分析风险，应对风险之时，那就说明其已对整个产品和团队的运作有深入理解了。既然 QA 不可能百分百保证所有问题都靠测试中测出来，也不可能完全左右整个项目所有的因素，做好风险管理便凸显其重大意义了。

/ 沟通合作

QA 形象代言之八，十分擅长与人打交道的人（见图 2-8）

图 2-8   QA 形象代言之八，十分擅长与人打交道的人

读到这里，大家应该感知到了 QA 是一个团队内最全能，几乎通晓一切，也可于各方各面产生影响的角色。QA 如何在大团队各岗位间逐一落实自己的影响力，其核心便是沟通合作的能力。

和技术问题相比，很多时候人的问题更难解决。我们要跟各团队成员建立良好的关系，乐于给他们无私的帮助，这样他们也会乐于配合我们的工作；提出流程改进时也多站在对方角度想想，寻求双赢；探讨问题时多用数据，论据说话。

和技术问题相比，很多时候人的问题也更容易解决。对于有些上游职位常犯的质量错误，和不合理的流程，若总想着通过技术手段去自动化检测，报警，纠正，或许成本极高。而巧妙动用你的沟通合作能力，或许马上就能达到同样，甚至更好的效果。

/ 学习与分享

QA 形象代言之九，热爱学习和分享的同学（见图 2-9）

图 2-9　QA 形象代言之九，热爱学习和分享的同学

在互联网行业力大家都需要保持终身学习，身处其中的 QA 也是如此。

- 刚入职的时候我们需要快速学习测试流程，学习开发。

- 进入产品组里，我们需要快速熟悉该游戏产品，掌握产品组内具体工作流程，对策划、美术、程序、UI 的工作也要分别学习了解才能更好开展质量保障工作。

- 在有工具开发需求时还要快速学习相关开发语言与框架。

- 长远看，对游戏行业，互联网世界的一些趋势也要有所跟进学习。

如今手游市场环境要求越来越快，我们可能会在某产品一段时间过后换另一个产品，平台从端游跨度到手游，甚至将来到 VR，每次换产品都需要我们有清零心态，重新拥抱新的世界。

游戏类型的风口也在不断转变，从 MMO，到 MOBA，到战术竞技类，又到非对称对抗，只是几个月时间便潮起潮落，风云骤变。每次做一种新的游戏思路，在产品质量保障上都需跟着转变不少思路。

如果你善于学习，那么你在网易游戏很快就能成长为一个很有价值的人。而游戏开发是一场团队合作，若能在善于学习的同时，还乐于分享，那你还能将自己的价值散播出去，如此你的价值将再次翻倍。这是你在业内非常重要的竞争力。

作为网易游戏 QA，你将有大量的机会做分享，只要你乐于，善于分享。作为结果，你不仅会得到丰厚的物质奖励，同时也将收获大家的认同和赞誉。

2.1.3　结语

读完 QA 由基础篇到进阶篇的 9 大技能点，相信读者朋友们都能理解 QA 为何能冠以捍卫质量的智者和勇士之称号了。

QA 既有贯穿程序技术、产品设计、项目管理的 3 大硬实力，又具过人之审慎和思维技巧，超强的责任心和主动性，影响团队的沟通合作和学习分享等 6 大软实力，智勇双全，稳如泰山。

本节对 9 大技能点的介绍还只是蜻蜓点水，旨在对 QA 做个概况画像。每个技能点若深挖下去皆大有文章，读者可从本书后续章节去感受。

2.2 质量保障团队协作之道

在互联网游戏行业，拥有大型的质量保障团队，可以说是网易游戏的一个特色，也是网易游戏自研雄厚实力的一个体现。本节主要给大家分享这个大团队的组成、日常的业务范围，以及测试团队与产品是如何协作的，给大家一个网易质量保障团队的侧写。

前文描述了作为一个 QA 所需要具备的软硬技能，这一节，给大家分享的是，网易 QA 这个占互娱人数超过 1/7，总人数超过 1000 人的团队，它在互娱里面，究竟以什么形式存在，怎么用软硬技能，与产品协同作战，以及部门内又如何通力合作，最终护送一个个产品成功上线，为"网易出品必属精品"口号贡献一份力量。

2.2.1 质量保障中心的组织结构

/ 质量保障中心与网易互娱

网易互娱以事业群的形式，图 2-10 按照产品线分为多个事业部，以及公共支持职能部门。

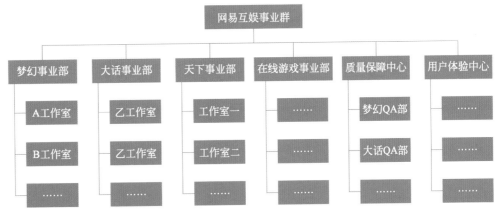

图 2-10   网易互娱组织结构

质量保障中心是互娱事业群的一级部门，与研发各个成功产品的事业部平行，业务范围包括广州和杭州两地目前在研的手游、端游、应用 App、互娱内部专用的软件和系统的日常质量保障工作，以及测试工具和平台产品的研发、全互娱质量标准化、AppStore 发布流程、安卓 iOS 和 PC 兼容性测试等事务。可以说，质量保障中心的成员，遍布于互娱的所有产品。

由于互娱采用的是矩阵式的组织结构，所以所有产品线上的测试人员在行政关系上均隶属于质量保障中心。中心在互娱事业群的定位是职能部门，专业打辅助位置，职责在于协助产品提高开发效率和质量。这种组织结构形式下，既保证了 QA 在产品线上与产品研发人员的合作效率，也保证了职能大部门在专业线上的管理、知识传播和技术传承。

/ 质量保障中心内部结构

如图 2-11 所示，中心内部，则基本按照产品的大事业部，划分为多个二级部门，二级部门下又按照具体小组所负责的产品，划分为三级部门，汇报关系由普通员工到主管或经理，再到总监，最后到总裁，可以说是非常扁平化的汇报关系。正因为如此结构，日常工作时周围基本都是平级的同事关系，所以到网易多年的同学仍然觉得在网易工作与在学校和同学合作做项目的氛围没什么区别。同学这个词在公司内仍被广泛使用。

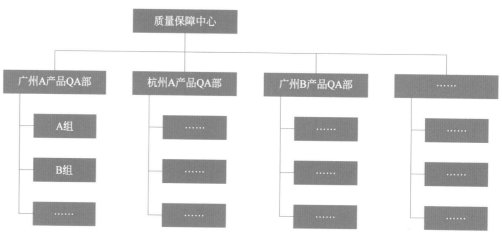

图 2-11　质量保障中心组织结构

每一个二级部门里，按照所支持的产品，划分为多个小组，包括产品测试小组和工具组。产品测试小组对接产品，配置主 QA 和测试人员多名，而工具开发组，则接收来自于测试组和产品的工具开发需求，致力于协助提高产品研发效率。工具组同时也研发应用于部门内，乃至业界的工具平台，例如 Airtest 则是由梦幻工具支持部研发出品，而内部多款测试产品，例如用于分发测试包的 testease、用于自动化测试的 TestLab，都是来自于各个二级部门下的工具支持组的杰作。

/ 质量保障中心与产品

在网易游戏，品质至上，从在线游戏部门创建之初，就将测试作为一个独立的职能去发展，经过十几年的沉淀，已经组建了一支专业的测试团队。那 QA 与产品之间，又是怎样一种关系呢？

质量保障中心的同学们，以小分队的形式，跟随所服务的产品，驻扎在产品的附近。人在产品线上，与策划、程序、美术等同学位置坐在一起，共同讨论研发产品，运用专业知识，为产品团队提高开发效率和质量保驾护航，是开发团队中不可或缺的一个岗位。那 QA 从什么时候开始加入产品开发呢？在此之前，我们需要先了解一下产品的研发过程。

产品的研发过程基本可分为图 2-12 所示的阶段：

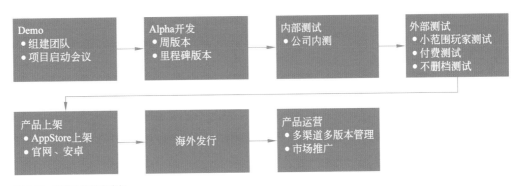

图 2-12　产品研发基本流程

QA 最早在项目 Demo 阶段就开始介入产品，是项目 Demo 组建团队阶段必不可少的岗位。项目经理确定项目创意后，开始组建团队，此时 TA 会根据产品规模的大小和定位，向质量保障中心申请对应的 QA 人力。中心从现有团队中，抽取经验丰富、有一定管理和技术能力的高级或资深测试工程师，甚至测试专家，派驻到新项目中，负责前期的 QA 团队组建工作，此后 QA 就在项目中生根发芽。随着项目的发展，QA 人员持续投入，在项目发布前或稳定运营之后，服务 QA 人数会达到最大规模，例如成熟运营的《梦幻西游》手游团队，研发团队超过 100 人，而其中 QA 团队占比超过 1/5 人；《阴阳师》国内外全线产品驻扎的 QA 团队最高峰时超过40 人。

图 2-13 是一个为期 1 年的中型项目，在 1 年中各个岗位的人员人数变化情况：

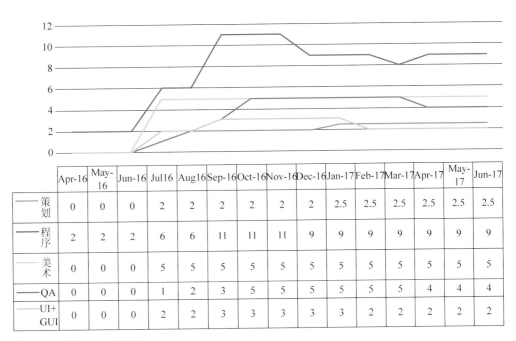

	Apr-16	May-16	Jun-16	Jul16	Aug16	Sep-16	Oct-16	Nov-16	Dec-16	Jan-17	Feb-17	Mar-17	Apr-17	May-17	Jun-17
策划	0	0	0	2	2	2	2	2	2	2.5	2.5	2.5	2.5	2.5	2.5
程序	2	2	2	6	6	11	11	11	9	9	9	9	9	9	9
美术	0	0	0	5	5	5	5	5	5	5	5	5	5	5	5
QA	0	0	0	1	2	3	5	5	5	5	5	5	4	4	4
UI+GUI	0	0	0	2	2	3	3	3	3	3	2	2	2	2	2

图 2-13　1 年期项目人员变化趋势

图示可见，项目刚成立初期，进驻了 1 个 QA，而在随后的几个月中，QA 迅速补充到 5 人的规模。在这整个周期中，QA 团队随着项目进程，推进质量改进工作。而在日常工作中，QA 又如何与项目协同作战呢？下一节我们将详细介绍从拓荒期到成熟期，QA 如何辅助产品打好产品开发这场仗的。

2.2.2 QA 与产品协同作战

/ 拓荒期

主 QA 从 Demo 阶段开始介入项目，面对的一个全新的项目，一个一穷二白的测试环境。这个阶段，QA 的主要职责是：了解项目融入团队、竞品熟悉和分析、测试环境搭建、工具研发、开发测试流程规范。下面我们逐个讨论。

1. 了解产品融入团队

由于各职位都坐得比较近，在日常工作中，可以听到产品经理和策划每天聊许多关于产品设计思路的东西，可以了解到他们是怎样想的，逐渐就理解了为什么设计出来的需求会是这样。对于产品的认知，QA 的视野会比较接近于玩家，而策划们的视野和思路更宽，他们有用户体验中心提供的各种数据和报告，还有策划们作为设计者自身对产品的更远的规划，扁平化架构下坐在一起的好处则是互相了解，越了解越贴切。贴近程序也是很有帮助，遇到问题能和程序当面讨论，程序一般都会习惯打开代码，一边翻代码一边讲解分析，很多时候我们也就豁然开朗了，哦，原来程序结构是如此实现的，怪不得会有这样的 Bug 表现，那今后测试某些点的时候也要特别注意回归另外哪些点，等等。同时，因为每天 24 小时里有 1/3 的时间跟一群人在一起，慢慢则互相了解，熟悉彼此的工作习惯以及术业专长，团队在不断的磨合中，从组建时的震荡期，过渡到成熟期。

2. 竞品分析

竞品分析是产品战略方向的重要参考，尤其是对于一款刚立项的产品来说，竞品是开发里程碑中一个重要比对指标。目前，竞品测评由用户体验中心的同学来完成，他们可以获取第一手的玩家行为数据等资料，可以从统计学角度分析一款竞品。那 QA 作为一个什么活都干的职位会做些什么呢？

首先是玩法测评。玩法测评是最简单直接的竞品测评，主要的着手点在于竞品的主要玩法、基础体验、游戏卖点等方面。这就需要 QA 亲身去体验游戏了，但是又不能纯粹做一个小白玩家，需要时刻带着问题去玩。比如，竞品已经实现哪些模式与玩法，竞品与自己游戏类似玩法的不同之处在哪里等。其次是性能测评，我们需要具体的数据来多方位量化一款竞品的质量，可以借助一些工具和脚本，来完成竞品的性能分析，包括但不仅限于客户端占用内存、占用 CPU、占用显存、占用显卡核心频率、游戏运行时的 FPS（Frames Per Second）等。这些性能指标也将作为后续阶段性验收版本质量的综合比对数据。另外还有一类测试比较有针对性，一般选取竞品和自己游戏中的某一个特性进行比对。比如游戏在不同网络条件下的表现，游戏场景的辨识度等，分析竞品在该问题上的表现，了解自己游戏的不足之处。

3. 测试环境搭建、工具研发

新项目新起步，测试环境和测试工具基本是一穷二白。主 QA 首选要接入一套基本的工具包，包括远程输入指令平台 Hunter、变更监控、美术资源监控工具、测试报告一键发送、性能测试平台、内部测试包分发平台等。在前几年，每一个去拓荒的主 QA，都是集工具开发与测试经验为一体的八面玲珑的好手，上述工具全部白手起家，从头干起。随着项目越来越多，重复造轮子的现象频现，所以中心综合各家所长，收纳了一套手游拓荒工具集，并且提供工具组落地支持，当新项目立项之后，工具组即可为新项目部署一套工具集，从而减少了重复开发的成本，也提高了主 QA 拓荒的效率。这套工具在后续的章节中，会有详细的介绍。

4. 开发测试流程确定

无规矩不成方圆，所有规则需要在一开始就确定，让整个研发团队按照约定好的规则来执行，所以在项目初期，QA 会协同 PM（项目管理人员），与项目的主要干系人，协商确定适合于团队的研发流程，例如发版本的周期、发版前多久锁版、需求单通过何种方式提交制作并跟进等时间节点。互娱内部经过这些年的沉淀，在研发的各个阶段，都有成熟的流程可参考，但往往不能直接照搬，需要根据实际情况进行落地操作，如何落地，如何监督执行，如何迭代，这就是主 QA 在拓荒中的一个重要任务了。图 2-14 是互娱中常用的周版本流程，各个产品在这个流程模板中进行迭代，由主 QA 和 PM 推进流程落地。

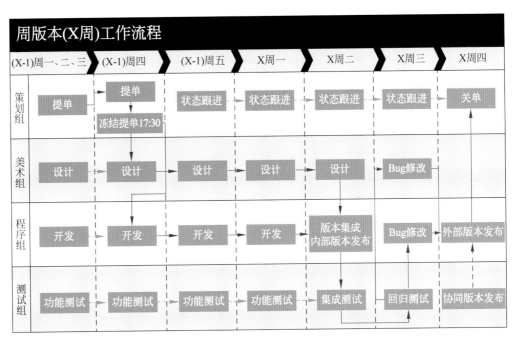

图 2-14　周版本工作流程

/ 开发期

经过忙乱的拓荒期，一切开始进入正轨，磨刀霍霍火力全开冲刺项目，此期间 QA 团队主要进行维稳的工作。

1. 项目需求的测试工作

目前网易互娱内部，大多采用周版本的流程，到了密集开发期，甚至会启用日版本的模式，来确保产出。期间 QA 从需求分析、测试用例设计、测试执行、反馈 Bug、交付策划验收、跟进修改等环节，层层把关，确保每一周的需求能顺利交付。这部分内容，占据了 QA 70% 的工作时间，具体的测试流程和测试方法，后续会有专门的章节做介绍。

2. 流程控制

流程控制可以说是质量控制中最重要的一个方面，我们必须对各个环节做好过程控制，才能保证游戏的质量。

高质量的策划文档分析，高质量的用例，和程序、策划良好的沟通，都是流程控制的一个方面，我们使用易协作平台 Redmine，也是为了更好的流程控制过程。然则流程只是一条规则，单单靠人的自觉性来执行仍然不够，我们会采取一些手段和工具，来预防一些问题的产生，确保约定好的流程能顺利执行。

比如每周二打包 Patch，约定好最晚在周一中午必须锁定需求，在这之后非特殊情况不可在本周版本添加新的表单。控制了需求，就从源头上保证了充足的开发时间和测试时间，避免因测试时间不足而产生的后续问题，比如严重的加班，漏出 Bug 到外服。

此外，我们还有一些辅助工具来触发流程各个关键节点进行产出物检查。一个研发周期的各个功能，都是多线并行开发测试的，封版前，我们需要紧密跟踪各个制作内容点的进度状态，于是 QA 制作了 Checklist 工具，协助团队进行工作进度统计，并通过内部 IM 定时通知到开发群，以便全开发组成员了解开发进度，预知进度风险。

3. 监测预警

以上的措施可以说是针对流程的预防性措施，我们还需要更多措施来尽早地发现 Bug，缩小 Bug 的影响，那就是监控，QA 内部有一个把一切监控起来的信条。怎么监控呢？一个游戏项目，按照输入源，我们可将监控埋点到下面几个方面：

首先是策划提交的配置表。是个游戏，基本都会用到数值配置表，数值配置表错综复杂，是出错率最高的内容。因此，在开发期阶段，基本每个项目都有数值表检查系统，协助策划提早发现填表问题，例如物品卖出价不能高于买入价此类问题。同样道理，针对奖励表、战斗数值表等，均可按照规则，进行提交前检查，将 Bug 的修改成本缩小。

其次是美术资源。游戏中美术资源是包体的大头，而手游市场包体的大小会影响到推广的难度。另外美术资源的修改成本高，修复周期长，因此在源头上监控美术资源的提交，包括但不仅限于资源大小是否超标、资源格式是否错误等问题，将错误及时反馈给美术同学，可以确保资源在提交测试前，至少不会犯常规错误，提高了开发效率和测试效率。同时，经过长期的经验积累，我们也沉淀了在不同引擎下不同机型下，不同美术资源对游戏性能的影响，并且制作了美术资源制作标准，供各个新立项的项目参考，避免后期因为性能不过关而需要修改美术资源的事情发生。

再次是程序代码。软件工程中，有一个关于 Bug 修复成本的计算说法，大约为：代码的缺陷，如果能在 code review，需求分析阶段修复，是最低的；到了研发人员单元测试、集成测试阶段，再 fixBug，代价仍然不算高；但若是等到功能基本实现，等测试人员发现 Bug，再来修改，付出的代价已经是指数级的了；而如果 Bug 引发大量用户投诉甚至公关事件，则可能导致天文数字的损失，所以我们会把对于代码的测试前置。游戏行业大多采用 Python、lua 等脚本语言，我们则在开源的静态代码检查框架之下，做深入的二次开发，在程序提交后进行增量式的静态代码检查，30 秒内推送结果给提交的程序员；又例如我们会监控代码的每一次 checkin 进 svn 仓库，QA 对入库的代码逐一确认，确保每一个提交都经过测试；再例如我们会做代码提交跟需求单的关联匹配，来筛选是否有非计划内的提交，避免外放不应该放的内容。

另外，对于合作方的服务，但凡跟产品质量相关的，例如外服服务器防火墙是否开启、渠道登陆是否正常、接入的第三方服务是否正常在服务中等，QA 均会想方设法去监控，在服务出现故障时报警给产品。

4. 与各个部门打交道

一个游戏项目从 demo 到上线，涉及的岗位，包含但不限于图 2-15 所示的岗位：

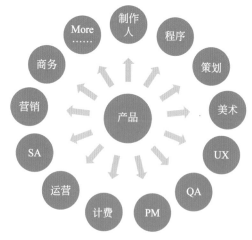

图 2-15　产品研发所需基本岗位

到了项目的中后期，产品会接收到来自于运营的指令、log 需求、来自于营销的数据收集、线上活动需求、来自于计费的标准化 log 需求、来自于渠道组的接入安卓渠道的需求、来自于官网论坛的推广需求、来自于合作方的各种需求等，当产品不知道这个需求是为何而来，对项目有何作用时，第一时间会去找 QA，毕竟 QA 遍布在全公司所有产品，横向上获取信息最为便捷。而所有需求最后都要经过 QA 的测试，因此 QA 会接触到各个部门的不同同事，经手各个部门的需求，在中间搭建着沟通的桥梁，这也是前文提到，一个优秀的 QA 需要有良好的沟通能力的一个方面。

/ 运营期

产品含辛茹苦，经过短则半年，长则数年的开发，终于进入了运营阶段。外服的运营情况也是我们必须要协助产品关注的一个方面。

运营期的问题反馈来源于论坛、贴吧、客服专区等途径，反馈的问题包含 Bug、修改建议、玩家的情感变化、玩家对某类玩法的热度等。对于不同的反馈类型，我们建立了不同的跟踪处理方式。对于论坛和贴吧，QA 自研了一套舆论监控工具，可以将论坛出现的关键字，例如"Bug""问题"等词，涉及到的帖子，通过内部 IM 推送给产品的 QA，由 QA 进行确认跟进处理；同时通过大数据分析，综合反馈近期玩家热点给负责策划，便于策划跟进玩法外放后的效果反馈；而对于客服专区等运营同学报告来的问题，也会有专人跟进核实，确认属实的提单给策划或者程序修改，同时给运营反馈修改结果。这部分内容，大部分小组均采用轮值制度，每周由一名 QA 同学跟进运维报告。通过这些跟踪处理方式，用流程规范和工具协助，来及时跟进版本外放后的效果。

另外，测试并不能保证 100% 无故障。产品外放后，难免会出现一些意外，大到服务器 dump 机、出现刷物品刷钱 Bug、某个玩法不能正常开启，小到某个游戏界面显示字数出框、某句提示有错别字。这些错误中，大故障

我们称之为事故。一旦某个产品出了事故，负责 QA 会对事故发生的前因后果进行总结，并在产品开发组和 QA 间分享，总结经验，避免重复犯错。错了不可怕，可怕的是一错再错。

2.2.3　QA 内部的分工协同之道

/ 无所不能的工具组

前面提到，在二级部门内，除了产品测试组，还配置一个工具组。对，就是这个工具组，在日常工作中给产品的 QA 们提供了极大的支持。

多年以前，质量保障中心是没有测试开发岗位的，也就是没有工具组的存在。每个产品线上的 QA，除了服务产品之外的其他业余时间，都空出来自己写测试工具。由于游戏行业的特殊性，很多传统行业能用的成熟测试框架，在游戏行业均不能使用，必须从零开始研发。这些工具都应需求而生，能给本项目用就行，无须太多考虑通用性、美观和用户体验的问题，纯 Shell 脚本、Python 脚本，甚至是 bat 脚本，只要能节省人力的，提高测试效率和覆盖度的，都是好工具。但是随着公司的蓬勃发展，手游项目突起，手游项目立项多，周期短，开发密度高，短时间内产品线上的 QA，要全面铺开工具显得艰难，另外多个项目的 QA 研发目的一样只是外表不一样的工具造成的重复造轮子问题也日益严重。因此中心决定设立工具组，专门为各个产品提供支持。

从拓荒期的工具包，到开发期的变更确认系统、服务器管理系统、查表系统等，工具组实现了一整套的开发部署方案，取各个项目之共同需求，形成工具套集，派专人到项目跟进落地效果，进行迭代。产品线上的 QA，也会根据自己的需求，向工具组提交一些需求和想法，共同致力于协助产品提高开发效率和测试质量。

/ 分层次的测试

QA 所跟进的日常测试工作，小到一个错别字的黑盒修改，中到节日活动的灰盒测试，大到

服务器底层结构的白盒测试，在测试这个领域，你有多大胆，测试就可以多大产。然而能大产，并不是一天两天就能练就的功夫，需要专业知识的积累和测试技能的成长，所以在 QA 内部，逐渐分化出分层次的测试体系，让分工与人员目前拥有的技能搭配起来，使 QA 团队能更有效的协作。

我们将工作按照人员本身的资质，进行新老员工的搭配，从而实现老带新搭配干活不累的效果，见表 2-1。

表 2-1　多层次测试分工

角色	初级测试工程师	高级测试工程师	资深测试工程师、测试专家
任务	跟老员工学习，完成测试	带领项目，教导新员工，传授测试方法、测试技术	不参与基础测试，负责底层架构等测试，负责过程监督，最终抽查，必要时予以技术指导、过程干预
责任	对自己的测试任务负责	对整体测试任务负责	对测试进度和最终测试结果负责
工作前提	测试初期介入	开发初期介入	全程关注
工作内容	接收测试任务并完成向 Leader 或 Reviewer 学习测试技术和方法	制定配合开发计划的测试计划、人员分配提供技术指导核心内容测试	关注测试进度提供技术支持和指导核心内容复测
工作产出	文档分析测试用例测试结果说明	测试计划文档分析汇总测试用例汇总测试报告	Review 简明用例Review 简明报告
对角色的益处	快速弥补自身不足的测试经验和技能	增加带领团队工作的工作经验	纵观大局，投身到全局的计划、管理、控制等工作中
对团队的益处	将新员工培养为老员工	将人员培养为核心员工	分层测试，为整体质量上了双保险

/ 公共资源支持

本文开篇提到，质量保障中心除了负责日常测试事务之外，还支持了全互娱的 App Store 发布工作，以及兼容性测试工作。

手游市场刚兴起时，由于 App Store 的审核规则非常严格，业内将 App 提交到 App Store 审核失败率极高，网易互娱也是一路踩坑，各个产品前赴后继在审核这条路上摸爬滚打，在产品上线前花费了大量的时间在审核失败重新提审的等待期内。质量保障中心意识到这是影响到产品开发效率的一个问题，综合应用了 QA 遍布全产品的优势，将审核失败经验进行归纳总结，逐步规范化提审前的检查项。在提审前，各产品 QA 会按照中心已经总结归纳的 checklist 进行自查，推动产品完善审核所需功能，协助产品准备提审材料，检查提审材料的正确性，并将预发布包体通过工具组研发的平台，提交到 App Store 进行预审，确保正式提审前解决常见问题。2015 年成立了发布组，接管了互娱大部分产品的发布操作，将提审操作规范化、专业化、大大降低了审核的失败率。

另外，QA 内部，有一个对互娱手游产品和 QA 特别重要的部门，那就是移动兼容性测试实验室（MTL），它负责着全互娱所有产品在国内外手机机型的兼容性测试。这个由质量保障中心一手打造的实验室，拥有国内外在售的几百台机型，为所有产品提供包括安装启动、游戏引擎特性兼容性、游戏与平台特性相关兼容性的测试，确保产品上市后能覆盖尽可能多的机型，同时也解放了产品线上的 QA，减少了他们在兼容性测试上的压力。

以上我们给大家介绍了 QA 在互娱内部的位置、与产品的协作关系、QA 内部的协作关系，接下来一篇，将会给大家介绍质量保障中心的同学们，是如何自我成长的。

2.3 质量团队的培训与成长

21 世纪最缺的是什么？人才！网易游戏 QA 部非常清楚这一点，在人才的培养上下了非常大的力气。本文为你介绍，网易游戏 QA 部在人才培养方面所做的各种努力。

网易的游戏质量保障，伴随着国产游戏自研，正是一路摸索，一路成长。这其中，能够主动反思问题，主动学习钻研，创造性地提供解决方案的人才，便是推动质量保障工作提升的"发动机"。

为了能让这台"发动机"发挥最大的功率，QA 部下了不少的工夫。我作为一个受益的老员工，就带各位读者看看网易的 QA 部是如何"给发动机加油"的。

图 2-16　QA 入门书籍

2.3.1 培训

我进网易的时间较早，那时还没有培训计划。我所得到的培训，是一本《软件测试》书籍（见图 2-16），《飞飞》这款游戏的体验目标，以及一些文档分析和用例设计的例子。

这本书，即使是非计算机专业的同学，也能读懂一二。如果你想要了解软件测试这种工作，不妨以此作为入门。

网易 QA 的新人培训计划，则是在 2006 年初建，之后不断迭代完善。如今大致是这样的：入职前，首先进行游戏体验、编程语言基础、测试技术基础三部分的自学，称为"-1 阶段"。毕业入职后，首先有文档分析、用例设计、版本监控、自动化测试、资源测试等一系列基础课程，由部门内的老员工自行设计和讲授。接下来，利用公司内的游戏引擎，编写一个小游戏，自然而然地学习基础的游戏开发知识。最后，则是以小组为单位，与新人策划、新人程序等相关职位，合作开发一个 mini 项目。

mini 项目，可谓麻雀虽小，五脏俱全。新人不单要进行手动的功能测试，还要自己设法创建测试指令。对于性能、回归等方面，还可以尝试去搭建、使用已有工具。甚至是，你有较好的想法，也完全可以自己开发一些辅助工具（见图 2-17）。

图 2-17 mini 项目总结

相比来说，我不得不感慨一下。我在公司工作第二年，才开始涉及版本监控、自动化测试等各方面测试领域的内容。而如今的新人，在培训阶段就有完整的课程和实践，不可同日而语（见图 2-18）。

除了新人培训，针对在职员工，我们同样也有一系列培训（见图 2-19）。例如，针对讲师的《演说致胜——演说技能提升课程》，针对管理技能的《炼化技能·管理加 BUFF》。

图 2-18 新人课程　　　　　　　图 2-19 QA 进阶课程

2.3.2　分享

网易有众多的游戏产品，对应的就有众多的 QA 组。如果某个组有先进的实践经验，当然最好是推广出去，令其他组也能学习和利用。

网易 QA 部，在分享方面建立了两种形式。一是建立了一个分享网站，员工们每个月可自由投稿。经过 QA 部全体员工的阅读、评比，前几名文章的作者，会得到部门的奖励。二是沙龙。演讲者自定题目。对题目有兴趣的同事，会报名参加。同样的，部门也会对优秀的演讲者予以奖励。

除了部门的奖励外，分享和演讲实际也是对自身的一次锻炼与挑战。为了将自己的想法传递给大家，你需要整理好自己的思路，清晰及富有逻辑地表达出来（见图 2-20）。

图 2-20　每月分享

分享、演讲的内容，包含各个方面。例如测试技术 / 工具，项目上线过程，职位间如何协作沟通等。每位有自身的实践与心得体会的员工，都会被大力鼓励分享出来。在这种分享交流的过程里，一些优秀的实践案例，得以传递到整个部门，成为学习的对象。

以沙龙为例，在 2012 年开始的时候，沙龙每个月能举办一场。如今，每周就会有一到两场沙龙！（见图 2-21）

图 2-21　QA 沙龙

工作中遇到困难的同事，也会很自然地去分享的网站搜索一下，说不定就会惊喜地发现解决问题的锦囊妙计与完整案例。所以说，这样一

个巨大的"知识宝库"，正在帮助网易 QA 迅速地成长起来。

2.3.3　行业交流与传播

除了部门内的课程、分享之外，网易 QA 部也在"走出去"，参加行业内的交流，吸收行业内的先进思想。例如 GDC（游戏开发者大会）、GoogleI/O（网络开发者年会）以及四大游戏展，QA 部都会派出一些员工去参加。我们也会与谷歌、苹果、腾讯等知名公司进行交流。以此将行业内的最新动态、变化趋势等，带回到部门里。图 2-22 和图 2-23 是参与行业交流的两个示例。

图 2-22　网易 QA 在 GDC 演讲

图 2-23　网易 QA 部还曾邀请《王者荣耀》的测试专家来分享经验

对于可能进入这个行业的同学们，网易 QA 部也没有忘记。正在尝试与高校合作，为大家开辟一些入门课程，让同学们对这个行业，以及这个职位，增加更多的了解。表 2-2 是我们与中山大学合作开设的课程。

表 2-2　网易 QA 部尝试与中山大学合作课程

课　程	学时
软件测试理论	3
移动游戏测试	3
对设计的验证	3
自动化测试理论 + 手游自动化测试实践	6
压力测试及性能优化	3
安全测试	3
团队协作与项目管理	3

2.3.4 PDCA

PDCA 是英文单词 Plan（计划）、Do（实行）、Check（验收）、Action（固化）的简称。它也称为戴明环，由积极倡导这一思想的美国著名质量专家爱德华兹·戴明而得名。这个不断改进的思想模型，在引入网易 QA 部后，给网易 QA 部带来了巨大的影响（见图 2-24）。

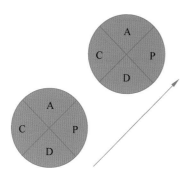

图 2-24　通过不停地进行 PDCA，实现持续地提升

在这个思想的影响下，网易 QA 部每个组，在每个月都会提出一项改进目标去实现。我曾经参与过这种改进过程。这种过程对质量工作本身，以及个人成长都带来了非常大的实效。

例如，我所在的项目组，需要由策划填写一张《付费道具表》。比如，某件商城里购买的物品，价格是多少。关系到付费，可见这张表的重要性。某次，这张表不慎出现了填写错误，吓出大家一身冷汗。事后回顾，我发现填写表的策划不熟悉这张表，所以出错。而检查的 QA 人员，则一时疏漏，未能发现错误。

针对这个问题，我提出了避免《付费道具表》再次出错的目标。经过分析，我考虑了两个主要方向：

● 举办一期表格的培训，让策划懂得如何填写。

● 增加自动检查，尽可能让填写错误被自动发现。

具体执行时，我编写了一份 PPT，用于演示和讲解。设计了一版题目，给策划们听课后回答（见图 2-25）。在收到答案后，针对答错的策划再单独辅导一次。

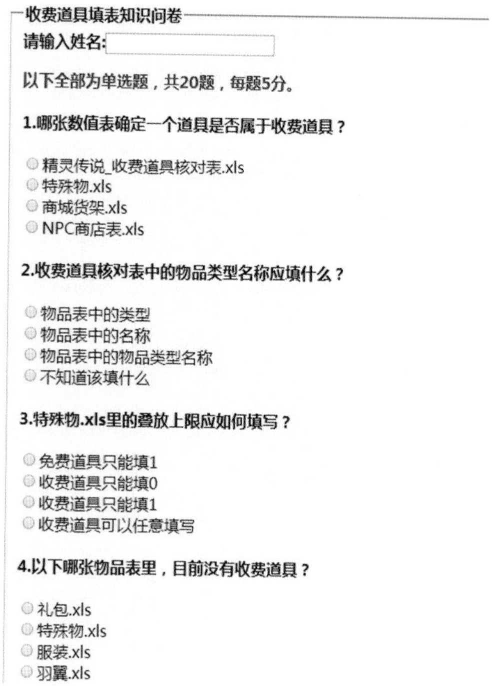

收费道具填表知识问卷

请输入姓名：

以下全部为单选题，共20题，每题5分。

1.哪张数值表确定一个道具是否属于收费道具？

○ 精灵传说_收费道具核对表.xls
○ 特殊物.xls
○ 商城货架.xls
○ NPC商店表.xls

2.收费道具核对表中的物品类型名称应填什么？

○ 物品表中的类型
○ 物品表中的名称
○ 物品表中的物品类型名称
○ 不知道该填什么

3.特殊物.xls里的叠放上限应如何填写？

○ 免费道具只能填1
○ 收费道具只能填0
○ 收费道具只能填1
○ 收费道具可以任意填写

4.以下哪张物品表里，目前没有收费道具？

○ 礼包.xls
○ 特殊物.xls
○ 服装.xls
○ 羽翼.xls

图 2-25　收费道具问卷

就在这个例子中，我分析了问题的原因，设想了一个改善问题的计划。执行计划时，就用到了编写 PPT、设计题目、编写自动检查脚本等各方面技能。所以说，执行这个改进过程，令我的个人能力有较大提升。

2.3.5 支持与激励

网易 QA 部的老大们，是很乐意鼓励大家发挥长处的。例如，擅长组织活动的人，可以去负责部门里的游戏大赛等活动。擅长代码的人，可以去完成辅助工具，帮助大家。擅长理解游戏规则与数值的人，可以去负责可玩性测试与平衡测试。

网易 QA 部的前辈，也很乐意支持大家出的主意。例如，有同事想尝试白盒测试工作，老大就会去申请代码权限，提供支持去做这种尝试。又比如，我自己曾经在比较早的时间，尝试了用输入数据，来自动化地测试函数接口。老大会鼓励我把这个尝试，给大家分享一下（见图 2-26）。

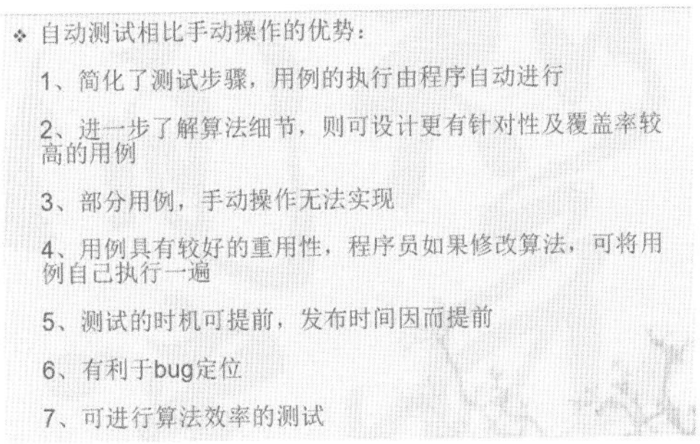

❖ 自动测试相比手动操作的优势:

1、简化了测试步骤,用例的执行由程序自动进行

2、进一步了解算法细节,则可设计更有针对性及覆盖率较高的用例

3、部分用例,手动操作无法实现

4、用例具有较好的重用性,程序员如果修改算法,可将用例自己执行一遍

5、测试的时机可提前,发布时间因而提前

6、有利于bug定位

7、可进行算法效率的测试

图 2-26　我的第一次分享

网易 QA 的老大们,还乐意支持大家去挑战自我。在我工作一年后,老大们就安排我去做新人导师。在我缺少自信的时候,给我鼓励,使我鼓起勇气克服困难,获得了成长与提升。

部门还设立了各方面的奖项、激励。例如每年都会对技术、工具上的突破,进行评比。获得技术贡献奖项的同学,可以获得去国外参加各种游戏展或技术交流会议(GDC、E3、科隆游戏展、东京游戏展等)的机会。对于本来就热爱游戏的同学,实在是一件令人兴奋的事情。

2.3.6 QA 团队的成长

对培养的重视与努力,确实带来了令人惊讶的成长。让我们看看以下数字吧。

- 整个网易游戏 QA 团队,由 2002 年的 3 人小组成长为如今 1600 多人的庞大部门。

- 硕士生占据了核心团队的 60%,博士生有 5 人。

- 团队建立了 AirTest、Qkit、FiT、MTL 等先进的工具、平台、实验室,已提出 529 件专利的申请。

- 团队自行开发了 20 多门新人课程,内部共发表了 1807 篇文章,举办了 513 场沙龙。

这些数字,只是一时的成绩。网易游戏 QA 部,绝不满足于此。在文化与制度的双重激励下,整个团队如同搭载着一辆飞速前进的列车,将会不断地前行与突破!

MAGICAL TECHNIQUES — QUALITY ASSURANCE METHODS AND TEST CASES

02

神术妙策——质量保障方法和测试案例

理解测试业务 **/03**
Understanding the Test Operation

测试设计与管理 **/04**
Test Design and Management

专项业务测试与实践 **/05**
Special Testing Project

03 理解测试业务
Understanding the Test Operation

知己知彼百战不殆，想要做好测试工作，须先理解测试业务本身。对此，本章会向大家介绍测试业务中不仅仅包含了基本的测试，同时还需要对用户相关体验负责、并且对整个开发过程进行质量控制，只有这样才能更好地完成整个测试工作，保障每一次测试的外放质量。

3.1 测试工作"快""准""狠"

之前作为导师参加过新人培训，发现很多新人测试点总结得很不错，但是具体细化到测试用例上，就会有一大堆问题：或者用例冗余很多，效率不高；或者不具备可执行性或执行起来很麻烦；或者设计的用例根本无法真正达到测试某个测试点的目的，这些问题对于测试工作的开展是极其不利的。

我们的测试工作应该追求"快""准""狠"：效率要高；目的要明确，不枉不纵；要能切中各种隐秘 Bug。如何能达到测试的"快""准""狠"呢，我在多年的工作中积累了以下几点经验教训，在这里分享给大家，希望可以抛砖引玉。

3.1.1 要做精准的好"设"手

设计测试用例就好比射箭，一个好的射手，每一箭出去必有明确的目标，不会空放，也绝不会在同一个目标上浪费多余的箭矢。那我们设计测试用例如何做到这一点呢？相信大家都知道要根据策划文档来设计测试用例，而要设计精准的测试用例则需要依靠对程序实现的了解。不了解程序实现写出的用例，很可能会是无的放矢或者浪费箭矢。

比如一个活动 NPC 有一个"领取任务"的选项发放 A、B、C 三种任务，任务的领取条件有时间、等级、组队人数等要求，我们该如何测试任务的领取条件呢？方案 1 是不论领到什么任务，我们只要做一次领取条件测试就够了；方案 2 是要针对 A、B、C 三种任务都要做一次领取条件的测试。方案 1 和方案 2 的测试点都是一样的，我们在具体执行的时候到底要采用哪一种方案呢？

拿我所在项目的情况来举例，之前的任务流程都是程序员手写的，领取限制都调用了同一个函数，因此采用方案 1 就刚刚好，如果采用方案 2 就做了很多无用功，纯属浪费。但是之后为了避免程序员的重复劳动，引入了任务编辑器，组队人数、队伍等级、任务过期时间等等都由策划填写在每个任务中。这个时候就需要采用方案 2，如果采用了方案 1，就会产生遗漏，完全达不到测试的目的。

3.1.2   不走寻常路，适当"造假"

测试在运营中的产品，常常会觉得"压力山大"。工作日程排得满满的，而且每个测试内容都是有最后期限的，因此测试不"快"不行。

前段时间我所在项目的帮派联赛做出了修改。帮派联赛是不同服务器之间的帮战，每个服务器选出一个帮派参赛，传输数据到各个比赛服进行比赛，同时当选的帮派可以获得宝象国特产的奖励。原先这个特产都是保留到下一届联赛选拔，后来策划提出了修改，要求未进入决赛的帮派要立即取消宝象国特产，而进入决赛的帮派可以继续保留特产直到下一届比赛选出新帮派参赛。按照传统测试方法，测试这个修改需要程序员搭建比赛中心服、比赛服、本地服，然后开启比赛，产生进入决赛和未进入决赛的情况。别的不说，光搭建服务器，就可能

耗去程序员大半天的时间，而这个修改只是一条每周维护的内容，每周每个程序员和测试员手头可能都会有十多条的每周维护，同时还有数不清的继续制作内容，一般一周内我们分配给每周维护的时间是 2 天，如果用传统的测试方法，时间必将严重不足。

幸好之前帮派联赛就是我测试的，我知道本地服务器的选拔结果记录在一个变量中，如果本服参赛帮派没有进入决赛，这个变量就会清空，进入决赛则该变量不变直到下一届选拔产生新的参赛帮派。因此我只要设置这个变量来模拟是否进入决赛的情况就可，因此这个修改在几分钟内就搞定了。很多时候，我们要用一些适当的"造假"来代替常规测试步骤，让测试"快"一些。

3.1.3   合理分解测试模块，化繁为简

有的时候我们会接到一个非常复杂的项目，要验证一个结果，可能要经过很多个步骤，时间上要跨越好几个阶段。在当初走读 mini 项目用例的时候，就发现有些人的一条用例，测试步骤有 1，2，3，4，5…，包含了所有达成这个结果的正常游戏流程。这样做，不能说不对，但是效率的确不高。有些用例不是执行一次就够的，之后还可能要多次回归，执行效率低下可不美。当然在很多情况下，我们可以借助测试脚本，对于脚本来说 1，2，3，4，5 个步骤或许也只是瞬息的事，但是测试过程中总有些地方是脚本无法检测的，况且编写脚本和运行脚本本身都需要开销。因此无论对于手动测试还是脚本辅助测试，我们都要合理地分解测试模块，精简测试步骤，做到既"快"又"准"。

假设我们测试一场玩家之间的 PVP 比赛，就整个比赛可以分为报名、分组、比赛、公布名次、领奖几个阶段。按照常规方式来说，我们测试后面的内容，肯定要经历前面的阶段，但是实

际上各个阶段是相互独立的，程序员也会提供在不同阶段跳跃的指令。在测试活动的主流程时，我们当然需要完整地跑完整个流程，但是在针对各个阶段单独测试时，应该好好地利用这些跳跃阶段的指令。比如在测试比赛的时候，就不需要真正经历报名和分组两个阶段，一般这种情况下程序员都会提供加入某个 ID 进入某个阵营的指令，我们只要写脚本加自己常用的 ID 分别进入敌对阵营，然后使用指令跳跃到比赛阶段。

前面的例子就是合理地精简测试步骤，那么如何化繁为简呢？就以测试最终名次排列来举例，我所在项目的比武大会排序的要素依次为本次比赛积分、玩家等级、玩家总经验、历史总积分。用来排序的数据中，玩家等级和总经验是报名时存储下来的，本次比赛的积分和历史总积分会在比赛时实时更新。所以测试比赛名次排序可以拆分成 3 个测试点：

（1）报名时正确存储玩家等级和玩家总经验；

（2）比赛时正确增加本次比赛积分和历史总积分；

（3）排序的确是根据本次比赛积分、玩家等级、玩家总经验、历史总积分进行。

这 3 个测试点在流程上是有先后关系的，但是这 3 个测试点也是相互独立的，可以单独测试，任何一处有 Bug，只需要单独复查即可。在确保测试点 1、2 正确的前提下，如果我们要测试第 3 个测试点排序，并不需要经历 1、2 阶段，可以自己造一些数据，然后调用排序函数，检查排序结果。同样的数据，写脚本来假造比写脚本真的报名打比赛来产生要简单的多，执行消耗也更低，而且这个测试脚本完全可以达到回归第 3 个测试点的目的。这样的做法将复杂的测试点，拆分成相对简单的 3 个测试点，同时也简化了第 3 个测试点的测试方法，这便是化繁为简。

一般一开始做测试工作的时候，我们验证测试结果是否正确，都是通过一些可以直接观察到的东西。比如我加了一个属性点，看到我的属性面板上相应参数改变了，这样我就觉得加点是没有问题的，这样的测试只关注表象，很容易踩入陷阱，达不到"准"的目的。就 RPG 游戏来说，人物属性的根本作用是用来战斗的，而不是为了摆在属性面板上好看的。如果加点改变了属性面板，但是在战斗中却没有起效，很显然这条测试用例应该是失败的。

验证结果时越过表现关注本质，除了可以保证测试质量外，也可以提高测试效率，让测试"快"起来。多年前我测试一个 PVE 的比赛活动，该活动一天开 3 次，每次前 3 名有奖励，本次比赛的奖励如果没有领取，那么到下次比赛开始就不能再领取了。为了测试本次比赛奖励下场比赛不能领取，我可费了老鼻子劲了，先开启一场比赛用 A、B、C 决出前 3 名；然后再开启下一场比赛，用 D、E、F 获得前 3 名，之后用 A、B、C 去领奖，确认无法领到。究其本质，领奖凭借得是什么呢？无非是一个数据里记录着 A、B、C 是前 3 名，其实我只要确认在每次比赛开始之初，这个数据会被清空就行了。

当然，我们要求测试透过表象，但是绝不能忽略表象。还拿前面的加属性举例，在第一次 review 之后，大家检验加点的方法就变成了验证服务端数据，去战斗中体验，有些人测试用例的预期结果中"查看属性面板"这一点就不见了。属性面板是玩家得知自己属性改变最直接的方式，是加点验证中不可或缺的部分，测试虽然要究其本质，但是一个表面上都有异常的产品，无疑是更糟糕的。

3.1.5 耳闻不如眼见，眼见还要深思

大家可以看到，前面的几个测试方法，从根本上来说就是要结合程序实现来做测试工作。在平时测试工作中，程序员或主动、或被动多少都会向 QA 介绍自己的代码，否则很多测试工作是无法展开的。他的介绍一般是如此：XX 路径下的 XX 接口，是做 XX 用途的，你可以用来做 XX 测试用；或者 XX 改动涉及 A，B，C 方面，你可以做 1，2，3……操作去验证。这在一定程度上也算是遵照了结合程序实现来测试的准则，但是程序员并不是专职的测试人员，他设计的测试用例是不可能像测试员考虑得这么周全的；而程序员提供的接口，本身就是需要被测试的对象，是不能尽信的。

多年前测试一个活动的领奖流程，该奖励每个人只能领取一次，不能重复领取。我按照正常游戏流程测试了，领取了一次之后不能再领取了。同时也用程序员告诉我的接口获取了领奖数据，确认在一个玩家领取了奖励之后，他的 ID 就不在可领奖的列表里了。按理来说，这样应该万无一失了，但是还是出现了玩家重复领奖的情况。因为这个领奖数据是个中层数据，一般改动的都是内存中的数据，需要主动存盘才可以被存储下来。程序在有人获得领奖资格时存了档，但是在有人领过奖清除领奖资格时并没有存档，只改变了内存中的数据，而他提供的接口获取的也只是内存中的数据，而不是存档文件中的数据。等到每周服务器重启之后，可领奖的数据又恢复成存档的数据，已经领过奖的又可以再次领奖了。由此可见，了解程序实现不能只靠耳闻，而需要自己眼见，只是见到还不够，还需要深入的了解透彻，才能切中隐秘 Bug，让测试"狠"起来。

3.1.6 测试要"灰"起来

前面所讲述的内容，都和程序实现有关，有些甚至是纯粹对于接口的白盒测试，是不是我们为了测试的"快""准""狠"，就要一心扎在代码中，走纯"白"路线呢？这显然也是不对的。

我们测试游戏，不仅要保证其可用性，还要保证其可玩性。一个游戏，如果运行起来是零 Bug，但是压根就不好玩，完全就违背了设计出来让人"玩"的这个目的，可以说是离"准"差了十万八千里。而游戏的可玩性，明显是白盒测试无法完成的。

即使在可用性测试方面，黑盒测试也是白盒测试的前提。如果我们针对了一个接口做了大量的测试，保证这是一个完美的接口，但是游戏中实际上压根没有用到这个接口，这个接口再完美也是白搭。我们需要在游戏中走正常的游戏流程，保证可以正常运行，并且正确的调用到了这个接口，我们针对接口所做的测试才有意义。

有些时候，黑盒测试比白盒测试更"快"、更"准"、更"狠"。老的项目组如有些语言中，调用其他程序文件内中的函数，如果路径不存在是会报错的，但是如果程序员写错了一个函数名，是不会报错的，只是等于什么事都没做。这种 Bug，黑盒测试稍微一跑就能发现，如果要去查询代码来验证的话，反而事倍功半。

无论黑猫、白猫，能抓老鼠的都是好猫。合理的利用黑盒和白盒这两种手法，让我们的测试"灰"起来，才能更好地完成测试工作。

3.1.7 小结

经常有人说，测试时间非常紧，我要"快"，因此我没有时间去了解程序实现来兼顾"准"和"狠"。其实磨刀不误砍柴工，你的测试"准"了，测试量就少了，自然也能达到"快"的目的。如果测试不够"狠"，遗漏了严重 Bug，就算暂时"快"了，放出之后一堆收尾要收，到头来还是拖慢了整个项目组的工作进度，得不偿失。测试工作的"快""准""狠"是相辅相成的，缺一不可。

3.2 测试，但不只是测试——关于测试中用户体验问题的思考

测试是 QA 工作的起点，也是核心，但完美的测试工作单靠做好功能测试本身是不够的。对玩家体验的持续关注和思考同样是非常重要的部分，为什么会有这些问题，QA 为什么要关注这些，具体应该怎么做，本文希望可以与大家一同探讨。

事情得从 2012 年七夕节说起，那天，自己跟进项目的客服经理哭笑不得地向策划抱怨，活动开始后，陆续接到玩家铺天盖地的投诉，引来客服同学的叫苦不迭。这是怎么回事呢？原来按照惯例，七夕活动都是异性玩家双人组队活动，打打小怪，挖挖羽毛，又得经验又增加友好度，是男女玩家婚前婚后居家旅行必备的活动，今年的设计大体也不例外，可为什么玩家就这么不满呢？说起来也许觉得不可思议，只是因为活动的一句对白！有一场小战斗，如果战斗失败了，对白是：唉，你们果然还是不合适。就因为这句对白，许多玩家纷纷投诉，说自己战斗失败后，惨遭队友 mm 抛弃，"她说我连七夕的战斗都打不过，连 GM 都说我们不合适"。说来也特殊，今年的七夕活动是新人数值做的，战斗难度比往年略有增加，这样一种机缘巧合下，"悲剧"就发生了。姑且不论玩家有借题发挥的嫌疑，作为以幸福美满为主旋律的七夕活动出现这样的对白，多少有些不合适。

这个活动是我测试的，但是我更多的精力都放到了功能测试方面，对于这个对白的不合时宜我当时没有发现，事后我也有些愧疚，同时也引发了我的思考，这个问题是否是我需要关注的，这是否是我测试遗漏？

我们是 QA——Quality Assurance，不仅需要对产品的功能进行测试，同时也需要关注产品的体验。尤其是网络游戏作为一种特殊的产品，在用户体验方面有着特别的要求。而相信大家都有体会，用户体验方面的问题无处不在，大到一个新的系统，小到一条维护的修改。

3.2.1 用户体验问题从哪儿来

/ 策划思考的有限性

策划文档本身不可能考虑得那么周全，一是时间不允许，尤其是进度很急的时候，匆忙之中必然有所遗漏或者考虑不周的地方；二是策划自身思维方面的问题，策划认为的不一定就是对的，因此不能一味地接受策划的设计。这方面可能新人 QA 中枪的稍微多一点。

/ 程序制作的"小偷懒"

这点相信大家也见得不少，比如看到对白比较短，懒得从文章中复制粘贴，直接手动敲上去，导致错字连连；再比如在实现策划设计的某功能时，为了图方便，简化设计流程，功能看上

去并无太大差异，但是玩家体验就会打折扣。

正是因为有这些问题存在，就要求我们在测试的时候对游戏体验有更敏锐的感受。然而在我的测试工作中，对于用户体验方面的问题产生了一些疑惑，可能大家也曾经产生过类似的疑问，那就是做到什么程度？

我们作为测试工程师，第一要务就是要保证产品的功能符合策划的设定，然而对于用户体验方面的问题，一方面是我们需要投入多少精力；另一方面，对于已经发现的用户体验方面的问题，我们是要全部向策划程序提出，并督促其修改，还是有所取舍。

为什么会想到这个问题呢，主要是基于以下几个原因。

/ 开发效率

1. 发现问题需要时间

每个系统或者产品的开发周期是有限的，经常由于种种原因，留给 QA 的测试时间更是有限，在有限的时间内，既要保证产品的功能性，又要更大限度地发现用户体验方面的问题，这从一定角度上来看，无疑是有些对立的。为了更大限度地保证产品的功能，即使测试完成后可能也需要探索性地跑一跑，这样留给体验的时间似乎很少了。也许有人会说，在做功能测试的同时，也是体验游戏的过程，但是当我们专心地根据测试用例去跑各个功能测试点的时候，恐怕很少人有精力可以同时兼顾到这个东西玩起来怎么样。即便这样，我们也可以无意间发现零零碎碎的几个看似玩起来不舒服的点。

2. 解决问题需要时间

发现用户体验方面的问题，跟发现 Bug 类似，都需要程序去修复，它甚至比 Bug 要更烦琐一些——需要向策划反馈，等待策划给出优化调整方案，再由程序进行修改，这无疑在时间上是有不小消耗的。有时候这也会惹来程序的反感，"这又不是 Bug，不用改啦"，"这样做没事啦，玩家不会觉得不好的"等等。当然，等到跟策划达成一致后，他们自然会"乖乖就范。"

3. 似乎与 UE 的工作重复

自公司成立用户体验中心（GUX）以来，我们有了专业进行用户体验测试工作的部门，现在很多系统在我们测试结束之后，通常会进行 UE 测试，UE 测试找来特定的玩家对这个系统进行提前体验，通过玩家的直观感受去发现游戏中不合理，或者设计不完美的地方。这样看来，我们像是在 UE 测试之前进行了一次过滤，那我们的工作似乎跟 UE 测试之间是不是有重复？

/ 视野的局限性

针对测试过程本身，我们在发现问题这方面也存在局限性。

1. 测试的局限性

正如上面所说，我们在测试时，以发现系统功能性的问题为主要目的，投入到用户感受方面问题的时间和精力都有限。

2. 测试环境的局限性

我们的测试毕竟是开着一堆权限号寂寞地在内服匆忙奔走着，这跟我们在外服游走于万千玩家之中的感受是完全不同的。我们看不到其他很多人的行为集合，体会不到在特定的环境下跟特定的玩家互动会有怎样的行为和感受，这种情况下想要幻想着哪里好哪里不好，似乎有点天马行空。

3. 个体认知的局限性

每个人存在很大的认知差异性。比如对于同一件新的锦衣，有人会觉得看上去裙子有点短，有人觉得这样很正常。那么当我们以自己的角度发现问题，向策划提出时，很有可能得到相反的意见。有些问题，无关对错，只是大家见解不同。

/ 评判标准缺失

我们对一个系统的功能测试得如何，评判标准有很多：比如发现了多少 Bug，再比如放出后有没有 Bug 反馈，等等。但是对于游戏体验方面的问题，没有一个直观的评判标准，现在可以想到的就是测试过程中，对策划提出的意见和建议，对于放出后，体验方面反馈不好的地方，似乎也找不到源头。

既然 QA 在用户体验方面的问题上存在这么多不可控的地方，那是不是我们就可以轻松放下专注于功能测试呢？答案当然是 NO。（不要拍砖）尽管有着种种客观因素会导致我们没办法做到尽善尽美，但是我们需要做，而且有很多可以做。

3.2.2　我们可以做哪些

/ 职位使命

这点说起来似乎多余了，我们是 QA，是产品的品质保证者，用户体验作为影响游戏品质的一个非常重要的点，无疑是我们工作的一个不可抹杀的点。不管是从责任心来看，还是作为工作成就感的重要组成部分，发现问题再督促策划和程序解决问题都是我们的工作要务，这点是毋庸置疑的。

/ 为 UE 测试提供一个更完善的版本

UE 测试是找到真实的玩家进行更真实的体验，但是通常他们只能在内服形成一个小团队进行游戏体验测试，可以进行的行为和体验会受到一些客观因素的限制，比如为了方便这些玩家体验到每个分支，可能会对某些条件进行调整，以方便他们达到某些玩法的条件，这样做会导致某些内容可能无法跟外服完全一样，因此很难保证所有的问题都完全被发现。比如 2012 年《梦幻西游 2》的圣诞节活动，有一个灭火玩法，每到整点会投放 20 团火，每隔 10 分钟未被消灭的火会分裂一次，上限为 50 团。灭火的方法就是 30 个不同的玩家对这团火扔道具。UE 测试的时候不可能针对这一个小玩法就进行半个小时，而且为了方便他们体会到消灭火这一特殊瞬间，调整了扔道具次数这个参数，这样他们就无法真实地去看到 50 团熊熊烈火遍布城市各个角落的盛况。

在测试中持续关注体验问题，不仅能从更完整的系统内容中去感受，还能帮助 UE 提前发现和规避一些较为明显的体验问题，为 UE 测试提供一个更为完善的版本，使得他们可以在更为理想的版本中去提供更深的优化建议。

/ 合理权衡，后期迭代

对于我们发现的问题，都可以拿出来跟策划反馈，大家可以进行讨论，并根据实际情况设置这些问题的处理方式。对于比较明显、影响很大的，自然是非改不可；对于那些比较久远的、历史原因造成的，改动比较大、改起来比较费时的，可以先跟策划反馈，择日再提维护优化。有个旧剧情的优化，主要针对切入战斗的方式进行了调整，以前只能采取快捷键方式暴力切入，现在可以点击 NPC 弹出对话和选项，避免了一些误操作。但是测试时发现了一个历史的问题，有的 NPC 身上如果有剧情任务，那么点击他时只会弹出剧情的对话，而没有正常的功能对话选项，只有完成这个剧情任务，才能出现正常的功能对话。自己在其他端口试过修改前的剧情后发现，老的任务就是这样的。在跟程序确认，这种情况涉及到的 NPC 比较特殊，改起来比较麻烦，而且风险比较大，此外存在这种问题的 NPC 暂时也无法全部确定。而本次维护的时间已经确定，如果要改这里时间明显不够，这个问题对于玩家而言，已经存在很多年了，不属于急需解决的问题，因此最终选择让策划日后再优化。

/ 各种建议

除了测试过程中以外，在文档分析的时候，如果我们可以预先发现问题，那么很多问题就可以扼制在萌芽阶段了。在这个阶段，我们可以最大限度地发表我们的见解，提出我们的意见和建议，甚至提出更好的点子。因为此时程序还没开工，策划可以对我们的意见进行更全面的思考，并及时回复，此时应该是提出意见的最好时机。可惜看着文档去想象终归缺乏真实感，距离程序的实现也有一定差距，因此终究会有遗漏。

对各个系统的持续建议。我们对于游戏体验中发现的各种问题都可以实时提出自己的建议，每个月会集体向策划提交一次，并会及时收到策划的答复。这个建议过程是一个细水长流，永不停息的过程。

/ 多角度交流

针对发现的一些问题，如果对于自己的想法也觉得模棱两可不够自信，可以丢到组内 QA 群跟大家分享一下，群众的智慧是无穷的，多一个人的意见可以开拓自己的想法，明确自己的意见。

/ 深入的游戏体验

相信大家对此体会都很深了，之前某位同事在有篇分享中比较深入地讨论了这个话题，简而言之就是，玩游戏是 QA 的工作要务，只有深入体验这块游戏产品的特色，了解玩家的特点和行为习惯，在测试的时候，才能自然地多从一名普通玩家的角度去思考设计的合理性，那么发现问题也会变得更加轻松和自然，在与策划 pk 的时候，也能更具有说服力。

3.2.3 结束语

以上是我对于 QA 在关于游戏用户体验方面问题的一些疑惑，以及自我解惑的过程。尽管很多内容只是自己的一种诠释，但是明确了这些之后，我觉得在工作中会更加明确和坚定自己的行为。因为不管怎样，我们都是在努力将产品做到更好。

3.3   "防范于未然"——谈谈过程质量控制

测试工作中大家比较习惯的做法是提测之后才正式开始测试工作，而提测节点往往比较靠后，这个时候才介入测试工作的话对代码提测质量很难把握，对测试花费时间也无法预估，因此 QA 及早介入制作流程显得很有必要。本文介绍了产品"代号 M"的做法，QA 通过前置控制手段来保证提测的代码质量，从而达到减少后期修复问题成本的目的，从目前的实践来看效果显著。

3.3.1 什么是"过程质量控制"

很多同学可能不知道，之前我们的 Title 一直是叫 QC 的，后来才升级为 QA。这一字之差带来什么样的差别呢，还是 QC 的时候我们强调的是保证我们测试过的产品没有问题，通常在待测产品的制作阶段我们是不会过多介入的，前期一般只会做比较基础的策划文档分析工作。后来升级为 QA 之后我们除了保证后期产品的测试质量之外，同时整个过程也会通过一些控制手段来保证交付给我们测试的产品质量，从而达到减少后期修复问题成本的目的。控制手段可以是多种多样的，比如原来的策划文档分析，代码审查机制，基础导表检查，用户体验测试等。如图 3-1 是 QC 和 QA 的对比示意图。

◆ QC：后期发现Bug

◆ QA：前期预防Bug + 后期发现Bug

图 3-1　QC 和 QA 的差别

图中的过程质量控制就是我们内部对各种控制手段的统一叫法，我们有专门的工作小组每隔半年对所有小组进行过程质量评估，评估方式是随机抽取各小组内的 QA 同学和程序同学进行问卷访谈，问卷内容都是由工作小组确定下来适用于所有小组的公共考察项。如图 3-2 为不同类型考察项截图。

图 3-2　过程质量评估考察项举例

从几年来多次打分情况来看，有几个产品的成绩尤为突出，其中产品"代号 M"（以下沿用此叫法）是多次夺冠的明星产品。那么该产品是如何取得如此成绩的呢？有哪些经验可以给大家借鉴呢？下面我们采访了产品"代号 M"的 QA，以下根据他们的介绍进行了整理，希望给其他项目带来一些启发。

3.3.2　标杆项目"代号 M"的经验分享

根据我们多年的经验，总结了以下几点影响玩法制作质量的重要因素：

- 各个环节相关人员的拖延；
- 各个环节交付的内容不完善；
- 各种暗改；
- 不断重复踩坑；
- 新人业务不熟悉……

下面就针对以上几点来展开介绍我们对应的控制手段。

/ 拖延

玩法制作包含很多环节，图 3-3 是基础流程的介绍图：

玩法制作基础流程：

图 3-3　游戏玩法制作基础流程

在玩法制作开工前，我们会确定好外放时间表，那么其中任何一个环节的拖延就会相应压缩剩余环节的时间，QA 作为最下游，那么我们绝对是拖延的最终受害者。针对拖延影响特别大的环节我们进行了相应的"锁定"措施：

1. 策划提交文档时间锁定

以往很多策划都是文档没有出来就先提交制作单，然后文档迟迟没有提交，长期挂单，程序、QA 要浪费精力去跟进这个文档提交的进度。我们现在是策划只有产出了文档才让其在当周提交制作单，然后周三前保证文档提交给 QA 进行分析，如果延时由 QA 主管收集反馈到主策。

2. QA 进行文档分析时间锁定

和文档提交分析一样，QA 回复分析也经常有拖延，导致程序等不到分析结果就偷偷开工，可能造成实现和最终文档不一致。因此这边也要求 QA 周三收到文档后，周五前必须产出分析意见，QA 主管也会定时确定所有在提文档的分析进度。

3. 周维护表单提交锁定

任何玩法的修改都是要通过周维护版本进行外放，假设周版本需求不能尽早确定，那么肯定会造成周六、周日加班严重，发布前 Patch 也会频繁重打，增加版本外放的风险。我们现在的做法就是周一的周会确定所有下周二维护时所有的玩法需求，以往通过各策划人工建单的方式改成了主策统一录入需求进行批量建单，然后周二上午前版本进行锁定，任何人无法在 Redmine 平台上直接创建下周二的周维护表单，如果需要追加需求，必须向主策或 PM 申请帮忙改为下周二的版本号。这样就有效地保证了所有周维护需求有充足的制作时间。

4. Patch 重打锁定

我们是周二进行维护的，之前一直都是周一进行回归及 Patch 发布，经常出现晚上 10 点之后才发布完 Patch 的情况，加班情况很严重。后来就将这个模拟回归时间提前到周五，尽量保证发布版本本周一上班前达到稳定，然后周一值日生有充足的时间进行每周例行的自动脚本回归、美术资源提交验证、静态代码检查结果确认、配置表变更确认等事务。周一需要重打 Patch 那么也必须和主策进行申请。有同学可能会觉得这样做会压缩版本制作的时间，但是实际上基于前一个周维护表单提交锁定的设定，整体的制作时间还是很有保障的，如果实在无法本周完成的周维护内容也是可以申请推迟到下周进行外放的。

/ 不完善

1. 策划文档标准制定

之前策划文档提交分析前没有统一的标准，很多策划都是编辑了玩法主流程后就提交分析，然后 QA 分析期间又在那里补充各种设置，比如外测时间、全服时间、奖励编号、任务编号等等，但实际上这些设置同样应该进行分析。比如外测时间，如果策划定成周末肯定会有问题，奖励编号等程序写完代码才补充很容易出现调用时机出错的情况。因此我们后面专门制定了这些标准并和主策进行了确认，如果达不到这个标准会向 QA 主管反馈打回文档。

2. 测试需求标准制定

除了策划，以前程序也很习惯将局部功能完成后就提交测试，然后 QA 测试过程又在不断地码剩下的功能，这样带来的后果是 QA 测试完的内容很容易被程序不小心在实现后面的内容时改掉，diff 情况很不方便查看每次 diff 修正了哪些问题，增大了潜在的风险。因此我们和主程序确定了提交测试需求的标准，首先必须保证所有功能完善才提交测试，然后还确定了所有需要说明的情况，比如测试指令、代码覆盖率、自测情况说明等，以保证测试顺利，如图 3-4 所示。

```
============程序填写============
1、系统名：        检测方案迭代
2、服务端程序：
3、客户端程序：无
4、测试端口：
5、Patch 地址：无
6、自测情况说明：已完成
7、如有未完成内容，最迟提交时间：无
8、测试需要特别注意：
1）新增日志：                 at
2）新增了gm指令让运维可以调整        表
9、代码覆盖率地址：http                      taskid=732
10、测试指令：
          set_    item        类型 价格
          set_    summon      兽类型 价格      格
          show_cheap 物品/召唤兽类型
```

图 3-4　测试需求标准示例

/ 暗改

1. 策划修改数值监控

之前总出现 QA 在周维护模拟服上进行回归测试，然后策划自己跑测发现有些数值不合理想要进行微调，再然后就直接编辑却又忘了告知 QA 进行相应回归的情况。因此我们在周五模拟服回归的时候就进行锁表操作，确保版本稳定后策划的修改我们能够及时进行确认。

2. 程序放出热更新监控

代码外放之后出现紧急问题需要进行热更新时，程序也经常匆忙改完稍微自测下就直接放出去，这就导致多次出现引入更严重 Bug 的情况。因此我们加上热更新监控，凡是程序的热更新操作均会实时提醒所有程序及 QA，QA 测试完毕后才进行外放。

/ 重复踩坑

1. 历史 Bug 收集归类

对以往的外放 Bug 进行归类整理，有两大好处：一是方便分析确认是否存在框架或规则设计不当从而进行调整，二是将容易踩坑的耦合测试点抽取出来补充 checklist 防止后面的同学踩坑。以往 Bug 记录都是靠跟进 QA 手工录入 Excel，这样很容易填漏。后来我们锁定了所有 Bug 外放的入口：周维护及热更新，比如周维护进行 Bug 修正时，表单一定会有【修正】关键字，然后 QA 平台首先会通知对应 QA 进行 Bug 原因录入；同样热更新放出时也会通知 QA 进行 Bug 原因录入，然后 Bug 管

理平台就会自动定时收集以上的数据，再根据填写的模块进行分类，方便大家查看。

2. 建立 Checklist 模版库

"代号 M"项目非常成熟，有很多丰富的玩法，各种玩法规则之间避免不了存在着耦合，如果只关注自己的玩法很容易踩坑。比如新增了同袍系统，有个成就叫"人不如故"，条件是连续和同一个 id 结成同袍关系 3 次，但是没有考虑玩家转靓号的情况，同个玩家转了靓号之后就当作不同玩家了，这明显不合理，后来进行了修正，兼容转靓号情况。在有了前面完善的 Bug 收集之后，我们就能把类似这种容易耦合的内容提取出来放到 checklist 平台中，测试的时候大家可以对照 checklist 进行最后一遍确认。

/ 新人易犯错

每年一大波新同学涌入是我们最激动也是最惆怅的时候，激动的是有人来一起分担各种体力活了，惆怅的是新同学经验不足更容易犯一些低级错误，于是我们想到一些调和这个矛盾的办法，目前看来成效很不错：

1. 测试用例走读

新人同学的游戏经验及测试经验都比较欠缺，因此测试用例遗漏会比较多。凡是制作类的任务，新人的测试用例必须进行测试用例走读，这样方便其他同学一起审核用例的完整性。

2. 新人任务 riview

分配给新人的制作任务必须由前辈进行 review，老人会侧重于策划文档分析、主要测试点跑测、其他测试外事项提醒跟进。

3. 老人开展各种内部沙龙

我们这边 QA 的组内培训做的比较好的，因此出于资源共享考虑，我们 QA 举办的沙龙也面向策划、程序新人开放，新人们可以互相学习

讨论，也为接下来的合作打下良好的基础（见图 3-5）。

主持人：QA
对象：各职能新人

图 3-5　针对新人举办公共沙龙

3.3.3　总结

以上通过介绍"代号 M"的主要控制手段给大家展示了 QA 如何进行产品质量控制完善的思路，要保证这些手段的顺利执行离不开以下几个条件：

（1）QA 首先要保证基础测试工作的质量，才能争取到过程质量控制主导权。不要出现 QA 做出一大堆高大上的工具，外放各种低级 Bug 又频出的情况。

（2）项目主要负责人有质量控制意识。过程质量控制一定会占用策划、程序一些时间来进行配合执行，只要负责人认可才能有效执行。

（3）QA 要根据自己项目作出适合可行的建议，让策划、程序能愉快配合执行。

（4）QA 内部需要有给力的技术支持人员进行工具开发。

QA 成功推动了过程质量控制之后，带来最直观的效益是提交过来的测试内容有了基础保障，可以更顺利地开展测试啦！相信大家看完以上介绍之后对过程质量控制都有一定认识，到时可以结合自己产品的实际情况多多发掘需要进行控制的节点，从根本上提高产品整体质量！

理解测试业务
Understanding the Test Operation
/ 03

测试设计与管理
Test Design and Management
/ 04

专项业务测试与实践
Special Testing Project
/ 05

04 测试设计与管理
Test Design and Management

在理解测试业务的层面上，如何将形成在脑海中的测试思路执行到具体的测试流程上呢？本章将详细向读者介绍，如何通过文档分析告知策划、程序等相关人员功能的细节与不足，如何通过用例设计完善测试点，如何在测试过程中通过一些方法优化测试效率及规范流程，如何将测试遗漏进行归纳总结增长测试能力。

4.1 新手进阶攻略之文档分析篇

文档分析是整个测试流程中很重要的一个环节。首先文档本身就是联系各个职能同事间工作的重要纽带，策划用它来表述设计，程序以它为标准来实现代码，QA 参照它来完成测试用例以及具体测试，同时文档也方便存档，用于日后的查询、参考和优化。而文档分析的目的便在于提早发现玩法或系统在设计上存在的错误和不足，以降低代码实现后进行修补工作的各种成本，实际上就是为了后续的工作更简单高效，因此文档分析是 QA 需要掌握的一项重要基本技能。本文将分享一些文档分析的经验以及如何做得更好。

文档分析是整个测试流程中很重要的一个环节。首先文档本身就是联系各个职能同事间工作的重要纽带，策划用它来表述设计，程序以它为标准来实现代码，QA 参照它来完成测试用例以及具体测试，同时文档也方便存档，用于日后的查询、参考和优化。而文档分析的目的便在于提早发现玩法或系统在设计上存在的错误和不足，以降低代码实现后进行修补工作的各种成本，实际上就是为了后续的工作更简单高效，因此文档分析是 QA 需要掌握的一项重要基本技能。

想要做好文档分析需要丰富的工作经验，包括测试经验和游戏经验。前者可以帮助我们发现各种错误、漏洞、异常和设计上的不足，让整个系统更加安全和完善，而后者需要以玩家的眼光去审视，会帮助我们改善游戏体验，让整个玩法更加丰富和完美。一个没有 Bug 的系统或玩法只能说是合格，毕竟我们做的是游戏，能够吸引玩家并且可持续发展才是优秀的，这不仅是策划的分内事，也是 QA 的职责所在。

咳咳……开头正式了点，下面开始上攻略。

4.1.1 攻略一：不容忽视的细节

错别字应该是最最常见的错误了，策划同学手一抖，错别字"刷刷"地就出现了，千万不要放过这些小问题，策划通常在后续填表和编辑器的时候，都是直接 Copy 文档的，有错别字也就一起错过去了，如果不提前改掉，后面测试的时候十分恼人。除了错别字外，语句不通顺、标点不正确、口头用语、不文明的网络用语、不符合游戏世界观的词语或其他一些敏感信息的内容等，都是不应该出现的，发现问题后要在批注内写明原因或修改建议。

另外，文档前后不一致，设计意图表述不清晰也是常见的基本问题，比如前面说参与玩法需要 30J，后面又变成 50J，这种就要明确的标注出来，让策划同学去确认。如果发现哪句话理解不清楚，一定要找策划明确，千万不要觉得差不多应该是这个意思就放过了。笔者就曾目睹过因为一句话理解偏差而发放奖励过多，从而导致事故的发生……

异常情况处理应该是比较重要却容易遗漏的了，审视玩法的时候，要多考虑掉线、顶号、散队、换队长、道具过期、任务过期、背包满等一些常见的特殊情况出现时会产生些什么问题，并针对这些问题提出自己的解决方案或疑问。伴随之的就是异常发生时给玩家的信息提示了，这些提示在游戏中对玩家来说十分重要，

就好比家里灯突然灭掉了，你的第一反应是神马？当然是想知道是停电了？还是灯坏了？或者是灵异事件？此时若有明确的信息告诉你原因，感受是不是有很大的不同？同时，策划在文档中给出的信息提示也能为文档分析起到一些排除和提醒作用，当你分析一份文档时，如果发现提示信息很少，那就要需要注意了，看看是否漏掉一些常见的异常情况。

分享个查缺补漏的好方法：怀着写用例的心情去做分析。在看文档时多想想有哪些测试点，也就容易找到问题了。笔者曾多次在写测试用例的时候发现文档里有问题，心想分析的时候竟然没发现，失策啊……当然啦，发现有问题要及时告知策划和程序，哪怕是在程序开发的最后阶段修改，也算是补救及时的。

这里顺带提一下批注的格式，不同策划有不同的文档风格，QA 也有自己的批注风格，但是有几点是大家都需要做好的：批注要按照出现顺序标序号，这样方便策划回复，讨论时也可以快速定位；一个问题一条批注，最好不要在一个批注中写过多内容；批注要放在问题所在位置附近；批注单元格加下颜色标注，突显出来比较容易发现，不会遗漏。另外，如果发现策划提交给我们分析的文档不够完善，缺少内容过多，比如缺少各种奖励数值、战斗数值、奖励演算、NPC 配置等，只要是你觉得会影响到正常的分析工作的，都可直接打回给策划同学，让他们补齐之后再提交分析，这也是为了分析能够更加全面，提高文档分析的质量。

- 系统：恭喜您达成了文档分析系列成就一牛刀小试，您获得了 100 成就点。

4.1.2 攻略二：小报警大作用

通常玩家在游戏内最喜欢的事就是做任务刷大把经验大把钱，花最少的劳动获得最多的钱，利益最大化永远是玩家心中永恒的主题。切莫小看玩家的聪明才智，为了奖励大开脑洞，智

商瞬间提升几个数量级，玩出各种千奇百怪的游戏套路，可是一点儿都不夸张！

因此文档分析的时候，要注意考虑玩法设计上是否存在漏洞，有没有刷奖励的可能性。同时要提防工作室（以玩游戏赖以为生）玩家，他们的效率往往较高，而且游戏经验丰富，一个人就可以突破某些限制做很多事情了。这里分享一个笔者遇到过的刷任务 Bug——

背景：某节日活动的环任务，采用自动任务链形式，玩家做完一环任务自动接受下一环，每环任务内容固定，任意环任务失败可以立即重新领取，第一环任务为上交一个低价值药品，第二环任务为战斗。

方法：准备较多药品，第一环完成得奖励，第二环战斗逃跑导致任务失败然后重新领第一环任务，交药品拿奖励，如此重复刷第一环的奖励。

漏洞：因每环任务内容是固定的，且第一环任务比较容易完成。虽然交药品需要一定成本，但短时间内可以获得大量的经验和金钱奖励，对于部分工作室玩家来说收益十分可观。

类似这种玩法设计漏洞产生的 Bug 在文档分析时就可以发现并解决，比如修改任务链为每环任务主动领取，且任务内容随机，或者把交药品的任务放在任务链靠后的位置等等。

当然这种漏洞是比较难发现的，一种比较好的预防方法就是使用报警机制。所谓报警就是指设定一个可接受的阈值，一旦超过该阈值就报警，从而能够较早发现问题，及时补救，降低损失。其目标通常是一些时间和金钱成本低、完成难度低、奖励价值大的任务。拿上面的例子来说，可以设定这样一个报警：假设按照正常环任务效率，玩家一小时能刷 30 环，那奖励就能领取 30 次，如果玩家在一小时内获得奖励的次数超过 30 就报警。这种机制还可以有效地预防外挂，当然报警的对象不光是奖励，也可以是其他任何你认为重要、有一定价值的东西。在文档分析中加入一些报警，顿时就觉得踏实多了。

如果是新内容放出或旧系统的优化，要特别注意其在功能和结构上和现有系统间是否存在耦合问题，比较典型的例子就是新旧数据的交叉耦合。有过这样一个 Bug：在一次师徒玩法的更新迭代中，策划修改了其中一个固定 NPC 的名字，并且将师徒玩法中所有用到此 NPC 的地方都做了修改。放出后发现在新手玩法中有个任务需要找到此 NPC 完成，但是玩家身上记录的任务 NPC 的名字是旧的，和实际不一致，导致该新手任务无法完成。类似这种问题其实也是可以在文档分析中提出的，我们不一定要准确告知策划具体是什么问题（需要大把的测试和游戏经验），但可以在觉得有可能存在问题的地方提出一定的预警建议。比如上面的例子，可以提醒策划找程序同学搜一下代码，看看都在哪里有用到这个 NPC 就可以啦。

文档分析中还有一部分内容就是数值分析，包括奖励演算、战斗效率、平衡性等等。其实数值测试大有学问，不是单靠分析那么简单就能做好的，这也是为什么我们有游戏效率评估和用户体验。但那也只是个辅助手段，存在一定的片面性，主要还是需要策划和 QA 来综合把控。

就笔者以前而言，我在数值方面提出的分析意见很少，大多都是在后期测试过程中发现问题的，久而久之策划也就觉得我不会在文档分析中看数值，提交分析的文档就经常缺少数值部分的内容。通常询问策划会说稍后补上，有次收到的回答竟是"反正你也不看"。尴尬的是我当时还真不知道怎么反驳……那么我们在文档分析阶段真的对数值就什么都做不了么？答案当然是否定的。

就奖励方面，可以审查奖励是否明确给出、发放方式是否安全、发放内容是否合理、发放有无遗漏、有无奖励演算、演算是否正确、演算结果是否合乎投放标准等。战斗方面，可以看看战斗配置、属性和技能是否明确、完整、合理，战斗比较复杂，需要综合考虑怪物数值、玩家水平、战斗逻辑、战术策略、战斗体验等多方面因素，它并没有固定的评估方法，需要我们在实际工作和游戏中逐渐积累经验。

● 系统：恭喜您达成了文档分析系列成就一登堂入室，您获得了 500 成就点。

4.1.3 攻略三：我仍是玩家

我们以前是玩家，现在也是玩家，但是工作久了，有没有觉得自己属于玩家的那部分身份有些不一样了呢？我们玩游戏，在游戏中交朋友，上论坛看帖子，听玩家吐槽，其实就是为了更多地了解玩家的需求，倾听玩家的声音，所谓顾客是上帝，知己知彼，才能百战百胜嘛。

在文档分析中，我们也应该多用玩家的眼光和身份、站在玩家的角度去考虑和发现问题。玩法是否有趣，怎样能吸引更多的玩家来参与，是否多一些挑战和互动会更好？这些虽然是策划的职能，但我们也应该参与其中。在玩法上避免太过复杂，以便大部分玩家都能够接受，任务条件不要太过苛刻，各种说明信息要完善，对于传统的玩法和操作习惯要尽量保留，太过突然的变化会让玩家觉得措手不及，等等诸如此类的考量都是可以在文档分析中提出来的。

另外，在文档分析时还应该特别考虑一个人，那就是程序同学。策划为了创新有趣，让玩家有更新更好的游戏体验，有时会设计一些比较独特的玩法，而这些玩法往往比较复杂，或者较难实现。曾经见过程序同学为了实现一个特殊玩法辛辛苦苦写了三千多行代码，放出后玩家参与度却不如策划预期，这种低收益和高成本的玩法，是我们不愿意看到的。也有程序同学被逼无奈，无法用常规方法实现的设计，就另辟蹊径，写出各种复杂奇特的代码，导致QA 同学后期测试苦不堪言，还容易出 Bug。这类新颖、独特、复杂的玩法，不易实现，开发成本和测试成本较高，容易出错，是得不偿失的。

我们在文档分析时，可以关注下有无这类玩法，觉得较复杂时可以先找跟进的程序同学一起讨论下，咨询下他的意见和想法。如果程序同学认为开发有难度，或者成本可能较大，可以叫来策划一起商量讨论，看能否简化或者修改玩法。这样就能够尽量避免上面那些杯具的发生，节约时间成本去做更多的事情。另外，程序同学也会感谢你的哦~

● 系统：恭喜您达成了文档分析系列成就一个中高手，您获得了 1000 成就点。

4.1.4 后话：翻滚吧！文档

这里要说的是笔者自己的一点儿小建议，不属于文档分析，但也有那么点关系。起因于前些日子跟的一次节日活动，这个活动是每年必做的常规玩法，年年几乎都一样，而且玩家的参与度相当高。

在做灯谜玩法的文档分析时看到的第一句话是这样的：

沿用一直以来的灯谜老人活动。无改动。注意检查。
由于之前的文档都是 Word 文档，不明之处也可对照过去的文档。

第一反应先找以前的文档，以备不时之需，令笔者比较郁闷的是直到 15 年所有文档关于这部分的内容几乎是一样的，应该是一路粘贴过来的，只不过最近几年多了上面的那句话而已。那么问题来了：不明之处该如何对照？

当时看过一遍之后确实发现有些许不明之处，包括缺少一些公告和异常提示，兑换条件、要求和消耗的衰减规则不明确等。询问策划，他告诉我这个是传统活动，这么多年都是一样的，基本没改过，那么往年是 OK 的，今年不改它肯定也是 OK 的，如果有疑问以实际代码为准。想想似乎有些道理，但前面又说无改动，注意检查什么的，是要我检查什么呢……（摊手）

怀揣着这些不明之处，我去投奔程序同学查代码，希望能找到明确答案。查代码之后的确解决了部分问题，但又出现了两个情况：一个是发现一段不明代码，近几年才加的，不知道为什么加；另一个是程序告知我 xx 问题确实没处理，但要修改需要找策划确认。我最后找了参与往年活动的多个策划和程序，问了一圈之后才得到最终答案：不明代码是处理一个某年的 Bug，但没有添加到文档中；xx 问题最终确认不用处理，而以往文档中没有相关的说明。

问题的根源很明显了，就是维护文档不力导致的。大家往往觉得频繁修改文档很麻烦，而且忙起来有时顾不上改文档，这就造成文档中的内容陈旧，和实际代码不一致，会给后面接手使用此文档的同事带来很大不便（笔者对比文档、程序查代码、询问策划都是在消耗彼此的工作时间），同时也会影响以后的玩法迭代和优化。

其实我们在测试期间，对于一些玩法、数值、文案等的修改，大可以提醒策划及时更新文档，这样做实际花不了多少成本，但却能够切实带来不少的好处。不论合作的策划同学是否有经常更新文档的习惯，只要 QA 同学能够起到督促作用就好了，不要让文档一直静静地躺在某个角落，让它翻滚起来吧～

- 系统：恭喜您得到了新的称谓——文档分析达人。

4.2 策划文档分析中的望、闻、问、切

如果把高质高效地完成测试工作看成是如何"正确地做事"，那么做好策划文档分析则多多少少有些如何"做正确的事"的意味了。众所周知，"做正确的事"比"正确地做事"要难得多，领导们大多都是负责"做正确的事"的人。一个策划文档，虽然不是决定公司方向的大决策，但也是决定一个系统成败的关键，要完成文档分析这个相对复杂的工作，自然是需要一些方法的。熟悉中医的人会知道，中医中诊断病症需要用到望、闻、问、切这四种手法，我们分析一份文档，也需要灵活地运用这四种手法。

4.2.1 望——着与微处，放眼大局

拿到一份策划文档，我们首先会先通读一遍，凭借自己的理解和知识开始做文档分析。排除一些显而易见的文字错误、逻辑矛盾、重大缺失，也撇开高难度的战斗平衡、经济平衡不提，文档分析还是有一些简单的准则的。

首先，文档设定需要符合客观实际。早先我所在项目的玩家之家推出了牧场系统，牧场中可以养育鸡、鸭、狐狸、熊这些动物，文档中设定这些动物都借由一个类似"宠物蛋"的道具发到玩家手中，玩家可以把相应道具放到牧场中孵化出来。这些动物中，鸡鸭是卵生的没错，但是狐狸和熊明明是胎生的，怎么可能在"宠物蛋"中呢？我就此和负责的策划提出异议，但是策划觉得这只是游戏里的设定，而且可以把宠物蛋改成仙蛋，仙蛋里面有啥都不稀奇。当然我并没有这样就妥协，我们游戏的宣传方向一向都是绿色网游、寓教于乐，玩家中甚至有很多小学生，显然不能让孩子们在玩了我们的游戏后，产生原来狐狸、熊都是从蛋中孵出来的误解。在经过进一步的讨论后，最终这个道具的名字修改成了宝宝窝，如果道具超过一定时间没有放入牧场中，就会失效，算是里面的动物已经死亡了。举这个例子，是想说明，虽然我们需要创造，对于现实中存在的东西，是不能任意扭曲的。

文档分析要注意细节。文档中重大的缺失，大家肯定都不会放过，但是对于一些细节上的问题，也不能轻视。在早几年，曾有策划对任何NPC 必须有闲人对白之类的准则不置可否，虽然现在大家都认可了需要注重细节，但是很多文档在提交的时候，还是有不少细节上的遗漏。策划总想着，大纲我已经写好了，细节可以慢慢完善，于是对着一份缺失了很多 NPC对白的文档，程序员开始着手做了，QA 也开始测试了，程序员对于所有的缺失，都写了XXX 的默认对白来替代。等到 QA 把流程都测试完毕了，策划才补充完 NPC 对白，然后，自然 QA 要把整个流程再跑一遍来验证 NPC对白，就这样工作量平白增加了一倍，这种情况显然应该通过文档分析来避免的。前期文档工作做得越细致，后期需要返工的东西就越少，一边写测试用例一边做文档分析是减少遗漏的好方法，大家不妨试一试。

注意细节还有更深一层的意义，细节除了不能遗漏之外，还需要保质保量。我曾经测试过一个活动，任务种类很丰富，但是这个活动的每类战斗，战斗胜利、战斗失败的对白都是一模一样的，分别是"你赢了""你输了"，是不是感觉一股浓郁的山寨气息扑面而来？我们在文档分析的时候，类似问题是绝不能姑息的。

说到细节问题，还经常会碰到另一种情况，有同事在群里贴出一些语句，问大家：你们知道这是什么意思么？那些语句要么晦涩难懂，要么绕来绕去，否定的否定的否定……这些语句不是别的，正是某个系统的说明对白，连熟悉游戏、有一定学历的我们解读起来都有难度，让那些新手或者年纪还很小的玩家如何理解呢？在设计一个玩法的背景或者某些特殊玩法的时候，策划大可以采用大量华丽的辞藻，甚至可以用晦涩的古文，因为这些并不是每个玩家必须了解的，但是对于一个常用系统的每句对白提示，都需要力求通俗易懂，曲高和寡是带不来经济效益的。

有句俗话，世间没有免费的午餐，我们在文档分析的时候，防止玩家不法得利是重中之重。我们游戏原先有个设定，就是玩家可以在新手区的暗雷场景抓大海龟，然后卖给 NPC，换取 500 块游戏币，在游戏中，一个玩家参与普通的玩法一个小时至少可以赚几十万，相比起来 500 块可说是微不足道，别说午餐了，充其量是早餐剩下的面包屑。但是，就是有人捡这些面包屑捡的不亦乐乎，甚至成为工作室的刷钱手段，因为玩家在 10 级之前是不需要消耗游戏点卡的，这些都是免费的面包屑，而用脚本来做这些事轻而易举，大有赚头。为了杜绝这个现象，策划更改游戏设定，在玩家10 级之前，只能贩卖 3 只海龟。而之后的新手大礼包的物品，也都做了不能转移的限制。天下熙熙，皆为利来，天下攘攘，皆为利往，免费的午餐不是不能给，但是一定要做出很好的限制。

在其他一些无关玩家利益地方，也会使用上述准则。比如我们的游戏中论坛的回帖，虽然不会给玩家带来什么利益，但是玩家频繁做起来没什么难度，却会造成服务器的大开销，因此消耗一点玩家的体力（体力在游戏中可以换成钱）。另一种情况，玩家在进行帮派联赛存取物品时，需要统一向中心服请求，因此限制了 5 秒内才能存取一次物品。我们可以这么认为，频繁执行这些操作带来的开销，并不是玩家的游戏点卡可以支付的，因此有大开销就需要有消耗或者有限制。

以上的两个例子，一个是说要防止玩家非法得利，一个是说要控制开销，其实归根结底都是为了保护我们游戏的利益，前面的几条准则也都是为了这个目的。想要保护游戏利益，还有一个准则不得不提，就是要给予玩家合理的利益。前不久我接到了一个文案，玩家可以通过人民币购买道具，把一些游戏截图编辑成故事图册，大家都可以在游戏中观赏并评分。这个文案有个很大的问题，就是这些故事图册是会过期的，据说是因为考虑硬盘空间的问题。我们游戏中有出售给玩家装扮的道具锦衣，只要购买是永久有效的；我们的游戏论坛大家可以免费上传各种图片，也不会超过一定期限就删除的。和以上两种情况相比较，我觉得玩家花钱购买且花了心血创建的画集需要过期删除是不合理的，推出后会买单的玩家不说没有也会很少。而在程序实现上，这些画集都是储存在一个专门的服务器，不影响游戏的其他数据。作为一个单独的服务器，有那么多大型的论坛作为前例，也完全不需要担心画集数据太多而硬盘不够的问题。只有玩家享受到合理的利益，我们才有盈利的机会，因此过期设定是应该取消的。

4.2.2　闻——仔细聆听，随时跟进项目

闻，顾名思义，就是听的意思。一个比较复杂的系统，策划一般都会召集相关人员提前开个小会做个宣讲，如果是比较大型的资料片，则会召集整个项目组做宣讲。这些系统宣讲是不可错过的，需要仔细聆听。策划往往会在宣讲时表达出很多文档中没有写明的设定和思想，无论怎么样的打字高手，说话似乎总比打字来得方便容易些。有些比较复杂的设定，经过策划的讲解，也会比自己看文档容易理解得多。宣讲的同时，大家之间的讨论很有可能触发该系统某些设定的改变，作为参与者，自然可以立马获悉这些改变。

除了聆听以外，这里的闻还有更深一层的含义，就是要耳听八方。不知为什么，策划和程序员之间的交流，似乎总比和 QA 之间频繁。经常是你在分析文档或者听宣讲的时候，这个系统是这样的，然后到你开始测试的时候，整个系统已经变成那样了。策划有了新想法，肯定要和程序员说啦，不说程序员不会做。QA？等到测试的时候不就会知道了么。而程序员觉得这个设定不合理，自然也会和策划说，这个地方不好实现哦，要改成XXXX。QA？等到测试的时候他自然就知道啦。于是乎整个系统就在我们不知道的时候改头换面了，或者干脆心肝脾肺肾都换了，而中间的这些修改，是完全没有经过我们的分析的。虽然这些修改大部分是不会有问题的，但是总有一小部分会造成大量的返工，在这种时候"多亏 XXX 发现了一个重大遗漏"之类的话是无法抚平返工之痛的。

因此，为了避免类似的情况，我们需要多留意周围的情况。眼观六路肯定不行啦，要做事么，那么就只能耳听八方了。相互间合作比较多的程序员或策划一般总有一个会坐在附近，如果你发现策划和程序员开起了小会讨论你正在负责的系统，那么立即加入进去吧，所谓三个臭皮匠，

顶个诸葛亮，说不定能想出更绝妙的点子，还可以将一些不合理的设定扼杀在萌芽中。就算这些都没有，至少你了解了系统的最新改动，不会在测试的时候因为过期的信息而提一些不存在的 Bug 单。

4.2.3　问——深入挖掘需求

前面讲的"望"和"闻"，都是了解系统设定的方法。但是在有些时候，单单就"望"和"闻"，并不能让人完全地了解策划的意图，就我个人而言，这种情况经常发生。对于不理解的东西，自然是要"问"了。无论是多老资格的 QA，都不可能全知全能，对于某些游戏设定或者实现不能理解并不丢脸，为此请教别人也不要觉得不好意思。对于系统不求甚解，或者不懂装懂，因此造成了重大 Bug，才是真正丢脸的事。就算没有 Bug 产生，也平白失去了让自己进步的机会。

"问"有什么好处呢？这里可以举个例子来说明。有次，我收到一个维护单，说要降低某副本中附加的金钱和经验增益 buff 的优先级。buff 编辑器原先是我负责测试的，和魔兽世界不同，我很清楚我们游戏的 buff 是没有优先级这一说的，于是我去询问了策划，为啥提这个维护，策划告诉我说，因为副本附加的 buff 顶掉了更高级的 X 梦丹附加的经验和金钱增益。我们游戏的 buff 系统，如果身上已经有同样的增益效果，新的有同样增益的 buff 是不会被附加上去的（这个设定后来有所改变），所以我又去咨询了程序员。原来道具 X 梦丹写在现在的 buff 编辑器体系建立之前，独立于该体系之外，就没有受到前面不附加同样增益的 buff 大规则约束，这些增益效果和 buff 附加的金钱和经验增益共用同样的变量，因此就被 buff 编辑器填写的 buff 所覆盖了。

为了避免这个问题，程序做出了这样的修改，在该副本附加 buff 前先检测一下，是否玩家身上已经存在相应的经验和金钱变量了，如果有就不再附加同类 buff。粗粗看来，程序作出的修改是完全满足策划需求的。但是在详细了解其原因之后，就会发现这个修改是治标不治本，只是满足了策划表面的短期的需求，X 梦丹带来的增益可能会在其他地方被顶掉，策划为了实现自己真正的需求，会在每一个冲突被报上来的时候再提新的维护来解决。最好的方法应该是将 X 梦丹附加的增益变量也纳入 buff 编辑器大规则的管理中，在附加所有 buff 之前都做检测，这样才可以一劳永逸解决这个问题。由此，我们可以看出，"问"可以挖掘出真正需求，并据此施行最有效的方法。

4.2.4　切——把握游戏脉络，独切不如众切

"切"，在中医中是摸脉象的意。在之前的那个关于"问"的例子里，其实已经有"切"的存在。"问"挖掘出策划的真正需求是 X 梦丹所带来的增益不会被其他 buff 覆盖，"问"挖掘出产生这个 Bug 的原因是 X 梦丹没有纳入 buff 编辑器的系统管理，而之后由 X 梦丹的长期存在和 Buff 编辑器的广泛应用推论出目前的修改并不治本，并提出更有效的方法，这就是"切"。

就这么看，比起前面三个手法，"切"似乎要玄妙也更难一些。不过不用担心，和真正看病诊脉不同，我们给游戏诊脉，并非一定要自己完成，"切"更有切磋之意。你大可以和程序员或者策划讨论：

我对于这个设定有 XXX 以下几点疑虑，我们应该怎样改进对游戏会更好呢？正所谓独"切"不如众"切"，群策群力才是王道。

即使你已经想出了很好的点子，切磋仍然是需要的。作为一个文案的创造者，策划总是你需要好好沟通的对象，有了好点子并且让策划接受，才是文档分析的目的。一般，我们会写策划文案分析，通过邮件发给策划，策划也可以回复邮件来答复。但是有时候难免会有这样的情况发生，QA 建议：由于 A 原因改成这样 –> 策划驳回：因为 B 原因不能改成这样 –>QA 解释：B 原因，其实是不用担心的，因为……–> 策划回复：因为 C 原因还是不能改成这样……

比起这个，面对面交流始终是一种更加神奇且有效的方式：你的文案我看了，出于 A 的原因，XX 设定我觉得改成 XXX 会比较好，或者你出于一些其他的考虑要这么做呢？哦，你是出于 B、C……原因啊，其实是不要担心的，因为……无论是快速说服策划还是快速被策划说服，都可以节省不少邮件往返的时间。当然策划文档分析还是要发的，但是我们可以在和策划讨论之后作为总结备忘发出。

4.2.5　小结

一开头说了这是关于如何"做正确的事"的文章，但是写完全篇回顾一下，其实还是一些如何"正确地做事"方法而已，在结束的时候，总觉得应该要说一些真正和"做正确的事"相关的东西来呼应下开头。

在一开始进入公司做测试工程师的时候，当时还是 QA 组的组长曾经问我一个问题："你觉得作为一个测试人员，需要具备哪些条件呢？"当时我答："细心、热爱游戏。不喜欢一份工作，当然不可能做得好啦，而我这个人有些时候会比较粗心，因此有这样的答案"。组长回答说："这些当然都很重要，但是作为一个测试人员，最重要的是要有责任心和一定的坚持。"这番话当时就让我印象深刻，现在回味更显真知灼见，作为一个测试人员，在经历相关的培训之后，再抱有责任心和一定的坚持，在工作中"做正确的事"应该都不会太难吧。

4.3　怎么编写测试用例——思维篇

作为一名游戏测试工程师，编写测试用例是最基本最重要的核心技能之一，编写用例的方法技术是我们必须要掌握的。然而，相比于方法和技术，我们在编写测试用例时保持清晰的思维更为重要，本文从测试用例的设计思维角度出发总结一下自己的看法，谈谈编写测试用例时应该持有的思维维度。

刚接触软件测试的同学在课堂或者书本上会学习到一些经典的测试方法，例如：等价类划分法、边界值法、场景法、测试大纲法、因果图法、判定表法、正交表法等等，这些基本的测试方法能够帮助我们编写测试用例。然而，在游戏中，待测试的系统或者玩法往往逻辑复杂、输入和输出分支很多，测试人员如果经验不足、测试思维欠缺还是会陷入思绪杂乱无章、不知从何下手的困境。

对于一个测试人员来说，测试用例的设计与编写是一项必须掌握的能力，但有效的设计和熟练的编写却是一个十分复杂的过程，不仅仅需要掌握各种测试方法和测试技术，更为重要的，它需要你对整个游戏不管从业务还是功能上都有一个明晰的把握，用例设计时应该思维开阔、考虑到游戏中的各方各面、尽量做到滴水不漏。下面就从测试用例设计思维的角度出发总结一下自己的看法，谈谈编写测试用例时应该持有的思维维度。

4.3.1　了解设计的原始需求（明确测试目的）

在编写一个系统或者模块的测试用例时，一定要明白这个功能的原始需求，也就是策划的设计需求，理解原始需求后，编写的测试用例才更有目的性和更加完备。同时，在需求分析阶段，理解设计需求也能修正掉一些不合理的设置。

　情景测试需求：
　某宠物系统的转化率数值，宠物的基本数值乘以转化率加成到人物身上，转化率数值可以使用道具洗练，洗练公式由策划给出。

针对上述测试需求的转化率数值的洗练，我们应该怎么设计测试用例？最后的洗练结果完全符合策划给出的公式就可以了吗？这样当然是不行的，应该先了解策划的设计需求最后洗练的结果应该满足什么分布，正态分布？线性分布？可以具体到平均洗练多少次可以获得洗练的最大值，了解这个需求后，我们就可以设计出测试用例：使用大数据（10 万次），从初始数值 0 开始，洗练 1 次、2 次、3 次……50 次，分别统计洗练值的概率分布。

4.3.2　熟悉系统的功能需求（编写粗略测试点）

系统的功能需求其实就是我们粗略的测试需求了，这个一般在需求文档或者测试需求单上都会体现。这里要做的就是把功能需求细化成一个个小的测试需求，如何把功能需求细化成测试需求，没有特定的方法和规则，完全可以按照个人理解和习惯进行，本人比较常用的几个方法如下：

- 需求分档法。利用策划的设计文档来细化测试需求，简单的做法就是把文档的具体内容删除掉，只留下章节信息，每个章节标题对应一个测试需求，子章节标题对应测试子需求。
- 表单法。策划在提测试单时，已经对玩法进行了功能划分，我们借鉴过来即可细化测试需求。

- 配置表格法。为了修改起来方便，策划一般会填写配置表格，我们可以利用配置表格来细化测试点，每个表头对应一个测试需求。

不管使用什么方法，还是几种方法互相结合，总之，测试点一定要全部覆盖所有的功能需求点，这是最基本的一点。由功能需求出发得出的测试用例就好比我们完整测试用例大树中的主干部分，只有主干部分首先根深蒂固才能在此基础上枝繁叶茂。

4.3.3 了解实现原理（完善测试点）

在理解原始的设计需求和系统的功能之后，再编写测试用例，基本上都能覆盖的比较全面。但是：

（1）单单是从需求上面覆盖的测试用例，测试用例只能覆盖"表面"的一层，一些内部的处理流程也许没有覆盖到，而这些没有覆盖到的代码很可能就是一个风险点。

（2）一个大型的系统，都是一些小模块的组合而成。软件越是大型，耦合就越大，"互相影响"就会越多，设计用例单单是从模块本身考虑的话，很可能就会对其他模块造成风险。

所以在理解原始需求和软件的功能需求的基础上，了解程序的实现原理，理解内部处理的流程，使测试用例能够覆盖到所有的代码分支，并且覆盖到可能会造成影响的其他模块。

情景：

- 测试需求：某 PVP 比赛，参加半决赛的 4 支队伍两两比赛，然后胜利方赋予决赛资格，半决赛结束后，立马开启决赛，决出最后的冠军。

- 测试点：4 支队伍参加半决赛，随机分组，两场半决赛结束后，两场比赛的胜利方继续进行决赛。

- 外放后 Bug：进入决赛的两支队伍战斗开启之后，人员未进入比赛场景之前，比赛提前结算，决赛双方战平。

- 程序实现：战场的结束和开启是异步的，比赛结束时，首先把场景内的所有玩家踢出比赛场景，然后进行场景销毁、回收资源等一系列操作，大约需要 1~2 分钟之后才真正地结束比赛。而所有玩家被踢出场景之后，开启比赛的进程即认为可以开始比赛了，所以立即开启了下一场比赛，而 1~2 分钟之后上一场比赛的结束信号把下一场刚刚开启的比赛给结束掉了。

- 调整测试用例：4 支队伍参加半决赛，随机分组，两场半决赛结束后，立即（30 秒之内）开启决赛。

4.3.4 还原用户场景（完善测试点）

测试人员需抛开自己的计算机专业素养，把自己当成一个大众化的用户，以使测试的结果更接近真实的使用场景。第一步中，我们了解了策划的设计思路，在这一步，我们则要从玩家的角度和自身的游戏经验出发，发掘功能在实际运用可能出现的需求。当了解两者的需求后，更有目的性地编写测试用例，当两者的需求出现分歧或者差异时，需要格外留意。

情景：

- 策划设计：某个 PVP 玩法，玩家进入场景前，根据玩家随机分到的角色播放一段动画，告知玩家随机结果，当动画播放结束后，把玩家传入场景开始 PVP 玩法。
- 策划需求：玩家在进入场景前，通过动画可以预先知道随机结果，增强玩法的友好度。
- 玩家需求：咦？居然进去之前就知道随机到的结果？这次随机到的角色不会玩，不想浪费时间，赶紧 kill 掉游戏进程，重新登录继续随机下一场。

如果仅仅只了解策划需求，上例可能只会设计出随机结果跟动画是否匹配、动画播放完毕后是否把玩家拉入 PVP 场景等测试用例，而了解到玩家可能会出现的应用需求，会更有目的性和针对性地设计出动画播放中强杀进程、掉线、顶号等导致不能进入 PVP 场景的异常操作的测试用例。

4.3.5　测试框架（用例划分）

上述几条都是功能测试的范畴，而一个完整的测试用例不单单只包含功能测试，而是由很多部分组成的一个测试框架，测试框架从大到小划分下来，可以是：功能、兼容性、性能、容错、UI 界面、安全性等几大类。在功能性的测试点完成之后，应该多考虑一下非功能性的测试点。

4.3.6　编写测试用例方法和思路

前面是从测试点的角度考虑，接下来要从测试点编写测试用例了，常用的测试用例设计方法：等价划分法，边界值法，域分析法，输出域分析法，场景法，正交试验法，组合分析法，分类树法，因果图法，判定表法，状态迁移法，错误推测法等。我想大家都很熟悉，新人入门

必学，合理地运用上述方法，编写测试用例都不是太困难，技术面的内容就不多说，这里说说测试用例的设计思路。

如果系统输入不是太多，我们可以用穷举法把每一种可能性都测试一遍，以达到 100% 的测试覆盖率。但是我们都知道，达到 100% 的测试覆盖率几乎是不可能的，因为实际中的输入一般都很多，用穷举法测试代价太大，执行起来不现实，而且敏捷快速的开发和需求迭代，也要求我们提高测试的效率。这个时候，就出现了各种测试用例设计方法，利用这些方法对穷举法中的大量测试用例进行裁剪，以达到我们可以接受的范围，我们要做的就是用尽可能少的测试用例来达到最大的测试充分性。

如等价划分法，它是对系统的输入进行等价划分为若干部分，然后从这些部分中选择少数测试输入数据代表该部分执行测试，以减少大量的测试用例，由于等价划分它没有考虑输入域划分时的边界情况，这时就可以用边界分析法对其进行补充，以提高测试覆盖率，如果面向的是需要覆盖多个变化参数的测试对象，更多的是要求对各组合的测试，组合分析、正交试验法就是对多输入参数的设计方法。如果不仅仅需要关注输入域，还需要深入了解测试对象的执行流程及各输入因子以及输入输出之间的联系，则可以用一些侧重于图形化或者流程的测试用例设计方法，如流程分析法，因果图法，判定表，状态转换法等。而错误推测法，是一种基于测试人员经验和直觉来推测软件中可能存在的各种错误，从而有针对性地设计测试用例的方法，可以最后使用，对测试用例进行补充。

总的来讲就是穷举法设计的测试用例执行起来难度过大时，我们采用其他的设计方法在尽量不影响测试覆盖率的前提下对大量的测试用例进行筛选剔除，每个方法都有各自的特点，使用的场合也不尽相同，在设计测试用例的过程中不断地优化设计流程，用最少的测试用例达到最大的测试覆盖率。

4.3.7 小结

拿到测试需求之后，不要急于编写测试用例，需要仔细推敲整理需求，有必要的话，画出系统、模块的内部流程图，对需求进行头脑风暴般的整理，最好再了解一下程序的实现方式和细节，对测试系统的功能非常清楚后，再开始编写测试用例。测试用例应该覆盖到功能、性能、兼容性、UI 界面等各方面，采用各种测试用例的设计方法，用尽量少的测试用例达到最大的覆盖率。

4.4 项目组用例评审实践

测试阶段保障测试质量的常见评审形式之一就是 QA 之间的用例走读，测试 QA 描述需求和展示用例，由其他 QA 来评估测试效果。由于 QA 之间的测试经验、游戏体验以及对需求的理解深度不一样，用例走读能有效交换测试意见，贡献独特观点，减少测试遗漏和盲区。本文将介绍作者所在项目组用例评审制度的执行流程、方案细节、审核焦点项，以及日常经验总结。

4.4.1 介绍

同行评审（peer review）是国际流行的期刊审查程序，即把一篇学术著作交由同一领域的其他专家学者加以评审，以此方式来确保著作的质量。软件开发行业也有应用同行评审机制，最常见的就是 code review，程序员之间通过 code review 可以发现 Bug 和潜在风险，并互相学习程序设计思想和技巧。

和 code review 类似，测试阶段保障测试质量的常见评审形式之一就是 QA 之间的用例走读，测试 QA 描述需求和展示用例，由其他 QA 来评估测试效果。由于 QA 之间的测试经验、游戏体验以及对需求的理解深度不一样，用例走读能有效交换测试意见，贡献独特观点，减少测试遗漏和盲区。

从 2012 年 10 月开始，我所在的项目组要求节日活动和大型系统玩法的测试必须举行用例走读，以降低事故报告的风险，自 2017 年以来，平均每个月举办 4.5 场用例走读，每场平均 10 人参加；大部分举办者都反馈说帮助发现了一些问题，或是收获了几条玩法设置或测试方面的建议。图 4-1 是 2017 年用例走读举办的统计数据。

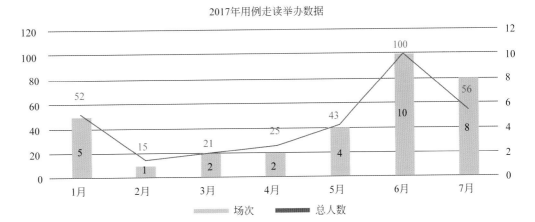

图 4-1   2017 年用例走读举办数据

/ 哪些玩法需要用例走读？

大型制作内容，凡是涉及放出风险高、参与度高、玩法复杂、影响深远这几个关键字，例如节日活动、
跨服比赛等，都会要求举办用例走读；对于简单制作，考虑到时间成本一般不要求举行用例走读，
而是指派一名 QA 来 review 测试用例，这块不详细展开；生态相对封闭的系统、大部分 QA 接
触较少的测试领域，例如门派技能、支付手段等，一般 QA 能提供的有效建议并不多，因此也不
强制举行用例走读。

/ 用例走读的流程

通常由执行测试的 QA 来举行用例走读，遵循如图 4-2 所示的流程：

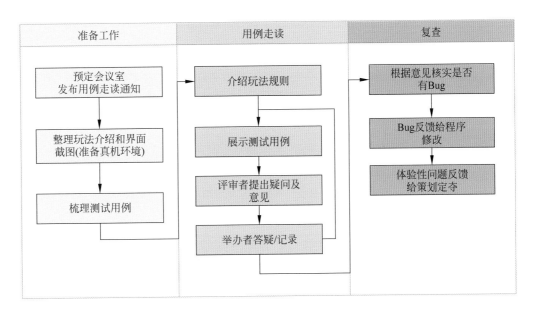

图 4-2   用例走读执行流程

/ 走读前

1. 走读准备

举办者需要提前准备好业务需求简介，如图 4-3 所示。力求让评审者快速熟悉玩法，进入高效的审核模式，避免由于误解而导致把众人的思路带偏。对于抽象、复杂的玩法，可以准备真机供参与者体验。

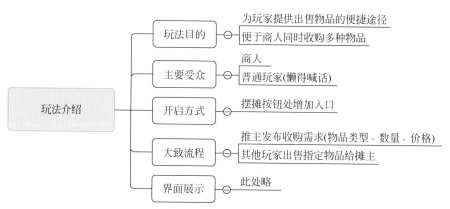

图 4-3　玩法介绍

此外，很多 QA 在写测试用例时比较随意，想到哪写到哪，"反正自己能看懂就行"，用例本身冗长、模糊、组织不合理等，都会造成用例可读性差，导致评审者需要花费较多精力琢磨和沟通，影响审核效率。因此建议举办者提前梳理测试用例，按照应用场景 / 业务流程来组织模块结构，提供用例执行的步骤和对应结果，清晰划分边界，精简掉冗余信息。

2. 评审团筹备

参加走读的评审团，通常会是具有相关测试经验的 QA、耦合系统的测试 QA 以及关注该玩法的 QA，自由报名为主。

重要的玩法在走读时还可以邀请制作程序和策划共同出席，程序能进一步了解 QA 都执行了哪些测试用例，是否所有的异常情况都被覆盖，策划能透过用例检查部分细节的实现是否符合需求，众 QA 对该玩法的意见和建议也都能当场和策划讨论。

刚进组的新人通常也会参加用例走读，学习一下其他人的测试思路，积累经验，对后续成长有积极作用；新人也能以新玩家的视角提供一些对新手友好的建议。

3. 举办时间点

有些同学比较性急，还没测完就举行用例走读，评审者问起来这块是怎么测试的，答曰还没开始测呢，评审者除了提出一些注意事项以外也很难给予更多意见，走读效果不佳。有时测试时间不够，玩法放出前一两天才完成测试举行用例走读，这样即便发现了问题，剩下修改的时间也非常紧张。

因此用例走读的推荐举行时机通常是测试完成后到放出前三天，预留出充分的时间验证评审意见、修改 Bug，并进行完整回归，防止改动引入其他 Bug。

/ 走读中

1. 用例走读的时间分配

对于大型制作内容来说，若是每个环节的测试用例都事无巨细地展示，用例走读的时间可能会超过 2 小时。经验表明，评审者在前 1 个小时内一般还能聚精会神地聆听，后续就会疲惫、注意力下降。因此如图 4-4 所示推荐将每场用例走读的时间压缩到 1 个小时，并划分事务的优先级，将重点玩法、风险较大的部分优先展示，相对常规、有 checklist/ 测试模板的部分可以精简掉。

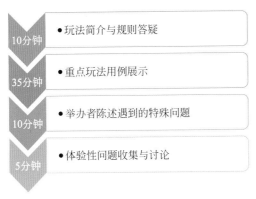

- 10分钟 ●玩法简介与规则答疑
- 35分钟 ●重点玩法用例展示
- 10分钟 ●举办者陈述遇到的特殊问题
- 5分钟 ●体验性问题收集与讨论

图 4-4   用例走读模块分配

用例走读时也经常遇到大家讨论问题比较投入，越聊越远完全收不住的情况，到会议后期时间完全不够用，很多内容只能匆匆略过。我个人的做法是将一场走读切分为如下四个模块，并严格把握好每个模块的时间长度。

2. 交流形式

在举办者展示用例时，评审者针对有疑问的点，当场提出质询，举办者则据实解答，如图 4-5 所示。

> 这个传送道具在战斗中使用会怎样？

> 呃，忘记看了。我回去试试这种情况。

> 升级道具，升级成功的概率是怎么测试的？

> 核对了程序概率配置，另外也写了脚本检查对比升级次数和成功次数。

图 4-5   常见交流形式

举办者主动提出测试中遇到的问题，寻求帮助；或是评审者主动提出玩法设置 / 测试方面的建议，如图 4-6 所示：

> 这次改动了×××有点方呢。

> 那应该要回归一下×××和×××，注意×××在×××的表现。

> 建议这个道具改成可以叠加，不然太占格子了。

> 听起来很有道理，我回去和策划反馈一下。

图 4-6   评审交流方式

/ 走读后

举办者在用例走读中记录的问题和建议，在走读结束后应当尽快复查，剔除掉无效问题，确认是 Bug 的则交给策划 / 程序修改，体验性问题则反馈给策划来决定修改方式，每个问题都应当有明确的处理结果。会议上讨论的焦点问题，后续可以在群里公布问题表现和处理方案。

4.4.3　用例走读主要审核项

/ 测试任务本身

就我自己的体会而言，评审者全程需要分别扮演两个角色：普通玩家和测试者。扮演普通玩家，思考这个玩法什么特质会吸引我去玩？哪个设置可能会导致我弃坑？操作容易上手吗？我的付出和收益是否对称？我能否通过某种手段获取更多利益等等。扮演测试者，更多的是考虑如果我来测试，我会优先关注哪些问题？我会如何执行这些用例？我会做哪些工作来尽量减少损失和避免问题扩大化？

上述的思路简单归纳一下，可能会包含但不限于如下几项：

（1）玩法规则本身是否合理、完善、易于理解。

即使测试 QA 已经做过文档分析，评审团仍然应当对玩法规则本身保持敏感。游戏中有形形色色的玩家，高端 PK 党、牟利党、商人、休闲成就党等等，测试 QA 可能无法准确把握各类玩家的心理和偏好，用自己的操作习惯评估玩家的行为，可能会被钻空子。此外，测试QA非常熟悉玩法规则，也容易陷入惯性思维，忽视新手体验。

（2）用例是否已经完整覆盖所有需求。

检查用例里是否遗漏了测试点，重要环节（奖励等）是否进行了充分测试，是否包含了充分的异常测试用例等等。

（3）用例的执行方式是否科学。

主要检查搭建的测试环境和外服环境是否存在差异，用例是否有明确的验证方法，以及用例的执行方式是否能真正达到验证的目的。

举个例子：钱庄存钱，金额为负数时无法存入。这条规则，通常评审者需要进一步询问用例的执行方式，是只在客户端界面尝试输入负数不成功就算用例通过？是否进行了协议测试，杜绝破解客户端刷钱的风险？

（4）程序的实现方式是否科学。

复用稳定的框架/接口大多数情况下会比重新写一个更便捷安全，组内程序之间的信息沟通做的不是特别好，大部分程序都已经用编辑器来写技能了，可能某个程序还在手动实现技能，审核的QA在这方面也可以提醒一下。

此外，程序的实现方式可能会存在一些隐患，内服测试无法暴露出来。比如，用某种规则来生成变量名的方式，严重时会造成原子表爆掉服务器重启，测试和审核都应留意。

（5）和其他系统的耦合。

为了保证玩法放出后不会影响到其他系统的正常运行，或是被其他系统干扰，用例走读时也需要关注耦合关系。比如保存在服务器中层的数据，转服时是否有兼容？新出的装备和人物属性，能否在藏宝阁上正常显示？

（6）风险控制。

关注玩法中是否有充分的容错和报警，关键环节和奖励部分要记录详细的log，对于没有把握的地方可以提前做好紧急预案。毕竟，你担心的事情一定会发生。

/ 其他

除了尽力找出问题，评估潜在风险，用例走读时还能做什么？

我们在工作中也经常遇到这样的情况：和策划就某个设置持有不同的观点，双方都无法说服彼此，虽然后续按照策划的要求来实现，但是内心可能仍然不太认同。这种情况也适合在用例走读上开展讨论，综合各人见解，最终或许能为某一方提供更有力的论据，或许还能形成一套折中方案，协助双方达成一致。

至于工作中的困难和阻碍，可能是组内的共性问题，比如"提测太晚测试时间不够""策划编辑器错误太多"等，也适合在用例走读上吐槽，大家可以针对共性问题商讨解决方案、优化工具、规范制作流程和测试方法。

4.4.4　总结

用例走读能帮助测试QA发现测试遗漏，控制风险；QA也可以在走读会上共同探讨好的实现形式和测试用例的执行方式，传播测试经验。

走读的不足也同样很明显：走读会占用部分工作时间，而直接收益（指提前发现质量问题避免损失）并不稳定。1小时，可以测完1条维护，查1条运维日报，跑上十几条测试用例；但五六个QA花费1小时进行用例走读，仍然无法保证一定没有Bug残留。

我们项目组这边对测试质量要求很高，人手也相对充足，因此鼓励举办用例走读。为了避免用例走读流于形式，努力调动举办者和审核者双方的积极性，我们组采用了kpi激励的方式。每月给予用例走读的举办者和审核者一定的kpi加分，有突出贡献的审核者加分值更高。另一方面，如果举办了走读的玩法放出后有运维事故，审核者也需要承担一定责任。

以上是项目组日常开展用例走读的一些经验总结，希望能给各位提供参考。

4.5 浅谈游戏项目中的质量保障框架

要做一个质量好的游戏产品，我们是需要建立一套健全的质量框架来保障的。质量保障框架是我们在日常工作中，不断积累的一套集体智慧的经验总结，任何项目的质量检查，只要都按照正确的质量保障框架来执行，产品的质量才能越来越好的。

当然，质量保障框架，并不是一成不变的，虽然正确的东西已经形成规范来执行，但对于与时俱进的技术革新和理念的变化，保障框架也是需要变化、革新、开放和发展，借鉴其他项目先进的管理理念，丰富并完善自己项目的质量保障框架，这样才能保证项目产品适应新时代健康的发展。组建项目自己的质量保障框架，不管是一个普通 QA、还是一个管理者来说，都是应该努力的方向之一。

以下结合我自己所在的项目组，浅谈一下我们项目组的一套质量保障框架的建立，图 4-7 是质量保障框架的引导图。

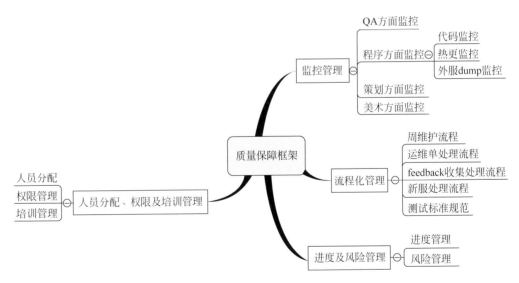

图 4-7　质量保障框架的引导图

4.5.1　监控管理

我们每天每时每刻都会应对很多突如其来的问题，我们需要提前知道问题的发生，赶在问题发生前，把问题解决掉，因此，我们需要对项目产品进行监控。说到监控，不少产品组都并不陌生，我们可以从不同的职能部门入手去做监控。

/ QA 方面监控

先从 QA 自身去着手，产品功能上的品质还是需要靠测试去保证的。近年来，公司引入了大量的外包同学来到了项目组，帮助我们去做大部分的功能测试工作。鉴于较多新同学入组测试，他们经验尚浅，为了保证他们的测试质量，我们需要对他们的部分测试过程进行监控和监督。

首先，项目组里采取导师责任制的辅导模式，一对一地对新同学进行用例审核，并要求他们把周维护用例上传到 svn，实行用例监控。此外，对大型节日活动，还需要实行用例 review 的形式保证测试质量。

其次，在测试过程中，新同学往往会忽略一些服务器的报错信息，这些报错信息是存在风险的隐患，是不能忽略的，因此我们需要将外放分支的测试报错和 DebugLog 信息进行捕捉监控，并上传到网页上，让测试同学进行每条确认。当然，有些 DebugLog 可能是因为误操作测试指令或者修改服务器时间导致的报 DebugLog，我们是允许忽略处理，但前提是需要弄清楚报警的原因。

最后，最近项目组在尝试引入服务端的代码覆盖率的测试模式，覆盖率能帮助 QA 在测试完设计的用例后，查看执行程序修改代码的覆盖率能否达到 100%；如果不到 100%，证明有部分逻辑分支还没跑到，这时就要补充和完善你的用例，把代码覆盖率融入测试流程中，是对测试质量很好的支持和补充。

/ 程序方面监控

1. 代码监控

测试程序的代码是我们的基本工作，功能测试好了，是不是代表着代码的写法就是尽善尽美的呢？答案不是的。我们都知道，我们的游戏有引擎和脚本两部分，引擎部分代码如果出错了，我们是没办法进行热更新来修复 Bug 的，但是脚本代码却是可以做到的，脚本代码可以不需要进行编译即可运行，因此脚本代码可以实现通过热更的方式去修复 Bug 问题或者增加临时功能的需求。

脚本语言不需要编译，那就意味着有些错误的代码，如果我们没有执行到，一旦在外服跑到了，就会出现报错的行为。如果我们仅仅把测试只做到了功能需求的测试是远远不够的，这就需要我们引入静态代码的检查。静态代码检查通过语言的部分语法规则和自定义的一些写法规范，对代码进行检查约束，例如检查程序代码一些未定义和定义错误的函数调用关系等，以前更是出现过一个记 log 的方式错误写法导致服务器 down 机的情形，这对产品的损失是非常巨大的。另一种程序员写代码的时候会经常把大小关系判断写成赋值号，如 == 号写成了 = 号，这种情况尽管是编译型语言都没法通过编译方式检查出来的。所以，静态代码检查对代码质量检查的重要性不言而喻，项目组会对主干服务器代码分支进行每天的静态代码检查，并发送邮件给全组 QA，发现有报错信息，值周同学立刻发给负责程序进行修改，提早发现隐患并解决掉。

diff 系统，每个组都不会陌生，通过 diff 系统，能知道程序具体的修改内容，也能清楚知道程序是如何实现功能需求的。更重要的是，diff 系统，能监控程序偷偷修改的内容，或者没有提单却提交的内容，这是 QA 对程序代码的重要监控手段。

除此之外，做好了这些，还需要我们做得更好一些吗？答案是需要的，在一个稳定的项目，要想项目的代码品质更好，我们更需要也有时间去规范程序员的编程习惯，代码风格等。这也是我们项目组即将要对口袋版代码静态检查添加的其中一条规则，去掉 print 的调试语句等。还有在 Python 代码中，尽量少的用 try...except 语句，有 try 语句的地方，一般是逻辑考虑不全的情况，逻辑正确清晰全面的代码是不需要用 try 去兼容特殊情况的。

2. 热更监控

每个项目在每周维护中，或多或少都不可避免有一些热更来修复 Bug 或者调整策划需求。对于热更的通知，我们除了邮件收到热更 diff 外，我们还通过机器人进行热更监控，一旦有热更触发，泡泡机器人会把热更消息推送到群里。这样，QA 可以第一时间知道热更的内容和目的，并进行总结，避免无关内容无故热更外放。

3. 外服 dump 监控

稳定盈利的项目需要注重项目的每个细节，Bug 监控是其中重要的一个环节。对于热门手游游戏，玩家数量级别是很庞大的，外服玩家有时候会遇到一些闪退现象，利用外服 dump 系统可以收集闪退的手机系统及机型、crash 信息，这样每周都能收集一部分报错信息，项目组对外服报错信息，进行每周按错误类型的报错次数排行的优先级来修复，每周客户端值周同学会提单来优先修复排行前几位的报错。这样能使产品的闪退率和报错率进一步减少，提高玩家对产品的粘性和使用率。

/ 策划方面监控

我们需要对策划进行什么监控呢？每个产品项目对导表都不会陌生，为了实现策划修改数值的方便，项目组存在大量的策划数值导表，表格都是策划填写并上传 svn 的。随着一些老策划的离开，新策划的加入，新策划对表格填写的规则不明确，虽然表格上有填写备注，但是经过长期的尝试，还是会发现很多策划同学都会出现填错的情况。因此项目组会制定相应的表格规则对导表内容进行格式和内容的检查，每日全表检查，并把检查结果邮件全组 QA。每天我们负责 QA 都会把错误的填表信息贴给策划，并告知填写规则和改正。这样的监控，能提前发现填表的问题，测试进度也能提前得到预控。

/ 美术方面监控

在项目组里，QA 跟美术的接触对接的机会是比较少的，但也会有对接的情况。一般流程是这样子：美术资源提交—> 知会客户端程序员—> 程序员写完逻辑—>QA 测试—>Bug 反馈客户端程序员—> 代码逻辑 Bug 程序员修，美术 Bug 美术修复—> 再提交循环流程测试。

不管从哪个角度看，美术对资源的要求一般都是精益求精的，精度高的资源占用的大小就会更大一些，每周维护客户端的 Patch 大小也需要进行一定的控制，因为 Patch 过大会对玩家流失率造成一定的影响，手机端下载过大的 Patch，会严重影响用户体验。因此，项目组每天对美术上传的资源大小进行监控，超过阈值的资源会以邮件的形式发送给全组 QA，一般新玩法、新系统超过阈值的资源需要返还给美术进行压缩优化再上传。手游的 Patch 超过 10MB 大小使用机器人在群里进行报警提醒。对于大型资料片内容，需要外放资源超过百 M 级别的情况，需要分几个周维护进行逐渐外放，避免到最后一个外放周才一次性外放过大资源，增加玩家的更新体验感。

4.5.2 流程化管理

每个项目组都有一套自己的维护流程，把事情流程化，这样才能做到不重不漏，我们项目组也维护了一套自己的流程化体系，有以下几大部分内容：

/ 周维护流程

根据开发的流程，需求的提出，开发的实现，产品的测试验收外放，把每一步都细分到 checklist 的每一条中，一周 7 天，每天在哪个时间点之前需要完成什么内容，串行和并行事务，都有明确的指示。并根据实际情况确认 checklist 里的每一项工作，具体落实到每个 QA 的职责上。周维护流程是流程化管理的核心组成部分。

/ 运维单处理流程

健全的运维处理流程是产品质量保证的重要一环，运维是跟玩家联系最密切的一个部门。运维同学接到玩家反馈，会在内服进行问题重现，再提单到产品，产品 QA 进行问题验证，并进行反馈，属于 Bug 类别的问题需要修正，不属于 Bug 类别的需要跟玩家解释清楚游戏的设定，这样才能得到玩家的支持。项目组有一套自己的运维单处理流程，每个游戏组都可以根据各自组的实际情况，制定处理流程，但重要的是必须要有跟进情况和处理结果作为结束标记。

/ feedback 收集处理流程

一个健康的游戏产品，不管是上线前还是上线后，都应该需要反馈系统，特别是上线后的项目，目前项目组的 feedback 系统暂时只做了公司内部群收集的模式，每周由辅助值周负责指派和验证 feedback 条目，并把处理结果邮件抄送全组。现在 feedback 系统帮助项目组处理了很多 Bug 类和建议类的反馈条目，促进产品不断地优化体验，达到了很好的效果。有的游戏组已经开通外部玩家反馈的方式，收集到外部玩家的 feedback 信息反馈，这样问题的反馈来源就增加了更多的途径，真正地做到广纳贤言，QA 又可以针对这一方面做得更好更远。

/ 新服处理流程

每个项目组大部分都会不断地开新服，这是个常规的需求，所以是可以做成流程化工作来规范的。项目组例行每个周期都会开一次新服，开新服涉及到策划、程序、QA、SA、藏宝阁等部门，大部分工作都是需要靠 QA 去验证的，每个时间点处理什么事情都需要规范记录，不然就会出现千遗百漏的。因此，新服流程管理也是质量体系的重要组成部分。

/ 标准规范

如何能让一个新人更快地去学习和上手业务，制定测试规范和测试标准是必要的。为了避免新人缺乏经验，项目组对于客户端常用控件的界面测试制定了相应的用例标准，在测试常规基础系统等内容，也制定了相应的规范测试点和测试流程，这样作为新人就可以根据这些标准补充和完善自己的用例，有一定的指导作用。

Bug 单提单规范，为了提高程序员更好地阅读 Bug 单，项目组制定了提 Bug 单的规范填写格式，让产品部门的程序更方便地阅读 Bug 单内容，另一方面也体现 QA 职能部门的专业性。

4.5.3 进度及风险管理

不管是游戏软件项目还是硬件项目的质量管理，还是建筑工程项目的质量管理，都涉及进度和安全风险的管理，合理安排测试进度是每个 QA 的基本素质技能之一，所以每个 QA 需要对自己的测试内容进行计划安排，避免外放前因测试时间不够而导致质量缺陷的情况。现在，项目组基本都会有一个 PM 来组织管理项目进度，但是 PM 只能宏观来把控进度的流程，再细节一点 PM 就不能再深入下去了，测试的细节和阻碍，项目过程中只有 QA 是最清楚的，所以 QA 也是产品项目过程管理者和监督者。

/ 进度管理

项目组 PM 会定期对大型玩法和系统进行宏观的进度 review，而 QA 内部也会对玩法和系统的细节实现上进行开发和测试进度的 review，相信这一 part 大部分项目组不管是线上还是开发中的项目都会有的一个环节，这是产品开发的重要一环，也决定产品能否第一时间抢占市场的关键因素。

计划安排，当然是少不了 PDCA 的部分，我们再来复习 PDCA 的定义：

1. 计划 P（Plan）

质量管理的计划职能，包括确定质量目标和制定实现质量目标的行动方案两方面，还有计划实施的进度安排。

2. 实施 D（Do）

● 实施职能在于将质量的目标值，根据生产方案进行实施投入、作业技术活动和产出过程，转换为质量的实际值。

● 在各项质量活动实施前，要根据质量管理计划进行行动方案的部署和交底。

3. 检查 C（Check）

指对计划实施过程进行各种检查，包括作业者的自检、互检和专职管理者专检。

4. 处置 A（Action）

处置分纠偏和预防改进两个方面。

行之有效的 PDCA 是能不断促进产品质量测试创新，健全的质量体系，是少不了 PDCA 的部分，也是每个 QA 必备的素质之一。

/ 风险管理

在任何一个项目管理，都离不开安全和风险的管理，游戏产品行业更要强调安全和风险因素，每一个 Bug 的外放，都有可能导致游戏品质降低，收入的减少。例如：刷金钱、刷贵重物品、刷贵重武器，还有一些外挂都会分分钟打破游戏里的经济平衡，玩家的流失，是十分严重的事故，这就直接影响了产品的盈利。

项目组对金钱测试、引擎修改、大型系统、节日活动和资料片内容，都需要进行用例 review，QA 组内要求参与 review 的同学都需要阅读文档需求，才能更好地去交流用例。通过用例 review，我们确定哪些内容是属于外放大风险点，怎么设计用例进行测试，了解存盘变量的更新时机，特殊情况的考虑是否全面等，补充缺漏的用例。

新系统和节日活动，实行正职带辅职，老人带新人的分工模式，弥补新人经验不足造成的测试遗漏，正职老人能给新人提供测试环境，减少测试阻碍，降低外放风险。

晨会和周会制度，项目组内实行周一至周三晨会制度，时间限制在 20 分钟以内，晨会解决周维护遇到的阻碍问题，以及了解外放分支以及测试进度，避免维护日当天维护过晚的问题。周会时间每周四下午，控制 2 小时内，回顾周维护遇到的问题，提出改进建议，review 近期跟进的玩法内容的进度等等。

4.5.4   人员分配、权限及培训管理

/ 人员分配

随着项目组的需要，越来越多的新同学进入项目组，我们需要合理安排测试人力，避免组内人力过剩或者人力任务过于集中的情况。项目组内每周会根据测试难度和深度，安排新同学熟悉游戏内容以及开始测试简单的周维护内容，在他们测试质量有所提高的前提下，在节日活动和资料片内容里，也加入了新同学，以老带新、经验丰富的老司机带领经验尚欠的新同学进行测试的模式，安排他们测试部分玩法和功能模块，一来也达到了非常不错的预期效果，二来让他们得到了一些成就感。除了测试内容之外，在常规的周常回归内容，也加入了新同学，按照写好的回归流程，能比较顺利的执行回归流程。

值周方面，为了让新同学更加融入和熟悉到维护进程当中，值周实行主副值周制度，主值周由正职老员工担任，辅助值周由新同学担任，把一些非权限操作的值周事务剥离开来给辅助值周，同时释放了正职同学的值周压力，从而让正值周更好地应对其他维护相关的事情，并加大对值周维护流程的投入和关注度，使周维护更顺利。

/ 权限管理

对于刚刚入组的新人，他们暂时没有策划文档、UI 文档和代码的权限，因此需要对这些资料进行权限管理，目前项目组通过服务器管理系统

对这些资料进行管理，玩法文档和相关代码，都需要经过服务器管理系统进行申请、审批、下载来进行阅读，以此来提高业务效率。一般安排主管和导师来对申请进行需求审核，除此之外，他们还可以通过 diff 系统对部分代码进行学习，定位修改的内容等。

/ 培训管理

刚刚进组的新同学都经过了公司的统一培训，但是进入到项目组内，还需要熟悉组内的一些流程，比如熟悉游戏设定，基础的测试知识，例如打 Patch、进内服、如何使用测试指令等相关知识。项目组对新进组的同学设定了好几门课程进行深入培训，如《服务器架构》《服务器存盘》《服务器分支》《如何使用和编写测试指令》等知识培训。

获得知识的途径除了通过培训之外，自我学习、自我分享也是知识传播的一个重要途径，项目组内开展新人圈每周分享，通过周分享，把个人在一段时间内工作的总结和学到的知识进行分享给其他同学，达到提升全组知识水平的目的。同时也开放了 km 文章的阅读权限，可以学习到别的组别分享的知识内容，增加了学习的途径，启发举一反三的能力，把别组的经验借鉴过来使用。

4.5.5 总结

好的游戏产品需要健全的质量框架去保障，质量框架是从我们工作中不断地总结、积累而慢慢建立并逐渐完善的，且其是通过实践而得出的结论。好的质量框架更需要执行力去维护，有健全的质量保障框架而没人去执行，也是一些无用条条框框而已。因此加强我们的执行力，才能使质量框架更加结实，产品才能精益求精。

4.6 关于测试遗漏的一点思考

测试遗漏，是指在测试环境下没有被发现，随版本发布到线上后才被用户发现并反馈回来的缺陷。可以说，测试遗漏是测试人员最头痛的问题之一。因为一旦出现测试遗漏，一来给客户带来了不良印象，二来增加问题修复成本。因此，作为 QA 很有必要对其进行一番分析和研究。

项目组从 2019 年 7 月份开始统计测试遗漏信息，即统计外放后发现的 Bug 数量，这些遗漏 Bug 都需要在 redmine 单上标记为测试遗漏。

实行至今天都快一年了，无论自己多么努力，多么希望没有外放任何一个 Bug，但每个月总是会出现或这或那的测试遗漏，被外网的用户发现并反馈到开发组。所以有时候不禁会想，能不能做到没有测试遗漏？到底测试遗漏是不是一定会出现？

4.6.1　什么是测试遗漏

一些在测试环境（内网）中经过 QA 测试而没被发现的 Bug，随版本外放到线上（外网）后才被发现的 Bug，就属于测试遗漏。

4.6.2　"未发现 Bug" VS "测试遗漏"

个人认为，两者是不完全一致的。未发现的 Bug 可以当作是测试遗漏，但测试遗漏未必都是Bug。即：

$$未发现 Bug \neq 测试遗漏$$

为什么会这样认为，文章后面关于造成测试遗漏的原因就会提到，这里先卖个关子，下面会详细说明的哈。

4.6.3　那么到底什么是 Bug 呢

相信什么是 Bug 这个问题，每个 QA 心中都会有一个界定的。逻辑错误问题很好辨认，那一定是 Bug，但有一些体验、玩法相关的问题嘛，就很难判断了。不禁想起那句很经典的说法："你懂什么，这不是 Bug，这个是 feature！"，见图 4-8。

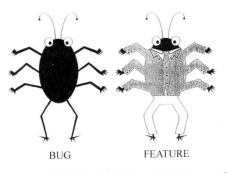

BUG   FEATURE

1　图片来源：https://mikespook.com/2014/09/not-a-bash-bug/

图 4-8　"你懂什么，这不是 Bug，这个是 feature！"[1]

在网上看到了一个 Bug 成功逆转变成 feature 的故事，在这里给大家分享一下：

"ExtremeG 是一个任天堂 64 上的赛车游戏，每个赛车都有超级加速（turboboosts）功能，开过车的应该都知道，在弯道时候不应该加速，直道加速才能获得最好的效果。

Ash（主程序员）编写了一些人工智能（AI）代码让计算机控制的赛车知道什么时候应该加速，算法基本上就是直道加速加上随机选定某些值。

游戏出来以后，程序员们读到了一篇玩后感：

'我们特别喜欢这个具有攻击性的人工智能，它会用尽全力来阻止你超车。如果你超了一辆计算机控制的赛车，甚至是在弯道中间它都会加速，结果就是导致一片混乱人仰马翻，或许这个不是最好的比赛策略，但是这个心态简直是爽翻了！'

'喔！'Ash 说'这是什么奇怪的玩后感啊！我设计的人工智能系统根本不应该是这样运作的。'检查了一些代码以后，Ash 发现原来是代码写错了，结果就不是他预想的那种特性。当然，修改一些代码还是可以达到他原来的目的。"[2]

2 案例故事出处：https://sunxiunan.com/archives/1601

改不改呢？评论者说的是对的，尽管有些出乎意料，但是这个 Bug（或者说 feature）产生了比原来更爽的效果，游戏开发者把这段代码继续保留在正式发布版本中，作为游戏的 feature 出现。

为此，我们组对 Bug 的定义是逻辑、UI 方面和需求文档、交互效果图不同的问题都是 Bug，当然如果程序说这个是 feature 的话，可以进行程序、QA 和策划三方确定，最终是 feature 还是 Bug，让策划拍板吧。

4.6.4　让数据说话

图 4-9 为项目组从去年 7 月份到今年 4 月份 PC 端测试遗漏 Bug 数和非测试遗漏 Bug 数统计图，可以看到项目组的测试遗漏率一直是保证在 8% 以下的，但是每个月都会出现测试遗漏。从这些数据可以看出，不管这个月是发现了 70 多个 Bug，还是发现了 200 多个 Bug，都是会出现测试遗漏 Bug 的，并不是发现的 Bug 越多，就越不会有测试遗漏。我的总结是：

测试遗漏一定会存在，即不能做到 0 测试遗漏，但可以通过改善流程、测试方法等等，让测试遗漏率保持在一个可接受的范围内。

测试遗漏(按月份)：

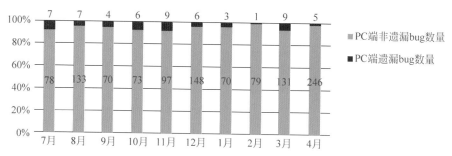

图 4-9　测试遗漏 Bug 占比统计图

那么如何让测试遗漏率保持在一个可接受的范围内呢？这个范围应该是多少呢？

个人认为，测试遗漏率应该要保持在 6% 以下，这个适用于一些正在发展中的产品，当然，一些稳定产品的测试遗漏率可以要求更高，可能需要做到 4% 以下。

要有效控制测试遗漏率，就要清楚，是什么原因导致出现测试遗漏的，从源头上做好控制工作。

4.6.5 测试遗漏的原因

如表 4-1 所示，一个功能需要经历以下四个阶段，才能最终呈现在用户眼中。即需求阶段、开发阶段、测试阶段和发布阶段。而在需求、开发、测试和发布阶段，都会因为各种各样的原因导致测试遗漏的出现，个人因为以下是一些比较普遍的原因，仅供大家参考一下。

表 4-1 四阶段描述

流程阶段	测试遗漏原因
需求阶段	沟通问题
	文档分析问题
开发阶段	未通知相关功能回归问题
	紧急需求问题
测试阶段	用户体验问题
	测试支持不足问题
发布阶段	搭车发布问题
	发布环境不一致问题

下面，我将按这四个阶段进行测试遗漏原因划分，并结合日常测试中遇到的一些真实场景，提出解决该类测试遗漏问题的解决方法，希望从源头上做好测试遗漏控制工作。

/ 需求阶段

1. 沟通问题

场景 1：

主策有一个很好的想法，想要实现某个玩法，他和执行策划说了一下自己的构想，假定执行策划 90% 理解主策的需求，然后输出了一个 90% 的策划文档，程序接到这个文档后，也理解了 90%，然后因为技术原因，只实现了 90% 的功能，然后交由 QA 测试。通过计算：

$$90\% \times 90\% \times 90\% = 73\%$$

也就是最后主策会看到这个玩法还有 27% 的功能是没有实现或者是实现错误的，这是多么严重的问题啊。理解不一致，最后导致实现的需求不一致。其实关键原因就是缺乏需求沟通导致的多方理解不一致。

这个问题是否能完美解决就需要 PM（项目管理员）的积极推进了。我们在以前，产品都外放出来了，策划在外网观察和使用后，才知道有问题出现的情况，转变到现在策划在每一个里程碑产出环节都很了解产出成果。其实关键就是有效沟通，PM 在每个功能出来后，都会组织策划、相关程序和 QA 进行需求文档确认会议，进行需求评审和开发进度预估，并最终以邮件的形式发给相关人员。在功能的开发阶段，每天大概花 10~15 分钟，进行需求和进度交流会，我们俗称"站会"，这样就可以避免出来的东西不是策划真正想要的，因为大家一直都在有效地沟通，而不是闭门造车了。

2. 文档分析问题

场景 2：

近几年直播软件十分流行，出现各种不同的直播场景，如游戏类的录屏直播、真人秀类的摄像头直播等，如果以一个直播软件的房间送礼功能为例，因为房间 UI 是根据房间直播模式而有所不同的，如摄像头直播模式和游戏直播模式。假如策划在文档中只给出了摄像头直播模式的效果图，而没有游戏直播模式的效果图，那么不了解房间架构的 QA 就容易遗漏测试游戏直播模式下送礼的功能了。

这个问题，比较好的解决方法是两两 QA 搭配进行测试，尤其是测试一个新功能时，由一个人进行主要的文档分析，另一个人在其基础上看看有什么需要补充的，以减少因文档分析不足而带来的测试遗漏。

/ 开发阶段

1. 未通知相关功能回归问题

场景 3：

项目组曾经外放一个经典 Bug：网络不好导致的客户端崩溃。即在弱网下，客户端向服务端请求数据后，没有进行超时等异常处理，而是一直等待回复进入死循环而导致崩溃。

因为这个 Bug 很紧急，在修复这个 Bug 时，程序没有通知 QA 对与这个 Bug 有关的功能进行回归，QA 在回归时也有所忽略，导致又外放了另外一个测试遗漏 Bug。因为程序在找这个 Bug 的原因时，注释掉很多 log 日志的打印，错误地将一个统计房间聊天活跃度的发送日志注释掉了，导致外网用户反馈在房间聊天，没有获得对应的活跃度计分。

这个问题，要求 QA 对 Bug 产生和修复方法要有充分了解。尽量知道程序都做了一些什么修改，还有就是查看代码 diff，印证程序是否做了这些修改，而没有将其他地方修改出问题。

2. 紧急需求问题

场景 4：

项目组在 5 月份配合直播平台推出星主播高校海选活动。参加的必须是在校大学生，而因为有个内部的主播不清楚规则，进行了报名，而且还出现在活动当天排行榜第二位上，为了防止该主播继续错误获得票数，所以策划要求将她的数据进行紧急删除，程序直接在外网删除数据，而删除数据这个流程，没有通知 QA 在内网进行测试验证。结果导致星主播活动页面因数据重复问题导致严重卡死，用户都无法打开页面进行投票操作，后继程序又对此进行了紧急修复，但已经对当晚线上活动造成了很大的影响。

紧急需求因为时间紧，如果考虑也不够全面，就会出现问题。但需求无论多紧急，"经过 QA 测试并通过"这个步骤绝对不能省。针对以上场景，可以通过规范外放流程，回收程序在外网的操作权限（只有 SA 外网管理员有权限），必须由 QA 进行确认后 SA 才能在外网操作，即在流程上确保绕过 QA 外放的情况不能发生，任何内容都经过内网验证通过才能够外放。其实 QA 也知道问题紧急，都会尽快响应进行测试的，再急也不能让一个没有经过 QA 测试的功能直接在线上外放。

1. 用户体验问题

场景 5：

还是上面提到的星主播活动，其实关键交互就是用户投票、兑换选票（买票）这些，但交互流程却弄得很复杂，加上没有足够的用户指引，导致很多用户说不会使用。有点简单问题复杂化实现了。

其实用户体验问题很容易被忽略，可能策划和 QA 都在关心功能是否正常，忘记用户体验也是非常重要的一个问题。用户体验如果不好，很容易丢失用户，让用户对产品失去信心，进而不想再使用。这个问题就需要 QA 提高自己的用户体验技能了，推荐看一本书《点石成金：访客至上的网页设计秘笈》，里面提到了大量用户体验相关的例子，个人觉得可以大幅度提升用户体验的眼界。

2. 测试支持不足问题

场景 6：

这个问题很好理解。压力测试、性能测试、兼容性测试等等，都需要相关的资源配合测试，如房间聊天压力测试，则需要程序开发相关的压力测试机器人，可以进入房间后聊天；如视频性能测试，则需要部门采购，提供各种显卡的硬件支持；如 Flash 兼容性测试，需要各种操作系统上进行 Flash 播放，看看是否出现操作系统不兼容都导致 Flash 崩溃。

解决这些问题，就需要提供 QA 足够的测试支持，正所谓巧妇难为无米之炊嘛。

1. 搭车发布问题

场景 7：

周二就要确定版本了，但还会出现某程序突然发现自己很久以前的代码有漏洞，并马上进行了修复，希望在这个版本搭车发布这个修复。在 QA 的眼中，既然外放这么久都没有被发现，证明不是很紧急的问题，加上又不是里程碑内的需求导致的问题，可以在下个版本提交修改，但在程序心里面，他会更希望马上修复，马上发布才会觉得安心。

关于这个在里程碑外的修改是否允许搭车发布的问题，最好的方法是，PM、主策、主程和测试经理进行评估，四方确认可以搭车发布的问题才允许外放，不然都只能到下一个版本再外放。

2. 发布环境不一致问题

场景 8：

我们曾经遇到过一个问题就是，外网服务器希望升级 Python 版本，由 Python2.5 到 Python2.6，这个问题在内网也进行了同样的操作，没有发现任何问题，但当外放升级了 Python 版本后，游戏生涯这个功能里面的排行榜上，所有玩家的昵称都变成了乱码，后来才知道是数据库编码没有配置好的问题。

发布环境不一致问题，比如配置、Python 和数据库版本等都有可能导致问题，QA 在内服环境测试通过，但是发到线上就有故障。这个在发布前需要有 checklist 进行确认，确保外网所有配置和内网测试服一致。

4.6.6 总结

以上这些问题，都是直接或者间接导致测试遗漏出现的普遍问题。所以我才会认为未发现 Bug ≠ 测试遗漏，因为测试遗漏是多方面原因造成的，它可能远远不是一个 Bug 这么简单。就如上面的发布环境不一致问题，导致外网反馈出现乱码，它符合一个测试遗漏的定义，但它不符合 Bug 的定义，因为 QA 在内网测试是正常的。

当然，以上都是我作为一个 QA 总结的一些小小见解，如果有不同的意见或者觉得文章有什么不足的地方，欢迎大家随时提出和指正。

4.7 亡羊需补牢——缺陷剖析与持续改进

本文从事故报告分析出发，联系到平时工作中出现的一些问题，努力挖掘这些问题出现的深层次原因，旨在通过对缺陷的剖析和总结，去改善我们的方法和流程。希望能分享给大家一些新的思路、分析方法和改善措施，让大家读后有所收获。

4.7.1 引言

每一天，我们都需要处理很多的 Bug 单，QA 的首要职责也是去找到潜在的缺陷，然后修复它，通过这种方式来控制产品质量。但是我很疑惑，为什么每天都有那么多 Bug 要处理呢，我们测试是为了什么？可能每个人都有自己的看法，不过我认为，在理想的情况下，测试的最终目的是为了无需测试。那么，按照这个逻辑，Bug 的数目应当会越来越少才对呀，但有时实际情况并非如此，问题到底出在哪里呢？

我们测试的时候通过各种手段去找出 Bug，然后交给程序或策划处理，然后，我们又投身于追寻下一个 Bug 的努力中，每周都是这样一个循环。但是，仅仅这样就够了么？当测试完成后，我尝试逆向思考，究竟是哪个环节的问题导致 Bug 的出现，如何通过有效的方法去改善产品的质量。

之前听过一个故事叫做"曲突徙薪"，成语的大意是尽量早期的去预防问题的发生，让我印象很深刻。后面又看了某同事的《QA？ QC？》一文，其中说过 QA 是对 QC 的升级版，QA 的宗旨是通过了解各部门的现状、发现问题、提供指引或解决方案、跟进实施等各种方式，为产品提供设计品质、制作品质、运营品质、营销品质等等一系列的品质保证。

如果说我们 QA 的工作处于一个产品的后端的话，我这次的分享就是希望通过对缺陷的分析，来改善产品前端的一些做法或者流程，从而最终地减轻大家的工作量，提高产品的质量，这也是从实际工作中对 QC 职责进行升级。

4.7.2 那些年，我们收到的事故报告

记得在去年刚进入项目组的时候，我不小心犯了一个错误，然后引发了一起二级事故，当时我觉得非常沮丧，然后还要群发一封事故邮件，更让我觉得难堪。

事后我在想，其实这次错误也不是那么难发现，关键是自己经验不足，之前也没有听说过类似的错误。后面我发现每个月自己的邮箱都会收到一些事故报告，有了上次的教训，我都会认真地去读，读得多了我发现，好像很多事故都是来自类似的原因。

我突然想起了念书时大家都有一个习惯去建一个"错题本"，然后把一些错过的题目去归类，后续防止再犯，这样做确实也是有效果的。那么，我为什么不去分析分析这些事故呢，虽然事故都是出自不同的项目组，但未必没有类似的地方。我之所以去做这样一件事情，原因有三个：

（1）防止以后犯同样的错误；

（2）单个的案例一看完多半就忘了，数据上的统计更有说服力；

（3）每个 QA 都会尽可能地去避免事故，但是它还是会发生，那说明它确实具有一定的隐蔽性。

之后我从收到的邮件中筛选了 58 例事故报告，然后归类了图 4-10 中的原因：

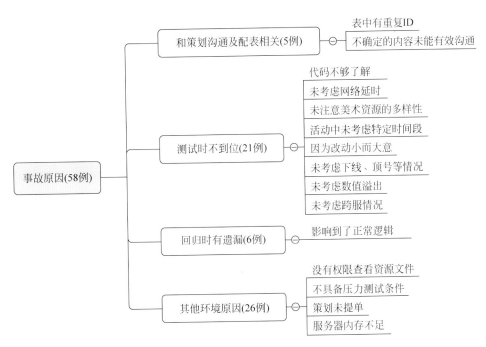

图 4-10　事故原因剖析图

图 4-11 是各部分比重图：

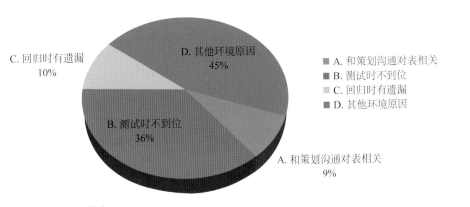

图 4-11　事故原因饼图

其中 D 项中的 26 例 QA 是很难避免的（大多数原因都是缺乏相关的条件），而除此之外将近一半的事故中有些还是可以发现的，且很多原因都是类似的。后面也陆续地收到一些事故报告，很多事故的原因与这份报告中的原因也是吻合的。当然，并不是说分析了总结了就一定不会犯同样的错误了，有些事故的出现原因可能非常复杂，我只是希望通过这样的工作，使大家碰到相似的问题的时候能够避免同类型的失误。

这份报告仅仅是对 5 个月内事故的原因比重进行分析，如果能对 QA 部门几年的所有事故进行一些统计分析，得出每月平均事故数和环比，新老项目组事故对比，工作室人员构成和事故的联系，游戏类型与事故之间的联系，测试方法和心态和事故之间的联系，我相信是可以挖掘一些更深层次的原因，进而去解决或者避免一些 Bug，对整个部门也是非常好的财富。

4.7.3　因为隐蔽，所以经典

/ 集思广益

分析了事故之后，心里自然多了分自信，之后的一些日子，虽然没有出事故，但是由于测试人员的失误导致出了个Patch，我当时就在想：出 Patch 和出事故有什么不同？从广义上来说，没有不同，都是测试遗漏，只能说一个影响大一点，一个影响小一点。还有的失误，可能 Patch 都没出，但是测试的时候为了找原因可能会花了一个下午的时间。这些都是非常沮丧的事情，既然沮丧，就得治治它们。

记得一句名人名言："如果你有一种思想，我有一种思想，彼此交换，我们每个人就有了两种思想"。一个人的经验总是很少的，那我为什么不听听大家的意见呢，然后每次吃饭的时候，我就会和同事们聊聊，收集一下那些令大家沮丧的事情，一段时间后，确实有收获，发现听到的很多事情确实比较奇葩，有时被坑到确实无话可说，然后我就把它们统计起来，粗略的分析了一下原因：

（1）快捷键切换技能导致频道宕掉：逻辑比较特殊，将人物卡变身后的技能与角色当前的技能互换，将会导致频道宕掉。

（2）安全模式的问题：登录是有个队列的，某些带有安全模式标志的玩家登录后，会在一些通道留下痕迹，另外的玩家如果通过这个通道将会被判定为安全模式。

（3）技能修改后遭到玩家吐槽：当时有个技能 CD 的 Bug 报上来，然后策划就改了，遭到玩家吐槽，后面第二周又改回来。此后约定一些技能的修改将通过 GAC 的测试一周后才放出。

（4）满级玩家需求：当时策划优化一个需求，可以点击 NPC 弹出对话框，但是放出去后发现 60 级玩家很多任务不想现在完成，想等到 65 级新等级开放后才点击，这个优化反而违背了部分玩家的想法。

（5）交易行服务器重启后出现物品恢复的问题：上架物品后，如果这个物品被购买了一部分，停服重启后此物品就会恢复，所以测试时需要考虑服务器重启的情况。

（6）义军频道无法发言：经查证是由于 GM 指令的 Bug 导致出现这样的情况，也因此延迟了打包的时间。

………

通过这些问题，还能看到工作室的一些规则的形成过程，例如以前大家是不做策划文档分析的，后面发现有问题，然后才开始做这样一件事情。我们的行为是因，缺陷是果，然后这个结果又导致我们新的规则，工作也是这样一个不断循环改进的过程。

/ 探索共性

如果我仅仅是总结自己项目组的经典 Bug，我认识是没有分享价值的，每个项目都有自己的特性，其他人看了也不会有什么收获，那就再挖掘这些经典 Bug 的共性。

首先去思考为什么会出现这些比较隐蔽的 Bug，其实很大的原因在于我们对底层的具体实现方式了解不够，通过这些 Bug，一方面我们可以提炼出一些通用的方法（毕竟网游的实现架构有很多相似之处），去防止以后出现相同的问题，或者减少遇到同类问题的处理时间，任何对流程有阻碍的问题都是需要改进的。另一方面可以通过这种逆向的方式来逐步认识我们的游戏架构。

好，那我们先正向地思考，思考我们普遍的测试方法，分析策划文档——功能细化——每个小功能等价类与边界值——相关联的系统——体验层次方面的思考，但这种普遍的方法不能应对所有的情况，对于一些特殊的系统，我们需要考虑到一些特殊的规则。而且，这些规则我相信并不会仅仅体现在某个网络游戏的，由于许多网络游戏在底层架构上是有共性的，那么这些共性就有可能产生共同的隐藏问题。

之前看过同事分享的《经典 Bug 案例库》，觉得有所启发，我也根据事故报告总结和我们组内的一些经典 Bug 统计得出了测试时需要考虑的一些通用特殊逻辑：

（1）是否考虑到了连续、反复或者快速的操作；

（2）是否考虑到了所有等级玩家的需求；

（3）是否对你所负责的功能的底层实现有足够的了解；

（4）多部门合作的时候是否有非常明确的需求；

（5）是否考虑到了上下线，服务器重启，顶号，玩家不同频道，不在线的情况；

（6）是否考虑到时间提前或者滞后的方式；

（7）是否考虑到数值存储时无限大或者数值四舍五入的情况；

（8）是否考虑到合服或者跨服的情况；

（9）是否考虑到了网络延迟的情况；

（10）是否是 GM 指令或者之前其他程序设定的问题；

（11）是否只关注到客户端的变化，没有考虑到数据是否真正的存储；

（12）是否做过有效的压力测试；

（13）是否考虑到新功能对玩家原有数据的改变；

（14）是否考虑了所有相关的逻辑；

（15）是否检查了所有相关的策划表格；

（16）是否始终保持一种客观独立的思考态度。

关于第 16 条需要专门提出来说下，经常有一些功能去和程序或策划确认的时候，他们会说："这个问题很简单，等下你就 XXX 做，然后测下就 OK 了。"我认为这句话是很危险的，你如果按照他们的思路去做，首先，你的工作就没有价值了；其次，相同的思维逻辑是找不出问题的。因此，测试人员需要摆脱他人思路的干扰，坚持自己的独立思考，这样才是可靠的做法。

/ 深入挖掘

如果仅仅是共性，我觉得作用还是有限，那么就再深入一点，在我们项目中，QA 是不能看到代码的，相信一些项目组也是同样的情况，如果对游戏功能架构不了解，测试起来心里就很没底，而且有时也很难有时间和条件去让你做更加全面的覆盖。那么通过这些经典 Bug，我也会常常和程序去聊聊原因，通过这种方式，也对我们游戏部分功能的架构有了更深入的理解，然后我自己就可以通过这种逆向的方式得到一些更加深入的东西，测试起来效率更高也更加有把握。

之前我被安全模式的 Bug 坑过，被踢人下线的指令也坑过，究其原因，是因为我并不了解登录流程的底层实现，之后我通过这些 Bug 与程序多次沟通，画出逻辑图（见图 4-12），之后任何涉及登录流程的问题都可以以此为参考，上次运维同事有登陆方面的新需求，我们讨论很久还是存在理解差异，后面我把流程图给他们看了，一下子就解决问题了。有时，一些东西你不记录了下来，忘了之后进行二次沟通理解的成本也是较高的。

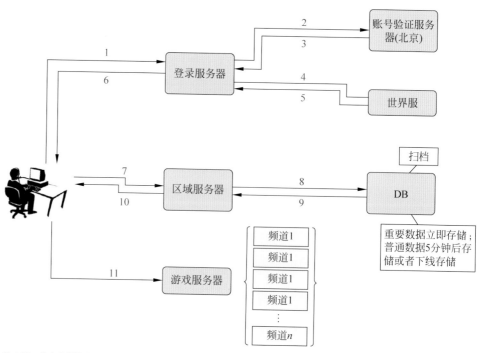

图 4-12 坑出来的游戏框架图

/ 横向拓展

到了游戏架构这个层次，还能再拓展吗，只要你想，还是会发现新的东西的。上班的时候，运维的童鞋有时会突然找我，告诉我出现某某运维 Bug 了。我就想，为什么总是有运维 Bug 呢，运维 Bug 和我们平时的 Bug 有不同吗？有不同，从平时测试中出现的 Bug 应当是由于制作过程中所出现的 Bug，从运维反馈出现的 Bug 是 QA 疏忽或者其他原因流到外服上的缺陷，是属于漏网之鱼（见图 4-13）。要对这些进行分析也是比较容易的，可以从 redmine 上面将这些缺陷统计出来然后用表格导出，再进行统计分析即可，在足够的数据条件下这些分析是可以反映出一些问题的。

图 4-13 不同的阶段的 Bug 会反映出不同的问题

下一阶段可以去给项目组做一个组内的 Bug 库，让大家去在上面记录工作出现的一些隐蔽的或者经典的问题，分享各自的经验，这对大家也是一种沉淀和积累。

4.7.4 今天的周版本发布又早了哦

前面两部分主要是从 Bug 的角度去统计分析，逆向思考，但是在我的概念中，缺陷不仅仅指的是游戏中的 Bug，任何对工作室流程有阻碍的问题都应当称为缺陷，都是值得去改进的。

年前由于各方面的原因，我们工作室在周三下班都比较晚，有时要到凌晨两三点，就导致周四调休，周五状态也比较一般，然后下一周继续这样的恶性循环。为了改变这种局面，大家也想了很多办法去改善，主要在流程方面的，也取得了比较显著的效果。但是后面还是存在两个问题没有解决：一个是一些非故意的延迟；二是个别测试人员的内容过多，导致大家最后都要等待。

前一个问题相信很多同事也会遇到，比如某策划需求提的太晚，某天测试环境不稳定，某天程序未自测，相信对于这种内容大家都是深恶痛疾的。但是 QA 作为产品后端的成员，有时候对于这种情况确实很无力。但是，这也是缺陷，是缺陷就需要改进，你和某些策划程序去说，他们可能会说："哦，我知道了，不好意思啊"，然后下次继续犯同样的错误。我们没有权利去要求他不犯错，但是我们可以将每次周版本的问题收集起来，然后到了一定时候将这些数据展出，通过事实说话。当然，我们需要考虑一些合适的方式和方法，刚柔并济才能取得好的效果。

之后我就开始做了一些流程上面的统计工作，我将一个月在周版本中出现的问题统计归类出来，找出对应的原因和负责人，记录好出现问题所对应的单号和负责人，这个负责人当然包括策划、程序和 QA，还需要采取大家能够接受的一种方式。比如表 4-2 就是我统计的四月份的问题报告。

表 4-2 工作室周版本问题统计表

	策划提单太晚或改需求	程序未自测或完成太晚	QC 服不稳定或异表问题	W 版打包问题	功能回归点太多	其他问题	本周总单量	周版本结束时间	本周事故数目
4.11 版本	1	0	1（活动相关）	0	0	0	96+49	20:19	3（环境事故）
4.18 版本	0	1	1（数值服）	0	0	1（沟通问题）	90+57	20:53	0
4.25 版本	0	1	1	1（版本错误）	1	0	120+56	02:26	0
5.2 版本	0	0	0	0	0	0	49+23	16:02	0
合计	1	2	3	1	1	1			

一般这种内容采取帕累托图可能方便分清主要原因和次要原因，如图 4-14 所示。

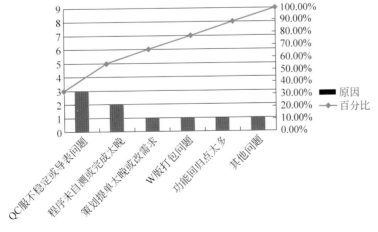

图 4-14　周版本问题统计帕累托图

不久前我们工作室实行周版本问题积分制，造成以上流程问题的责任人是要加分的，个人积分到达一定程度就要触发下午茶掉落，虽然目前还没有人触发，但是确实有效地改善了我们周版本的测试环境。数据不一定能够解决问题，但是数据更具有说服力。工作室的流程是否改进了，仅仅通过感受肯定是很抽象的，如果月月都统计下去，很容易看出我们的问题是否得到了有效的改善。

第二，要解决个别测试人员内容过多的问题，关键在于两点。其一是对工作量能够有个有效的预估，以前我们都是看单量，但是每个单子的粒度明显会有不同，在 A 和 B 熟练程度相仿的情况下，A 测 3 单的时间也许比 B 测 10 单的时间更长，这个很容易理解，比如 A 测的单子都是什么系统重构需求，B 测试的就是一些界面更换的内容，这样就很难去比较。后面我提出了一个想法，是不是能够提出一个标准单的衡量标尺，比如将最容易的一个单设为标准单，那么一个系统重构的单子可能就相当于 4~5 个标准单的工作量，如果能将这个标签加到 redmine 中，那么大家在初期就能很好地衡量自己当周的工作量，也能方便早期地进行合理的预估和安排每个人工作（当然有些单子的工作量在初期很难预估，不过这种情况一般还是较少的）（见图 4-15）。

标准单　　　　　中级单(相当于2个标准单量)　　　高级单(相当于4个标准单量)

图 4-15　每个单位工作量可能不同

这只是我的一个想法，不过我觉得可以拿出来讨论下。当然还有其他的方法，比如可以让策划把大单进行拆分，只要执行得当，都是可以的。其二那就是需要掐准每天的节点，每天每个测试人员必须完成自己预定的工作量，这样每天卡住了，到了周版本的时候，也就很难出现个别测试人员内容过多的情况了。

从宏观的角度来说，我们希望每个人每天的工作量曲线都是比较均衡的，相对饱和的，那么，到了周版本发布那天，大家就都能按时下班了。通过大家的奋斗，项目组周三下班的时间也越来越早，有时还能蹭到产品经理投放的下午茶（打包时间早于某个时间点就可以投放）。我们项目组还是相对比较年轻的，很多规则和问题需要我们去探索和解决，希望通过这样持续的改进，达到一种比较好的效果。

4.7.5　结束语

相信大家都了解测试人员在整个游戏制作流程中的作用，从早期的文档分析到中期的三方走读，从测试用例的编写到用例的执行，从发现 Bug 到反馈和修正，或者我们还能做一些工具等。但是，我认为我们的工作还有很多可以拓展的地方，我们可以提出新的改进意见，可以深入地分析 Bug 产生原因，可以找出阻碍流程的问题。那么，如何去发现缺陷并解决它呢？我也给出了自己的看法，见图 4-16。

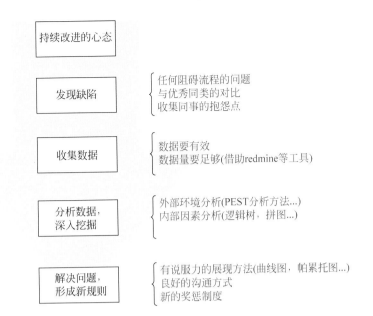

图 4-16　寻找和解决缺陷

本节内容实质来讲是我自己对缺陷相关的问题进行一些简单的数据分析和统计，希望通过这种方式逆向地来改进工作室的流程和工作效率。我比较喜欢一句话："如果你不能量化它，你就不能理解它，如果不理解就不能控制它，不能控制也就不能改变它"，这也是为什么我对数据比较敏感的原因。其实像最开始的事故统计我本来是给自己看的，后来我觉得改进一个人的工作效率可能意义不大，但如果你的分享对大家都有所促进的话，你做的事情就体现出价值了。这些事情做起来难度不大，但我相信长期下去会有逐步推动我们流程改进的效果，如果平均每周能减少 1 个小时的无谓的时间耽误，或者避免了一些 Patch 或者事故的发生，就应当是值得欣慰的事情了。

这些事情也是一种尝试，希望大家不吝赐教，共同学习进步，将每天的工作做得更好。

理解测试业务 /03
Understanding the Test Operation

测试设计与管理 /04
Test Design and Management

专项业务测试与实践 /05
Special Testing Project

05 专项业务测试与实践
Special Testing Project

游戏不同于传统的软件，它的设计之精巧、实现之复杂、同时又对客户端性能、服务端并发等多个方面有着极高的要求，要对其进行质量保障必然对游戏 QA 也有着更高的要求。一个合格的游戏 QA 不仅需要懂测试，更要懂游戏、懂流程，他们是游戏世界合理、公平与安全的最后守护者。在这一章中，我们将从游戏数值测试、上游产出质量保障、性能与优化、客户端发布流程和 MTL 测试服务这五个专项，来深入了解游戏 QA 的多样工作。

5.1 数值测试经验分享

数值和玩法可以说是游戏的两大核心，其中数值更是几乎覆盖到一款游戏的所有系统，比如技能效果、战斗公式、经济投放、属性培养等。数值测试也是 QA 在工作中或多或少会接触到的。笔者在日常测试任务中负责的系统也比较偏数值，本节将结合笔者的测试经验，总结游戏中一些通用系统的数值测试思维、方法，以及介绍相关工具开发的技能。

5.1.1 测试背景

笔者主要跟进的项目是暗黑类的大型 MMO 网游，它涉及的数值体系应该和市面上大部分 PC 端 RPG 网游相似。游戏中比较核心的数值系统一般包含：技能体系，涉及 PVE 体验和 PVP 平衡性；属性体系，涉及人物成长、装备数值、宠物数值以及游戏中能影响以上属性的功能；经济体系，涉及游戏内的道具、经验、代币的投放以及玩家与玩家、玩家与系统之间的交易系统等。这三个体系互相之间是密切联系的，属性体系影响技能体系，经济体系影响属性体系的成长，技能和属性体系又会影响经济收益的效率。测试任何一个体系内的某个功能模块都必须站在整个数值系统上综合考量。下面笔者将分享这三个体系中的一些比较通用的测试经验和心得。

5.1.2 技能体系

在做技能数值测试时，我们考虑最多的应该是平衡性，这里的平衡性分为 PVE 和 PVP 两个方面，因为我们游戏技能是类暗黑的非典型战法牧体系，每个角色都必须兼顾 PVE 和 PVP 的战斗能力，这在一定程度上简化了测试范围，因此我们可以将测试重点放在每个职业单独的作战效率以及他们之间的 PVP 平衡性，而不需要太关心战法牧体系下不同职业的作战定位。

一般负责技能设计的策划会在设计技能时进行数学建模，即将技能中可能涉及的元素（比如伤害基数、范围、CD、持续性、多段叠加等）进行量化，创建一个衡量技能战斗能力的数学公式。这样策划设计技能时会以这套技能战力公式为基准，保证基于这套数学模型下设计出来的技能数值是平衡的，但是怎样确保这套数学模型是科学的呢，即在游戏中的实际表现是符合策划预期的呢？这就需要 QA 用数据来说话，向策划反馈技能在游戏的实际表现。

首先是数值合理性测试，首先我们需要对所有技能进行单项合理性测试，即在不考虑技能相互影响的情况下，去验证技能设计是否合理。这里需要一定的游戏机制理解和游戏经验积累。

测试伤害性技能，我们可以创建木桩怪，统计一段特定时长下，使用特定技能在 CD 好了立马放的情况下对木桩怪的输出总和，计算出 dps（这里需要区分 AOE 伤害和单体伤害，我们可以根据游戏怪物密度分布和经验，给 AOE 伤害一个大于 1 的权重）。根据技能等级和 dps 画出技能的 dps 成长曲线，将所有伤害技能的曲线进行对比，可以先排查出数值相对不合理的那部分技能，如图 5-1 和图 5-2 的夜狩和龙将伤害技能 DPS 统计。

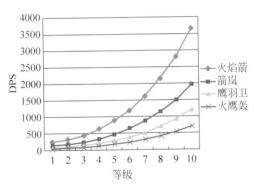 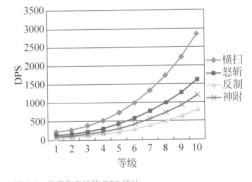

图 5-1 夜狩伤害技能 DPS 统计   图 5-2 龙将伤害技能 DPS 统计

测试治疗性技能，我们同样可以画出技能等级与每秒治疗量曲线，进一步根据技能等级对应的人物等级关系，设定当前人物等级下人物的大概血量，画出技能等级与每秒治疗人物血量百分比的曲线图。这样就可以较直观地量化治疗技能的战斗能力，提供给策划作为参考（见图 5-3）。

测试辅助类技能，例如给玩家增加增益 buff，或给敌方加 debuff 的技能。我们可以通过不加 buff 状态下技能造成的 dps 和加 buff 状态下造成的 dps 的差值作为溢出 dps 来衡量 buff 的效益。同样可以画出等级成长曲线。

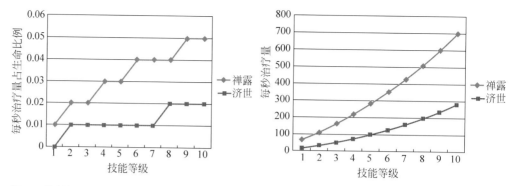

图 5-3　治疗技能的成长曲线示意图

通过以上方法排查出相对来说数值不合理或成长曲线不符合预期的技能，反馈给策划进行调整。

接下来我们就可以用游戏中实际的数据来进一步验证技能效益了，我们游戏中有 4 个不同角色，且不同等级段有相应的 PVE 副本。我们给 4 个角色设定相同等级，相同条件（装备数值、系统额外加成属性等相同），利用自动 AI 去多次挑战相应等级 PVE 副本，统计平均通关时间。画出不同副本不同职业的通关时间对比表 5-1，若存在差异较大的时间副本或者甚至是无法通关的情况，再针对副本怪物类型以及数值进行具体分析，有可能是怪物针对某个职业技能元素伤害抗性太高导致通关时间延长，也有可能是角色针对某个副本中怪物的伤害类型抗性数值投放太低导致死亡次数过多延长了通关时间。

表 5-1　不同职业通关 PVE 副本平均时间

	大地裂痕	无间地狱	天女湖底	持国殿	寒冰崖	流沙神殿
龙将	274.4s	233.8s	252.2s	243.2s	211.6s	250.7s
星术	233.6s	218.3s	230.1s	220.3s	200.9s	223.6s
圣修	251.3s	225.4s	232.4s	218.5s	198.4s	217.9s
夜狩	244.3s	216.6s	224.2s	228.3s	192.3s	203.3s

PVP 平衡性测试在之前的文章分享中，有同事分享过较为详细的测试方法，即通过创建不同职业 AI 机器人进行大量对战，然后统计战斗过程中输出技能伤害数值和对战结果。我们也是采用这种思路进行测试，我们会在测试场景中重复创建相同"硬件"条件的不同职业的 AI 机器人进行自动 PVP 战斗，统计对战结果和对战时长。

5.1.3　属性体系

这里的属性是指游戏角色身上的数值特性，比如力量、生命、声望等，它们是战斗公式中的组成部分，玩家的追求就是提升这些属性，所以这些属性的数值投放好坏将很大程度影响游戏体验。在大多游戏中，各种各样的系统设计的目的就是提升这些属性。比如常见的宝石系统，不同的坐骑可能给角色提供不同的属性加成等。它们都是有着不同外壳的属性提升系统，这些系统也就是属性投放的途径，而属性投放测试也是数值测试中的关键一环。

以我们游戏为例，游戏中包含了坐骑、宝石、法宝、修炼、强化、官阶等不同程度影响属性的系统，当然不同系统中都有等级或阶级的概念，玩家通过消耗道具或货币在不同系统中提升级别，来获得属性加成的收益。因为不同系统消耗方式和提升属性各不相同，我们希望有个统一标准来衡量不同系统的收益效率，这样可以对不同系统的属性投放以及道具投放进行整体把控和调整。所以我们首先统一不同系统的消耗代价，如图 5-4 所示，我们根据不同系统的消耗道具或货币的价值换算成同一种游戏通用货币，以它作为统一消耗材料。然后计算不同系统提升的属性对战斗能力的影响（即战力公式计算结果），以消耗材料为横坐标画出不同系统的战力提升曲线。列出的不同系统的战力提升曲线，根据战力/消耗材料的比率变化可以反映不同系统投入效益，即花多少钱可以提升多少战力。根据这些数据可以反馈给策划进行数值投放整体把控和调整。好的数值属性投放系统的成长曲线一定是斜率越来越小，因为这样可以缩小人民币玩家和普通玩家的战斗能力差距。

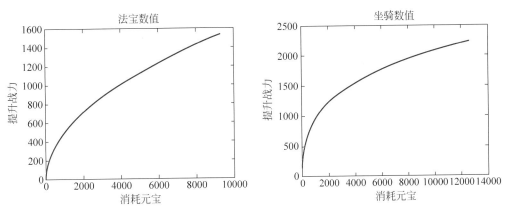

图 5-4　法宝和坐骑系统的效益图

还有一种属性数值测试是功能性数值测试，从上面介绍中我们提到游戏中有很多系统会投放属性数值，当然还有些系统是改变属性数值。为了确保这些系统能正确增加或改变玩家身上的属性，也是 QA 需要关注的数值测试一环。这里我以一个具体的游戏功能测试踩坑为例，指出我们在功能性数值测试时需要注意哪些方面。

我们游戏中的装备属性数值生效是取 ceil 操作，即向上取整，比如一件装备的力量为 71，有些功能会给这条词缀加上一个百分比加成，比如加了 3%，计算结果为 73.13，那么实际生效为 74，这样设计的目的是因为玩家更容易接受整型数据。游戏中有个功能是可以将装备属性等比例转换成另一条属性，在测试过程中发现装备的某一条属性 A 的数值为 8，它在转移成相同范围的另一条属性 B 时会变成 9 点。按照黑盒测试的经验，这种程序实现应该算是不太应该发生的低级错误才对。所以只能去问程序要具体的数值转换接口代码，查看具体的转换公式。首先计算当前需要转换的属性数值所在范围中的百分比，表中配置的属性 A 的生成基数是 9，生成范围是 0.5~1，即 [4.5,9]，那么百分比计算为：

percent=（cur_A-min_A）/（max_A-min_A）=（8-4.5）/（9-4.5）=3.5/4.5=78%

然后根据需要转换的属性的范围重新计算应该转换的值，但是打印这一步的参数时发现与属性 A 相同范围的属性 B 的范围却是 [5,9]：

cur_B=min_B+（max_B-min_B）*percent=5+（9-5）*78%=8.12

然后结果向上取整就是 9，查询原因原来是因为在计算 percent 时是采用的引擎接口读取属性范围。这里没有对属性范围进行取整操作，但是在进行属性转换时读取属性的范围接口却是调用的装备属性生效模块里的接口，即都会进行向上取整操作，4.5 的下限被取整为 5 了。

通过这次测试踩坑，让我认识到在做数值功能性时最好进行白盒测试，了解具体的数值计算规则能让我们更好地设计测试用例，也能更好地监控数值变化过程，定位出现问题的位置。

5.1.4　经济体系

经济体系的数值测试即是传统意义上的道具或货币投放测试，策划一般会根据道具演算价值制定不同活动玩法的投放，QA 在测试具体的投放数值时，首要任务是确保投放是否符合预期，即投放正确性验证。至于投放合理性，这取决于策划的演算，但是我们可以做一些事情让策划更加直观的看到投放的具体内容和概率分布。

我们项目组给策划提供两个较为方便的查询奖励和掉落投放的 Web 平台，策划填好投放数据后，可以直接去这两个平台里查看奖励的具体内容以及不同等级收益演算，可以给他们的奖励调整提供参考。

游戏中大部分系统都会涉及奖励投放，策划在表格中一行行配置好奖励内容（各种代币、不同道具），往往没有一个直观的展现形式，QA 在测试时也只能通过多次重复获得奖励来验证奖励配置（道具形式、数值、概率等）是否正确或合理。于是为了解决上述问题，QA 制作了一个奖励查询网站，以游戏中道具图标形式来展示对应奖励内容、数量、投放概率，并且根据奖励数值公式演算出几个等级段投放的代币数量，这样既方便策划规划奖励内容，也有效地辅助 QA 进行测试工作。

同样游戏内的不同副本掉落（分为随机掉落和定制掉落）的概率在填表里很难直观地感知到具体的概率分布，我们利用程序提供的掉落概率计算公式，将不同副本的不同难度中每个 NPC 的可掉落道具以及掉落概率展示出来，给策划对投放的调整提供便利，也通过设置掉落临界值报警方便 QA 对投放进行监控。

5.1.5　总结

以上就是笔者对数值测试的一些经验分享，都是围绕数值测试正确性以及合理性进行的总结，至于比较深层次的数值方向性测试还需要 QA 对游戏更加深入理解，了解整个游戏的数值设计思路、数值框架或数学模型，才能更进一步在数值方向性测试上做一些工作，这也是笔者接下来学习的方向。

5.2 《阴阳师》平衡性测试平台

《阴阳师》上线运营一年多中，每隔一段时间会投放新的式神，这样新旧式神之间的平衡就非常重要，也是产品非常关注的。本文主要介绍《阴阳师》平衡性测试平台，如何帮助产品更好地更有针对性地调整式神间的平衡性。

5.2.1 引言

在介绍平衡性测试平台之前，我们来看下以前策划设计新式神的流程。如图 5-5 所示，策划会设计新式神技能和初步数值，在客户端对战测试，达到预期后，在体验服上线，通过分析后台收集数据，对式神再次调整，决定是否上正式服。在这个过程中，主要存在几个问题。

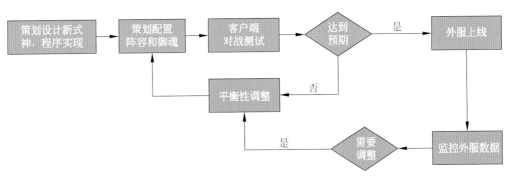

图 5-5　设计新式神一般流程

/外服数据繁杂，得出结论的成本高

目前后台提供的统计数据，只有式神出场率和胜率的分布，无法结合阵容，御魂等信息分析。

/客户端对战操作较复杂，验证效率较低

目前测试式神御魂，可以通过指令添加 6 星御魂，但无法强化到自己想要的副属性。而且手动验证的时候，技能或伤害效果（如暴击，冰冻，眩晕等）和概率相关，不进行多次战斗不易验证初始概率高还是低的问题。

《阴阳师》平衡性测试平台，着重帮助策划解决以上一些问题，提供一整套能覆盖式神整个生命周期的平衡性测试解决方案。平台主要功能包括新式神测试报告，模拟对战和外服数据统计。本节后续将分别介绍这些功能如何解决这些问题。

5.2.2 外服数据统计

外服数据统计是平台最重要的功能，也是策划使用最多最依赖的功能。在设计外服数据统计时，不仅要关注需要从哪些维度收集数据，数据直观清晰的展示也尤为关键。平台从整体数据分析，式神详细分析两个方面对外服数据进行了统计分析。

/ 整体数据分析

对于整体数据分析，收集类型卡牌游戏，和 MOBA 类游戏虽然差距较大，但是对于统计外服数据时，关注的点有很多共通之处。MOBA 类游戏主要关注的是英雄胜率，出场率和战场信息，类似的《阴阳师》平衡性统计分析主要关注的是式神、阵容两个方面。数据展示上，我参考了一些业内比较优秀的数据分析平台，借鉴了其中一些优秀的数据展示方式，如式神遇见胜率图等。在前端页面制作上，使用 Angularjs 配合 Highcharts 库用图表多样化展示，最终平台给策划展示的数据非常清晰明了，也得到了策划的一致认可。式神整体数据分析排行页面最终排版如图 5-6 所示。

在开发中，平台也非常注重细节的优化。如图 5-7 所示，在展示式神排行时，不仅仅展示排名信息，而且将排名变化信息，实际出场数和胜率等这些策划关注的信息都"舒服"地展示，策划可以全面地判断和分析。

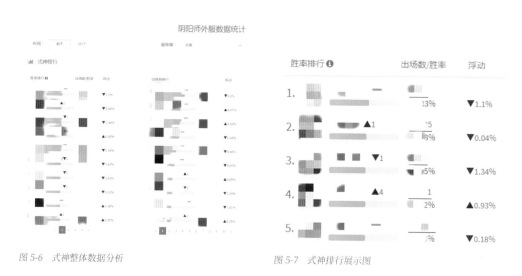

图 5-6　式神整体数据分析　　　　　　　　图 5-7　式神排行展示图

在分析和展示阵容胜率时，平台还会挖掘其对应的克制阵容信息，方便给策划更多的参考和验证。

/ 式神数据详细分析

平台对每个式神单独做了详细的分析，如图 5-8 所示，包括用遇见胜率标识式神间相生相克关系，能力五星图，式神的出场率和胜率的走势图，使用的御魂情况等。御魂使用情况的多样化可以反映外部玩家对同一式神不同的定位。

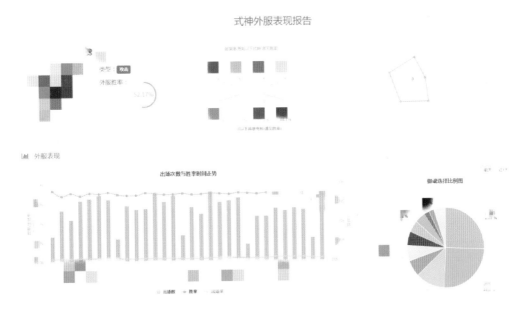

图 5-8　式神详细分析数据

此外对于每个式神，平台单独特别挖掘了使用该式神的常胜阵容信息（见图 5-9），方便策划看到外服玩家对单个式神使用的套路。

图 5-9　式神常胜阵容信息

设计单个式神详细分析页面，平台也对用户体验细节进行了优化。如图 5-10 所示，为了方便策划切换式神，平台增加了右侧栏快速选择式神功能，并对式神提供分类，方便策划快速切换。

图 5-10　快速切换式神

这里多次提到细节优化，是想指出用户是能够对工具细节优化体验有感觉的。精品也是由一个个细节打造而成。开发者在设计和开发工具的时候，多站在用户体验角度考虑下，多从使用者的角度考虑下，做出来的产品会得到更多的使用者支持。

外服数据统计很好地解决了策划查看外服数据难的问题，为策划调整《阴阳师》平衡性提供了必要的参考。现在策划会定期在平台观察出场率／胜率较低的式神，评估是否需要调整。

/ 百鬼奕数据分析

百鬼奕玩法上线后，《阴阳师》新出的式神，御魂都会先上百鬼奕，让外服玩家抢先体验。这部分的数据分析比较落后。我们和策划了解百鬼奕玩法策划切实关注的点，主要是外服连胜大佬阵容和加点数据，快速制作了对应的数据分析页面（见图 5-11），让策划更加有针对性地了解外服玩家新式神的使用情况。

图 5-11　百鬼奕数据分析

5.2.3　新式神测试报告和模拟对战

查看外服数据可以让策划很好地参考并调整外放后式神平衡性，对于新式神的设计，平衡性测试平台提供了新式神测试报告和模拟对战系统，希望解决引言提出的第二个问题。

/ 新式神测试报告

新式神测试报告给策划一个外服可能的表现客观参考，实际方法是策划在配置好新式神后，我们可以提前将新式神导入到分析系统，对新式神的数据结合外服真实数据，采用机器学习的方式进行分析。具体的分析过程这里不详细展开，主要介绍设计新式神测试报告的思路。

对于报告最终的结果展现，策划最关注的是挖掘得到的数据是否能验证自己的设计思路。因此设计上首先我们挖掘了推荐阵容和推荐御魂，以便策划有个大致的参考；其次《阴阳师》目前已存在几百个式神，从这些式神中，我们挖掘了相似式神，让策划有更加直接的判断；最后我们会给出式神的评分，这个评分是结合目前已有的式神能力，按照五星图的系数折算得出，能够最直观反映式神的强。

此外，考虑到并不是所有策划都了解新式神的技能，在页面上方特别展示了新式神的技能说明，最终整体新式神测试报告的页面如图 5-12 所示。

图 5-12   新式神测试报告

/ 模拟对战

模拟对战为策划提供了一个可以为新式神进行大批量 AI 自动战斗功能，解决了引言提出的第二个问题。

原来策划在客户端上手动配置阵容和御魂，手动进行战斗。整个过程配置烦琐，测试过程耗时长，效率低，操作复杂。现在策划可以在测试平台上直接配置新式神阵容，选择御魂，直接编辑所需属性，然后提交到后端 Simengine 免客户端战斗引擎进行战斗。提交战斗时，支持策划配置斗技段位（不同斗技段位享受的生命加成和攻击加成不同）和战斗场次。战斗技术后，平台会发送消息提醒给策划，前往平台查看战斗结果。

为了方便策划快速配置阵容，平台也做了很多优化。首先平台拉取了部分外服 top10 玩家的御魂和属性数据，作为式神初始佩戴御魂和属性，这样对于参见的式神，有个默认的数值可以参考，很多无需再次配置。此外平台支持为每个式神保持自己配置的御魂和属性，下次战斗的时候直接选择即可。配置阵容的页面如图 5-13 所示。

测试结果报告中，也详细给出了每个式神的伤害、承伤、治疗、控制和耗火等情况，方便策划分析和核对（见图 5-14）。

模拟对战优势除了可以直接设置希望的副属性外，更重要的是，免客户端战斗引擎进行一场战斗只需 1~2 秒钟，策划可以配置大规模的战斗来验证设定的初始概率（如技能的初始命中效果）是否合理。

但是模拟对战也有一定局限性，所有的战斗只能 AI 自动打。后续可以考虑结合 Sunshine 行为树编辑器，让策划可以自己定制战斗中式神的逻辑。此外模拟对战考虑加入战斗快速回放功能，方便策划了解战斗结果输赢的过程，对战斗结果有更清晰的评判。

图 5-13 模拟对战 - 阵容配置示意图

图 5-14 模拟对战 -- 战斗结果报告

通过以上三大功能，《阴阳师》平衡性测试平台为产品提供了一套能覆盖式神整个生命周期的平衡性测试解决方案。改进后的式神设计生命周期如图 5-15 所示。在新式神阶段，策划通过模拟对战和新式神测试报告，可以更方便客观调整式神的数值。外放后，可以先在百鬼奕玩法看到外服玩家对新式神的评价和认知，是否和设计相符；上体验服后，可以通过观察平台外服表现分析体验服斗技数据再次调整，决定最后是否正式服上线。

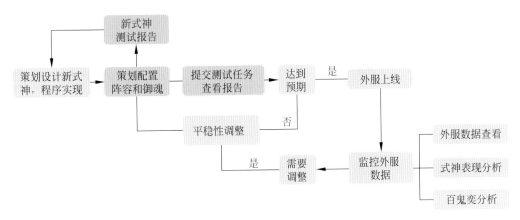

图 5-15　改进后的式神设计流程图

此外，平台为了保证数据稳定，在后台做了数据缓存和异常处理。如平台的数据源需要从 ELK 日志分析系统获取，分析系统提供的 Http 接口给平台访问。如果每次数据请求都实时去查询，会非常非常慢，而且考虑到服务器的性能，ELK 设定最多只能缓存 15 天的日志数据。为了让用户能够快速看到结果，平台用数据库缓存每天的数据，凌晨通过 crontab 定时任务去 ELK 拉取数据。由于采用 http 接口访问，有可能数据丢失或 ELK 服务器未响应。系统会自动对异常的数据重新获取，如果重复 3 次获取不到会自动报警。

5.2.4　总结

本节主要介绍了《阴阳师》平衡性测试平台如何为产品提供了一套能覆盖式神整个生命周期的平衡性测试解决方案。目前平衡性测试平台上线后，得到了策划同学一致认可和表扬，成为了策划调整平衡性非常重要的参考平台。游戏平衡性如何判断见仁见智，具体式神是否平衡主要依赖数值组策划同学设定。作为一名 QA，我们可以开发工具帮助产品更方便更直观去判断和调整，这也是我做《阴阳师》平衡性测试平台的初衷。QA 的工作不仅仅是需要保证测试质量，所有能提升产品工作效率的工具，都值得 QA 关注。

5.3　安卓包优化经验分享

游戏安装包大小对玩家留存、渠道转化率以及游戏发行上架等方面有着重要意义。本文以作者所在项目组的包体优化过程为例，从包体大小分析方法、具体的优化方法与原理以及线上项目对包体优化后如何外放等多个方面对安卓包体优化过程进行介绍。

随着游戏内容的不断增加，游戏安装包越来越大，从上线初的 600MB 不停增长，一直涨到 1GB。安装包变大带来了许多严重的问题，比如安卓渠道转化率低、部分渠道拒绝 1GB 新包上架，甚至玩家由于手机存储空间不足无法继续游戏最终流失。我们曾对 VIVO、OPPO、华为等主流安卓渠道玩家的负面反馈做过统计，占比最大的就是吐槽安卓安装包包体过大。

另外，我们还调研了 App Store 畅销榜排名达到过前 20 游戏的安装包大小，发现大部分游戏安装包大小在 500MB 左右（见表 5-2）。个别游戏即便是 iOS 安装包很大，但是可以将安卓包大小的比值控制在 0.5 倍左右，而我们游戏包体的该比值为 0.92。

表 5-2　AppStore 畅销游戏安装包体大小

游戏名称	iOS 安装包大小（MB）	安卓安装包大小（MB）	安卓/iOS 大小比
王者荣耀	784	472	0.60
魂斗罗	1340	573	0.43
崩坏 3	2320	909	0.39
龙之谷	1530	848	0.55
剑侠情缘	2210	980	0.44
梦幻西游	645	546	0.85

5.3.1　安卓包体大小分布

为解决安卓安装包过大的问题，首先要搞清楚安装包到底包含了什么导致包体如此之大。安卓安装包，即 APK 文件实质上是一个压缩包。如果使用 WinRAR 或其他压缩软件打开 APK 文件并将其解压，可以将安装包解剖开来（注：iOS 包同理可通过此方式解压）。解压后的游戏安装包主要有图 5-16 所示的文件 / 目录：

图 5-16　解压后的游戏安装包

其中，assets 和 res 目录均是资源目录。两者的不同之处在于，res 主要存放了不同分辨率下的游戏图标及一些 xml 配置文件，而 assets 主要存放了游戏运行时用到的资源，我们熟知的 NeoX 的资源包 res.npk 和脚本 script.npk 就在其中。

lib 目录主要存放了游戏运行时会用到的库文件。

META-INF 目录、AndroidManifest.xml、classes.dex 和 resources.arsc 主要存放了安卓工程的属性和配置信息。这些文件及目录虽然都不是很大，但是对安卓安装包都非常重要。

我们游戏包体优化前各个目录下文件大小分布如图 5-17 所示。从图中可以看出占比最大的是 assets 目录及 lib 目录。由于 lib 目录下存放的是游戏运行时必需的一些二进制文件，不能轻易删除，所以包体优化的任务就是要降低 assets 目录下资源文件的大小。

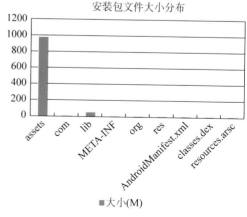

图 5-17　游戏包体内各目录文件大小分布（优化前）

在 assets 目录下主要包含游戏的资源包 res.
npk，脚本包 script.npk 以及音频、视频等不
压缩的文件，这些文件的大小在整个 assets
目录的占比接近 99%。使用 NeoX 引擎组提
供的 ResourceViewer 工具解析打包时生成
的 res.npk.map 文件，可以得到 res.npk 中
各个资源大小的占比，由此可以得到除脚本外
所有资源大小的分布情况，如图 5-18 所示。

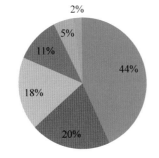

图 5-18   除脚本外所有资源大小的分布情况

5.3.2   安卓包体优化方法

由于游戏的特殊性，资源的大小分布较其他游
戏有较大差异。我们有大量的角色配音、游戏
音乐及技能音效，因此音频文件在所有资源中
占比非常高，达 40% 以上。另一方面，由于游
戏的卡牌游戏属性，导致有大量精美的 3D 模型，
因此模型资源在所有资源中占比也非常高。针
对资源的分布特点，我们制定的资源优化方案
用 3 个字简单概括就是"删""降""压"。

/ 删

"删"就是要删除安装包内的冗余文件。冗余
文件主要分为两种，一种是游戏里根本没有用
到的文件，比如一些没用的贴图、项目早期开
发阶段提交到 SVN 上用来测试但后来不再使
用的资源等。另外就是一些莫名其妙传到 SVN
上的奇怪资源，比如在我们检查资源的时候发
现了一个近 2MB 的 psd 文件，很显然这个
Photoshop 文件是不应该打到安装包里的。

另一种冗余资源是重复资源。重复资源指的是完
全一样、被拷贝上传了多份的资源。如图 5-19 所
示，有两个不太一样的特效文件 A.sfx 和 B.sfx，
分别引用了名字虽然不同但是内容完全一样的
两张贴图 common1/copy.png 和 common2/
paste.png。显然，copy.png 和 paste.png
只需要保留一份，比如只保留 paste.png，多
出来的 copy.png 删掉，然后把贴图重新引用
即可。重复贴图的判别的方式有很多，比较简
单的一种就是对比文件的 md5。

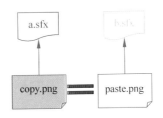

图 5-19   冗余文件：重复资源

我们共删除冗余资源 100MB 以上，其中大部
分都是贴图资源。由于贴图资源在打包时会进
行贴图压缩（比如 iOS 平台上 png、tga 等贴
图会压缩为 pvr 格式，在安卓上会压缩为 ktx/
pkm 格式）。所以虽然看起来删除了很多资源，
但是打包后会发现删除的资源对包体瘦身的贡
献是比较有限的，比如我们删除冗余资源以后
包体缩小了 30MB 左右。

对于线上项目删除冗余资源有一点需要权衡的
就是删文件的收益与风险。在扫描游戏资源时，
发现冗余资源有成百上千个，这些资源按照检
查规则其实都是可以删除的，但如果把资源按
大小排个序就会发现，其实整体大小占比最大
的文件数量可能只占整体数量的一小部分，其
余的大部分资源是很多又小又散的文件。这些
文件如果没有经过完备测试贸然删除，很可能
会出现各种各样的资源缺失 Bug。而如果要全
面地测试，会耗费非常大量的测试时间。

在权衡利弊后，我们只删除了文件大小超过
100KB 的资源，这些资源的大小占到了所有
冗余资源大小的近 90%，文件数量只占整体
数量的 20% 左右。

我们在删除冗余资源的时候，采用了一种比较稳妥的办法（见图 5-20）。首先拉了一个独立的 svn 分支专门去做资源删除，删除资源后在内部测试确保无误后才会把资源的删除操作 merge 到灰度测试分支上进行灰度测试，最后才会外放到全服。这样可以确保大部分资源缺失的问题都可以在外放全服前及时发现并且修复掉。

图 5-20　删除冗余资源的流程

/ 降

在删除了大部分冗余资源后，如果要继续压缩包体，就要通过降低资源的大小来实现了。上文提到过我们游戏包体中，占比最大的是音频文件，因此首先从降低音频文件大小入手。

我们对音频文件分析后发现，音频过大的原因是文件压缩质量较高，也即压缩率偏低。

使用 FmodDesigner 打开游戏的音频工程可以发现，大部分的音效（注：音效包含角色配音、技能音效、UI 音效等）普遍采用 Q30 的压缩质量，音乐（如：背景音乐）均采用了 Q40 的压缩质量（见图 5-21）。较高的压缩质量可以减少失真，保证音频的音质，但缺点就是会导致音频文件过大，增加安装包包体。

图 5-21　游戏音频文件压缩信息

在与多位音频组同事沟通后了解到，公司内较多游戏的音频一般采用 Q6 或 Q3 的压缩质量，个别游戏为尽量降低音频文件大小甚至会采用 Q1（最低）的压缩质量。我们测试发现，将压缩质量从 Q30 降到 Q6，音频文件大小可以减小 35% 左右，降到 Q3 可以减小近 40%。我们在移动设备上使用高端耳机测试发现，压缩质量从 Q30 降到 Q6 后，音质的损失是非常细微的，对于绝大部分玩家来说完全可以接受。

另外，音频文件分为立体声（stereo）及单声道（mono）两种。为了提高游戏内的音频效果，有时会使用立体声音效。但是立体声音频较单声道音频有一个不能忽视的问题就是音频文件会更大。笔者针对立体声和单声道音频大小做过一个测试，将同一个音频分别输出为立体声和单声道，两者之间的文件大小会相差将近 2 倍（见图 5-22）。

Channels	Sound type	File size
Stereo	Microsoft WAV	299 kb
Stereo	Microsoft WAV	517 kb
Stereo	Microsoft WAV	359 kb
Stereo	Microsoft WAV	919 kb
Mono	Microsoft WAV	46 kb
Mono	Microsoft WAV	196 kb
Mono	Microsoft WAV	207 kb
Mono	Microsoft WAV	26 kb

图 5-22　立体声和单声道音频文件大小对比

最后我们采用 Q6 的压缩质量，并且将部分立体声音频重新输出为单声道音频。重新输出后的音频文件总体大小较之前降低了 40% 以上。同时我们沿用了将游戏前期用不到的音频采用游戏内下载的方式，大幅降低了安装包内音频文件的大小。

/ 压

UI 资源在安装包中的占比也是非常高的，一个重要的原因就是由于某些考虑有很大一部分 UI

贴图没有压缩。上文提到过在安卓平台，贴图会压缩成 ktx/pkm 格式。我们游戏的 UI 贴图有一部分在打包时会被压缩成 pkm 格式，另一部分则不会压缩，在安装包内依然是 png 格式。png 贴图较 pkm 贴图会占用更高的包体空间。我们做过一个简单的测试对比压缩前后贴图的大小。如表 5-3 所示，带有 Alpha 通道的 png 原始贴图大小为 891KB，使用 ETC1 压缩算法压缩为以附属图形式（atlas）带有 Alpha 通道的 pkm 贴图后，贴图大小为 1006KB。之后将 png 贴图和 pkm 贴图打入安装包后，png 贴图大小是 890KB，而 pkm 贴图大小会缩小为 251KB。而如果原图不带有 Alpha 通道，那么压缩后的贴图将会更小。

注：关于贴图压缩可以参考：

https://software.intel.com/en-us/
android/articles/android-texture-
compression

表 5-3　png 贴图与 pkm 贴图压缩大小对比

文件名称	压缩前大小 (B)	压缩后大小 (B)
test.pkm	1006024	251271
test.png	891251	890356

UI 贴图除去可以压缩为 pkm 格式的贴图以外，还有一部分贴图可能是不希望压缩，而希望继续使用 PNG 格式的。这部分贴图其实也是可以压缩的。使用 Pngquant 工具可以在保持原图尺寸且肉眼很难分辨的情况下将 PNG 贴图压缩为原图大小的 30% 左右。

/ 其他

除去以上优化内容，针对我们游戏的特点，还对贴图压缩做了另外一个优化。通常，在打包贴图压缩过程中，所有场景、模型、特效的贴图都会压 Mipmap。使用 Mipmap 可以加快渲染速度、减少图像锯齿，因此在 MMO 等大场景游戏中广泛使用。Mipmap 贴图原理就是把一张贴图按照 2 的倍数进行缩小，假设原图长宽为 1024*1024，那么其他几张图的

大小分别是 512*512、256*256、128*128 等。通常情况下，Mipmap 由原图及缩小后的 7 张子图共同构成一张大图。这 8 张图按照 MipLevel 进行索引，分别是 MipLevel=0、1、2...7。MipLevel 为 0 即使用的是原图，MipLevel 为 7 使用的是最小的一张图。

从图 5-23 可以看出，如果贴图压缩时生成了 mipmap，那么图片大小会比不压缩 mipmap 的大 50% 左右。

图 5-23　压缩时生成 mipmap 的贴图

而我们游戏比较特殊，游戏场景很小，因此游戏内视距很短，这就导致在绝大多数情况下 MipLevel 都是 0，只有在很少数情况下 MipLevel 是 1。这样，使用 Mipmap 的意义就不是很大了。我们测试发现，去除 Mipmap 后，对游戏运行效率及表现几乎没有影响。这就帮助我们把所有模型、场景、部分特效贴图大小减小了 1/3 左右。

5.3.3　Patch

在经过一系列的优化后，包体大小从 1GB 降到了 700MB，结果是比较喜人的。但是有一个问题是线上运营项目绕不过的，那就是 Patch。

针对 Patch，我们最早设计了一个方案是在新的小包内加一个新包标志和线上已经发布的安装包做区分，然后新包和老包各自维护一套 Patch。这样就可以保证新包和老包的 Patch

互不影响，不会因为打包参数的修改导致在新包发布时，老包要更新非常巨大的 Patch。但是这个方案有一个巨大的缺陷就是要维护两套 Patch，这对于线上运营项目来说，是一件吃力不讨好的事。

对于我们游戏有没有一种更新方案对新包和老包都适用，同时能够保证在新包发布时不会给老包增加大量的更新内容呢？答案是有的。

我们使用的是增量 Patch。增量 Patch 简单说来就是，假设目前线上 PatchList 有如下几个版本，分别是 1.0.850~1.0.855，客户端如果现在处于 1.0.853 版本，要更新到 1.0.855版本，那么要下载 9M+7M 的 Patch。可以简单理解为要先更新 9M 的 Patch 从 1.0.853版本更到 1.0.854 版本，然后再更新 7MB 的 Patch 从 1.0.854 版本更新到 1.0.855 版本。使用增量 Patch 机制，客户端更新的 Patch大小与客户端的资源等内容是无关的，只与客户端标示的版本号相关。假设玩家黑掉了客户端的 Patch 代码，客户端本来处于 1.0.851版本，但是被玩家把版本改成了 1.0.854，那么在 1.0.855 版本发布后，玩家只需要更新7MB 的 Patch 便可以进入游戏了（前提是运行不出错……），见表 5-4。

表 5-4 游戏版本号与 Patch 大小

版本号	Patch 大小
1.0.850	
1.0.851	20MB
1.0.852	15MB
1.0.853	11MB
1.0.854	9MB
1.0.855	7MB

正因为使用了增量 Patch 机制，这样只需要保证小包打出后可以在 Patchlist 上找到自己需要更新的版本，那么就能保证小包可以在没有遗漏的情况下正常更新到之后的所有 Patch 内容。

有同学可能会问，小包和老包的打包参数不一样，两者打包后生成的资源也是不完全一样的，两种不同的资源"杂交"在一起真的没问题吗？答案是没问题的。两者资源的差别主要在于压缩参数的不同，而这并不会影响游戏的运行。

5.3.4 小包的外放

安装包制作完成，最后要做的就是考虑包体该如何外放了。这件事对于有百万玩家量级的游戏而言，压力还是非常大的。万一包体放出后出现了什么没有预料到的问题，导致大面积的玩家闪退、更不到 Patch 等，后果不堪设想。

为了稳妥地投放新包，我们采取了分批外放的策略。新包分三批外放，整个外放时间大概用时 3 周左右。第一批我们选择了大部分小渠道 + 小部分比较大的渠道（简称中渠道）的组合，第二批选择了小部分小渠道 + 一部分中渠道 + 一小部分大渠道，最后一批是剩余所有渠道。在第一、二批外放后，我们密切关注外服玩家的反馈，紧急处理了玩家反馈的各种异常并对安装包进行了更新修复，最终保证了小包在安卓全渠道的顺利外放。

小包外放后，对于玩家新增拉动非常明显。部分渠道玩家新增增幅超过 80%，所有渠道平均新增增幅超过 40%。

5.3.5 总结

笔者所在项目组的包体优化是公司线上项目进行包体优化为数不多的一次尝试。包体优化从前期调研到资源的优化制作，再到最后的上线共用时 3 个月左右。从上线后的效果来看，压缩包体对于玩家新增的拉动是有巨大帮助的。

本文整理了我们采用的安卓包体的优化方法、Patch 方案及外放策略，希望对已经上线的游戏项目以及还没有上线的游戏项目有一定的参考借鉴意义。

5.4　手游客户端性能要点剖析

相对于端游，手游的研发周期更短，质量要求更高，游戏的性能便是质量的一个重要体现，作为 QA 在快节奏下更需要对游戏的制作、渲染有一定的了解，这样才能更好地协助产品定位性能问题并推进优化工作。本节就从渲染基础、美术资源及常见的优化技术的角度来帮助 QA 增加相关领域的专业知识的积累，协助产品一起完成性能优化。

5.4.1　总述

随着游戏市场的发展，我们日常工作的重心开始慢慢地从端游向手游转移，而且手游的研发节奏远远快于端游，可能一款手游产品只需要几个月就要上线发行，而端游往往可以打磨几年。所以为了适应手游的快节奏工作，更需要我们 QA 对其他职位的工作内容有更多的了解和掌握，从而提升产品的研发效率。这节就主要跟大家分享一些游戏性能相关的知识及测试工作中需要关心的内容，提升在相关领域的技术积累。

游戏从某种角度可以划分为游戏逻辑（Game Play）和游戏画面（Graphic）两部分，游戏逻辑就是指策划所设计的各种玩法比如 PVE、PVP、各种副本、跑环、师门等任务。游戏画面就是指我们所看到的一切，比如场景、角色、特效、UI 等，当然除此之外还有各种音效的配合。美术同学负责所有相关资源的制作，程序

通过脚本及游戏引擎将相关资源按策划的需求渲染出来，引擎其实可以理解成一个中间结构，封装好了很多上层接口给开发者使用，通过它可以便捷的将我们想要的资源结合各种不同的效果渲染出来，就像汽车的发动机一样，我们只需要发动发动机，打打方向盘踩踩油门就可以前行，同时也提供了相关工具链，如场景编辑器、模型编辑器、特效编辑器等给开发者使用来提升整体的开发效率。整体游戏引擎和脚本、资源、硬件之间的关系大致如图 5-24 所示，通过逻辑脚本便捷的调用引擎接口实现游戏逻辑，同时引擎调度需要用到的资源及硬件完成相关工作。

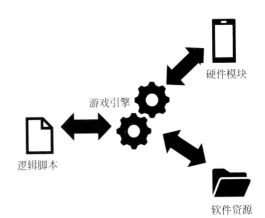

图 5-24　脚本、引擎、资源、硬件间关系

通常，当引擎开始渲染画面时，并不是整个游戏画面一次性渲染到屏幕上，而是一步步、一个或者多个模型依次进行渲染。渲染流程如下图 5-25 所示：

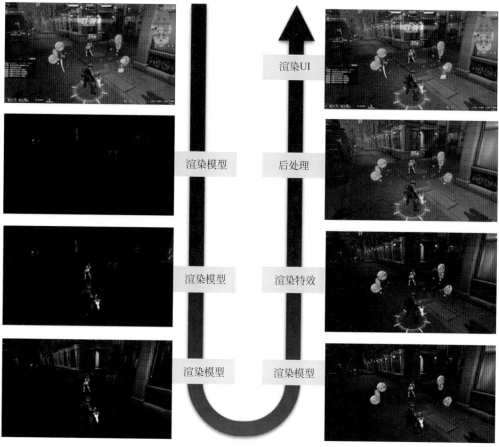

图 5-25 染管线基本流程

除了每一帧画面有一个渲染流程外，每一个模型或者一批模型也有一个渲染流程，逻辑脚本根据用户操作把将需要渲染的资源告诉 GPU，GPU 去拉取相关资源进行渲染，会把模型相关顶点数据经过一系列计算得到这个模型在场景中的位置和应该展示的样子，然后映射到屏幕的各个像素上，接着根据各个像素对应的模型材质和贴图进行上色，最后混合输出，这个渲染过程就是一个渲染管线所实现的内容（见图 5-26）。

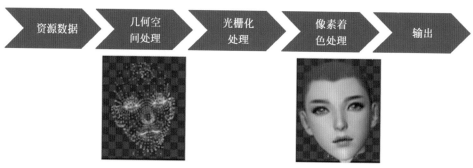

图 5-26 渲染管线基本流程

无论在主机还是在移动设备上，整个资源的渲染流程基本一致，每帧逻辑的复杂度及需要渲染的资源量、渲染的开销决定着产品的性能表现。当然另一方面，设备的硬件配置也决定着产品在该设备上的性能表现，只有拥有良好的性能表现，一款产品才能被更多的用户所接受，所以这节将主要从性能体验、设备硬件、软件（美术资源）三个方向去阐述一款产品性能的各个方面。

5.4.2　帧率与游戏体验

画面的卡顿是游戏体验过程中，令玩家难以容忍的问题。一个帧率不到10帧的游戏很难提起玩家的兴趣。同样的，即使是帧率为60帧，但是在关键时刻，比如团战时刻，画面卡住，玩家也是无法忍受的。卡顿的定位，测试和分析对于性能测试是非常重要的。

要对卡顿进行测试，首先要给卡顿一个完整的定义。对于卡顿，我们要先了解一些基本的概念和一些清晰明显的卡顿现象。

● 帧时间：渲染一帧需要的时间长度。

● 卡帧：在某些时间点，出现画面停顿（帧处理时间过长）的瞬时卡帧，是卡帧现象。游戏画面出现卡顿次数过多，极端情况会出现即使帧率很高，但是仍然给玩家卡顿的感觉。

● 帧率低：帧率低的情况是没有特别明显的卡帧，但是整体帧率很低，给玩家一种滞后感，玩家的体验是顿顿的感觉。

如图5-27所示，为两种不同情况的帧时长序列图，蓝色表示整体帧时长过长，帧率较低，而红色则表示帧时长整体比较小，帧率较高，然而有一个非常明显的尖刺，即卡顿帧。很难说这两种情况，哪种对玩家体验更好，因此我们需要对这两种情况进行区别对待和分析。

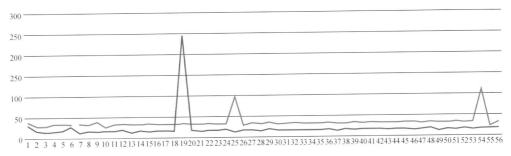

图 5-27　帧时长序列图

上面两种卡顿实际上对应的是两种不同的体验维度，流畅度和灵敏度。

● 流畅度：玩家在游戏过程中游戏体验上整体画面的流畅情况，即为流畅度。

● 灵敏度：玩家在游戏过程中游戏操作上的卡顿状况，称为灵敏度，比较有代表性的如点击灵敏度，滑动灵敏度等。

卡顿的原因很明显，主要是画面的渲染超时导致画面不连贯，因此我们从渲染管线的角度来对卡顿进行相关的定位和分析。对于QA来说，如何对卡顿进行定位，分析和测试是非常必要的。从整个的工作原理，到分析，我们可以整理出一套完整的方法，大概可以从四个方面来开展工作：

/ 熟悉渲染和引擎的原理和工作过程

知其然知其所以然，第一步需要了解游戏制作中渲染和引擎工作的原理。渲染过程在前述章节已经介绍的比较清楚了，这里只对引擎的部分涉及的内容进行介绍。游戏引擎的复杂性不言而喻，整体非常庞大，即使是程序也很少有人对整个引擎的实现细节完全清楚，我们这里只会对其中的原理进行简单建模和介绍。

卡顿主要由卡帧引起，而我们常说的帧主要工作方式如何呢？引擎包括逻辑帧和渲染帧，我们用最简单的两个函数来抽象：Logic_update(),Dsiplay_update()。最简单的工作模型如下：

```
while(runnng)
{
Logic_update();
Display_update();
}
```

其实整个引擎基本上就是在循环将渲染内容进行这两个操作。渲染方式上，引擎分为单线程和多线程，当然即使是最简单的单线程渲染的引擎也是分为很多线程的，如读写是异步线程处理。很多游戏是单线程渲染的，所以在这个过程中某个渲染过程卡住，都会导致卡顿。多线程要处理的事情比单线程复杂很多，主要可以分为两种。

● 双线程：逻辑一个线程，渲染一个线程。

● 多线程：逻辑一个线程，渲染多个线程。

目前主流游戏引擎都进行多线程处理，引擎会调度进行渲染多线程化，提高效率。这其中最主要的问题是同步问题，所以我们在测试过程中需要特别注意逻辑处理和渲染结果的一个同步问题。

/ 卡顿的数据量化和对比

第二个最主要的工作是量化，即对测试结果进行数值化。量化测试是一个非常重要的工作，这也是我们专业性的体现。我们平时习惯了功能测试，在描述性能问题的时候会陷入误区，在跟程序沟通时，往往描述表现结果，而忽略了支撑结果的数据。事实上，程序对数据是非常在意的，我们在沟通时，说一个游戏很卡，远远没有我们说这个游戏很卡帧率只有 6 帧来的专业。我们对灵敏度和流畅度的量化指标如下：

● 灵敏度：灵敏度数值化非常简单，我们定义从我们操作游戏到游戏给出反应的响应时间作为灵敏度的度量，我们主要介绍流畅度，事实上，灵敏度是流畅度的一个特殊情况。

● 流畅度：我们所指游戏画面的整体流畅性，最熟悉的是帧率 / 帧时长，两个指标。但是

帧率有个问题，这是一个平均的概念，很多情况下我们通过帧率并不能确定卡顿情况（如帧时长序列图所示）。所以我们引入流畅度指标，该指标是通过对帧率，卡顿频率，卡顿时间等一系列指标进行归总的数值，该指标可以衡量流畅的整体情况。

/ 定位卡点，分析原因

最后一步，也是最重要的一步，是 QA 能力的进阶提升，也是本节重点要阐述的内容。渲染涉及的内容非常广，因此我们将内容拆分开进行分析。在熟悉渲染的基础上，我们可以将渲染分为两个过程，CPU 进行的过程，CPU和 GPU 衔接部分，GPU 进行的过程（见图 5-28）。

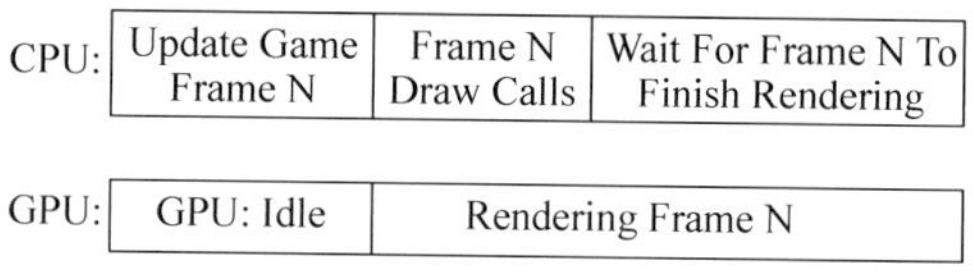

CPU:	Update Game Frame N	Frame N Draw Calls	Wait For Frame N To Finish Rendering
GPU:	GPU: Idle	Rendering Frame N	

图 5-28 CPU GPU 调度

如图 5-28 所示，一开始 GPU 并不知道要渲染什么，所以处于空闲状态，CPU 开始更新（Update）这一帧要处理的内容，比如根据用户操作决定角色的动作、位置及特效，场景的更新等，准备好相关资源数据后，通知 GPU 进行获取并渲染，这样一个模型或者一个批次（Batch）内的调度称为一个DrawCall。当 CPU 提交完所有需要渲染的任务后，开始等待 GPU 完成渲染，直到所有任务完成，CPU 开始下一次更新。所以很明显，在渲染过程中会碰到 CPU、GPU 或者 IO 上瓶颈，当然上面描述的更像一个单线程的调度过程，多线程的情况下单个调度机制大致相同，也会碰到类似的问题。

/ 性能数据监控、获取和分析

数据的监控和分析，前面三个步骤是在内服测试环境下进行解决的，具体内容放出到外服玩家手里，性能优化方案的验证方案，是数据监控和分析需要关注的内容。另外，性能数据的

监控也可以预先帮我们发现外服的卡顿问题。最后，是高阶部分，如何根据外服玩家的统计数据发现流畅性问题（不只是流畅性问题，通常意义下性能问题都可以这么处理），也是这个阶段需要关注的内容。总结来说，主要集中在三点：

- 发现性能问题：通过外服性能统计数据，定位瓶颈点；
- 验证性能优化方案：通过对外服数据量化统计，验证优化的效果；
- 制定具体方案：通过对外服数据的统计分析，驱动制定优化方案。

如图 5-29 所示，是某项目放出后外服统计数据效果，一个很有意思的事情，优化后 fps 基本没有变化，反而卡顿频率和卡顿时间在维护日后下降了较多。这说明了很多问题，首先，这验证了我们流畅度的分析思路，fps 存在局限性，并不能很好地量化卡顿状况，因此这也促使我们去发现更好的衡量指标。其次，通过该数据，帮助我们验证了我们优化的效果，证明我们的优化方案是有效的，最后，通过该数据的分析，我们可以更进一步地指定优化方案和策略。

3D桌面版质量状况

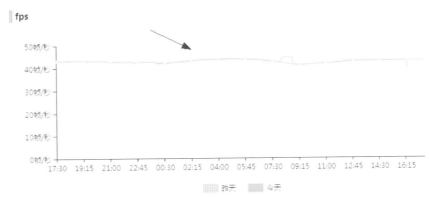

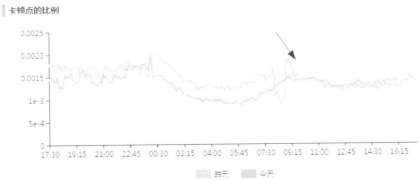

图 5-29　优化后外服客户端性能数据结果

/ 移动端挑战

当前游戏市场，手游用户占了相当大的份额，相比端游时代，除了关注跟主机游戏一样的硬件等，还需要额外关注游戏的能耗问题，因为这直接决定着手机的使用时长或者用户的游戏体验时长，甚至有些散热不佳的设备，玩家会直接觉得是这款游戏产品优化的很糟糕导致他们手机发烫。所以我们每个产品都会花很大的精力在产品的优化适配上，在保证品质的同时降低功耗。

在移动端，一切硬件的运行都需要电池供电，比如屏幕显示，声音播放，网络数据传输等等，根据能量守恒这些耗掉的电量都最终转换成热量。移动设备不像主机设备可以通过内置风扇或者液冷快速散热，但是很难在纤薄手机上内置这些辅助散热的硬件，当然市面上已经有几款主打游戏体验的游戏手机实现了这些，但是并不普及，所以我们需要从产品本身考虑如何减少硬件发烫或者避免硬件降频。

5.4.3 硬件与性能

游戏的发展，特别是手游的发展，离不开智能电子设备的快速发展。目前移动设备主要分为安卓和iOS平台，一个开放一个封闭。安卓系统，目前以OPPO、VIVO、华为、小米以及三星等相关厂商为代表，iOS则是苹果厂商下的iPhone、iPad和iPod等为代表。了解不同设备厂商的硬件性能特点和占比等信息，有助于我们在性能优化测试中有更好的侧重点，而且有助于游戏更好地适配玩家。

硬件和性能息息相关的，硬件和之上承载的系统和引擎，共同为玩家呈现了多种丰富的元素，同时接收来自玩家的各种操作。在整个优化的过程中，硬件决定了我们的一个上限。我们无法要求一个iPhone5s的硬件，能跑出iPhone X的性能效果。从硬件角度来看游戏的整个运作机制，我们会发现与性能最相关的几个关键部件，CPU，GPU，内存，闪存。接下来，我们将主要介绍这几个部件。

/ CPU

CPU的全称是Central Processing Unit，译名中央处理器，是移动设备的核心单元，我们所理解的很多游戏内的内容，都是CPU控制和计算完成的。像我们常说的碰撞检测，加速算法，输入检测，力反馈等等内容都是在CPU上计算完成的。我们熟悉的上图渲染管线内容，其中Application（应用阶段）是在CPU下完成的。

对于安卓和iOS平台，两者使用的CPU是不同的，安卓厂商主要使用的CPU是高通、海思（华为）、MTK（联发科）。而对于iOS苹果来说，CPU主要是自家的A系列。当我们拿到手上一款机子，获得CPU型号信息后，我们需要关注的信息是：核心架构，核心数量，主频，缓存。除了要了解CPU的这些参数外，不同品牌的CPU硬件性能特点，也是需要我们关注的。当你了解这些，你就会明白，为什么高通的CPU核心数会相较其他品牌要少，但性能更好。

CPU是移动设备的大脑，对移动设备的影响非常大。如果CPU过热，负载过高，部分系统会采取降频处理，这就导致了手机CPU运算变慢，表象就是变慢变卡，所以能对CPU的性能表现进行比较好的测试是非常重要的。在性能测试中，对CPU的利用率，CPU的工作频率能进行较好的测试是非常必要的。

/ GPU

GPU的全称是Graphics Processing Unit，图形处理器的简称。在游戏性能测试中，GPU重要性不亚于CPU，如上图的渲染管线，我们可以看出渲染的几何处理阶段和光栅化处理阶段都是在GPU上进行的。

目前GPU主要分为三种，PowerVR、Adreno和Mali，其中PowerVR被苹果采用，Adreno被高通整合到骁龙SoC当中，Mali应用最为广泛。苹果的游戏高性能，与它采用的PowerVR是脱不开关系的。

有些人认为GPU和显卡是一个东西，其实GPU是显卡的一部分，而显卡里很多延伸的内容是需要我们在测试性能过程中掌握的，如：带宽，像素填充率，显存。

/ 内存、闪存和磁盘

手游的性能问题中，有很大一部分的问题是由内存、闪存引起的。内存和闪存的问题，往往非常棘手。像闪退、卡顿等这些问题，很大部分是这两者引起的。一个影响当前进程占用的操作空间的大小，另外一个则影响系统的文件读写IO。听过RAM、ROM、闪存、SSD

以及前段时间华为 ufs、eMMC 等等名词，似乎都和内存有关，然而却经常让人搞混。

- RAM：真正意义上的内存，随机存取存储器，手机内存标注的 1GB，2GB，3GB 的内存也是指它，断电不保存数据。RAM 决定的是手机卡不卡，ROM 则是只读存储器，可保存数据。值得一提的是目前手机 ROM 其实是，闪存分了一部分组成的，系统相关文件都是存在于 ROM 里面，无法更改。PC 系统不同的是，PC 系统里比如 BIOS 引导程序这部分是真的 ROM，是擦除不了的。

- 闪存：闪存包含的就多了，ufs，eMMC 都是闪存的一种，很早之前的手机可以自己安装 tf 卡，tf 卡也是闪存的一种。平时存放照片、文件的部分都是闪存。闪存决定的是手机快不快，比如加载图片，加载游戏等，可类比目前 PC 上的 SSD 硬盘。

我们对闪存主要关注的是 IO 次数多不多，快不快，这直接影响了游戏工作中对资源的加载速度。对 RAM 我们则关注的就很多了，除了保证内存不能占用过大，内存不能抖动外，我们特别关注的还有以下，内存泄露和野指针。

内存泄露是程序和QA都特别痛恨的一个问题，因为这个问题往往通过功能测试很难发现。它是程序在写错误的代码下，出现的内存循环引用和重复分配内存导致的内存持续增长的一个问题。

其实总结下来，泄露主要表现在三个方面：

（1）重复分配：内存的重复分配，未进行回收是内存泄露的最主要的原因。

（2）循环引用：循环引用导致 gc 的无法正常工作，也是内存泄露的一个原因。

（3）分配不用：这一个虽然不是泄露，但是我个人觉得其实可以算作一个内存泄露问题。如果分配了内存，但是不用，其实是白白地占用了资源。

针对以上的内存泄露问题，我们应该如何定位呢？方法从粗到细，主要有反复去跑测的纯黑盒式的暴力跑测；利用进程的相关信息，如内存快照的灰盒式方案；最后一种是通过 hook 内存分配函数 (malloc) 的白盒测试方法。

野指针是令程序和 QA 都特别头痛的一个问题，因为它会导致莫名的闪退，让程序和 QA 摸不着头脑。野指针是指向一个已删除的对象或未申请访问受限内存区域的指针，主要由以下几个原因导致，是程序在编码时经常会犯的错误：

（1）指针未初始化；

（2）析构后未置空；

（3）类的作用域导致的野指针。

/ CPU Bound 及 GPU Bound

CPU Bound 和 GPU Bound 是渲染性能中两个比较容易搞混的点。由文章的上述内容，我们知道渲染主要分为 CPU 和 GPU 过程，两个阶段的任何一个阶段的卡点都会对渲染造成影响。接下来将对两者进行详细介绍。

CPU Bound 关联的是渲染的应用阶段（application stage），引起 CPU Bound 的原因很多，首先是逻辑问题。渲染阶段的应用阶段，CPU 需要将渲染数据和贴图送到 GPU，与之关联的有碰撞检测、加速算法、输入检测等逻辑问题。另外内存抖动也是卡顿的一个重要的原因。内存抖动是指内存在一定时间内剧烈变化的现象，内存抖动会导致脚本层频繁的 GC，同时游戏往往会提供相关阈值下回收内存的功能，如贴图内存回收、控件内存回收、引擎内存回收等，往往这些操作是比较耗的，内存抖动会导致这部分内容频繁触发，导致卡顿。这方面的测试方法很简单，hook 住对应内存回收接口、记录脚本层 GC 次数即可。我们可以将客户端这部分数据上传到哈勃性能数据平台，来定位分析外服玩家的卡顿问题。

针对 CPU bound 问题，我们可以采用控制变量法。我们将 GPU 阶段做的内容停掉，或者只做很少的一部分，通过查看帧率等流畅度是否变化来确定是否为 CPU Bound。

GPU Bound 关联的是渲染管线的另外两个部分：几何阶段，光栅化阶段。在 3A 大作越来越多的情况下，GPU Bound 的问题越来越严重。几何阶段和光栅化阶段相对复杂，我们可以看下 GPU 包含的两个阶段的相关内容：

- 几何阶段：模型视图转换，顶点着色 (vertex shading)，投影，裁剪，屏幕映射。
- 光栅化阶段：三角形建立，三角形遍历，像素着色 (pixel shading)，融合。

其中裁减部分，顶点着色 (VS)，像素着色 (PS) 等是相对比较耗的阶段，我们可以通过多种方式来分析和解决卡顿问题。对于裁剪阶段，我们可以通过不可见区域遮挡等方案进行避免。PS 阶段则可以通过合理降低像素分辨率等方法简单进行处理。

贴图资源往往是 PS 阶段的一个卡点，往往会引发 IO 问题，导致渲染卡住，可以通过适当地降低贴图精度来尝试定位相关问题。

overdraw 是我们经常听到的一个词，而 overdraw 是 PS 阶段可能的卡点。overdraw 导致部分区域过度绘制，从而导致该区域的 PS 过程消耗过大。overdraw 的主要原因是填充率过高，而半透资源往往也是填充率过高的元凶之一。

当然绝大部分的 GPU Bound 都是有美术资源或者为了提升美术效果引起的，所以针对美术资源我们也需要做更多的深入了解。

5.4.4 美术资源与性能

/ 美术资源

从我们的游戏画面中我们就可以看到常见的集中美术资源：模型，特效，UI，可参见图 5-30。

图 5-30 游戏画面中的美术资源示例

- 模型：角色、怪物、山、房子等等这些都是模型，模型资源文件主要包含：模型顶点数据、材质信息数据、模型属性数据（见图 5-31）。当然不同的引擎的文件架构稍有差异。

材质shader计算

图 5-31 模型

- 特效：特效文件主要通过一种文格式来保存所设计特效的各种特性，比如发射器的种类，发射范围，粒子的生命周期，粒子资源等（见图 5-32）。特效的主要实现都是引擎内部已经完成的功能架构，美术只需要按需求设计不同的属性值，就可以达到想要的效果。

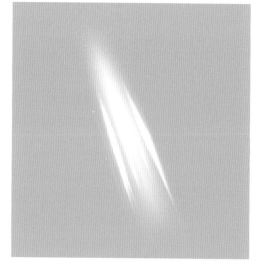

图 5-32 特效

- UI: User Interface,用于与用户交互的部分,通常都是 UI 同学设计好的各种按键、对话框、文字指引等图片及分布文件构成,通过程序实现玩家的触摸或者滑动监听实现与用户的交互,比如玩家点击了某个技能按键,监听逻辑就会调用相关技能动作及特效文件、相关逻辑处理、网络通信等完成与用户的交互。

/ 性能风险及优化

我们所看到的一个游戏画面是由无数的模型,特效及与玩家交互的 UI 构成,所以根据前几章提到的性能参数及性能问题,过多或者过复杂的美术资源就会引发性能问题。例如,在同一画面中,存在大量的美术资源,若处理不当,就会存在大量的 Draw Call 导致 CPU Bound,又或大量模型顶点或者像素着色需要计算处理导致 GPU Bound。如图 5-33 所示的一个场景,堆叠了大量的模型,所以存在大量的 overdraw,如图中有很多像素,因为不合理的堆叠,重复处理了六十余次,这就会导致 GPU 硬件负载过高,从而引发 GPU Bound,同时增加了设备渲染的功耗,设备会更容易发烫。当然,除了会对硬件增加负荷、增加耗电量外,过多资源注定就会有大量的贴图及其他数据文件,这就会潜在引发包体过大的问题,影响玩家的下载体验。

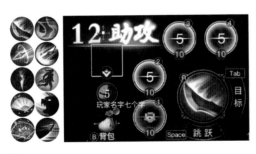

图 5-33　UI

随着公司在手游研发技术上的不断积累,在产品初期就规划产品的制作标准,比如角色模型多少面、使用什么材质、场景如何规划设计等等,保证产品性能在一开始就处于可控状态。当然我们也可以通过一些优化技术去解决或者规避这些性能风险,比如以下常见的技术:

- LOD: Level Of Detail,根据模型到摄像机的距离决定所采用的模型细节。通常离我们很近的模型需要更多的面数去展示细节,而离我们很远的模型我们基本很难注意的细节,只需要关注大致的轮廓。如图 5-34 里的灭火器,在面前的时候我们会关注它上面的各个部件,表面的纹理细节等,当消防栓离我们很远的时候,我们只会关注到大致的轮廓,只需要知道这是一个消防栓,而不会关注它上面有多少个部件等细节,这就可以保证合理的性能分布,不会造成浪费。LOD 概念除了可以用在模型面数上,也适用于贴图、材质等其他地方,来达到根据对象的重要度适配不同开销。

图 5-34　模型与 LOD

- Proxy: 针对多个模型,可以通过 Proxy 解决,Proxy 可以理解成使用一个简单的代理模型,替代原来多个复杂的模型,如图 5-35 所示。

图 5-35　模型与 Proxy

当我们走近建筑群，我们就需要知道各个建筑的细节，比如这栋楼有什么样的窗户，另一个是什么颜色的门。当建筑群离我们很远，我们就不会太关注细节，只需要知道那里有一群建筑。这样就通过一个 Proxy 大大降低了这群建筑群的开销。

- 渲染分级：可以看到 LOD 或者 Proxy 会使远处的模型发生一定的形变，所以在高端设备上，为了展示更多的细节，会适当关闭 LOD 或者 Proxy，而低端机上就可能无法承载这些 Draw Call 或者渲染开销，所以就会导致性能表现相对糟糕。为了解决高端机的细节效果需求和低端机的性能压力，需要针对不同的设备制定渲染分级策略，比如我们的一个特效，在高端机上可以展示最佳的效果，在低端机上则尽量保证性能（见图 5-36）。同样针对场景也可以在低端机上略去一些不必要的细节，在保证对游戏玩法不会产生其他影响的情况下，提升了性能。

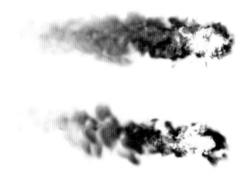

图 5-36　特效分级

贴图合并与贴图压缩也是比较常见的资源优化。当一张贴图存在大量的留白，就是潜在浪费了存储空间，特别当一款产品有上千张图存在不合理的留白就可能会造成几百兆字节的包体浪费，而且合理的合并贴图也会减少渲染批次（见图 5-37）。

通常，为了控制包体的大小，都会选择合理的贴图压缩技术进行压缩，像移动端常见的 ETC1、ETC2、PVRTC、ASTC 等（见图 5-38），主机端 DXTC 等。不同的压缩技术都有各自

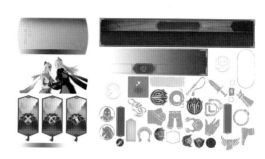

图 5-37　合图留白与合理规划

的特色和局限性，跟电子产品一样，越新推出的压缩技术会比老的更优越，但是兼容性相对较差，需要设备软硬件的支持，而旧的压缩技术虽然可以广泛支持，但在压缩率及压缩效果上会相对较差，所以就需要根据产品特性制定不同的压缩策略，保证最佳的兼容性和效果。对于不同的贴图我们可以选择不同的压缩格式和压缩比特率，例如有的贴图只需要保留两个通道的信息，有的贴图需要保留四个通道；有的纯色贴图没有太多细节可以采用低比特率压缩，这样就可以节省文件占用空间，而细节较多的可以使用较高的比特率，保证较少的损失。

图 5-38　原图与 ETC 及 ASTC 不同质量压缩

- 线下烘焙：除去模型、贴图精细度外，游戏中的光影效果也会对游戏的画面表现产生关键性影响，是一个游戏画质精细度的重要表现。在 PC 和主机平台上的 3A 大作，一般会采用实时光照以及动态阴影的技术来实现精细的光照和阴影效果，提升画面的表现能力。

然而类似的实时在线计算都需要耗费大量的 CPU 以及 GPU 计算，在手机上可能会引发较为严重的性能问题。手游的制作中，可以考虑使用的是离线烘焙的技术，通过线下的预计算减少线上实时计算的消耗，同时达到类似或者接近的效果。

一个主要的线下烘焙的方案就是场景组件的
Lightmap（光照贴图）。在游戏制作中场景
中的各个部件（山、石、树、房子等）通常都
是静止和固定的，在确定好场景中光源的位置
后则可以离线计算光照在场景中多次反射后的
在部件上的明亮效果，从而形成一张光照贴图。
在游戏运行的时候，则可以通过加载这张光照
贴图，达到场景中组件的明暗的光照效果。

使用 Lightmap 来替代场景的实时光照，
可以显著地减少游戏的性能损耗，事实上大
部分的手游都采用了 Lightmap。但是使用
Lightmap 也有缺点，它无法实现场景的动态
的光照效果，因为在场景中光影的方向、精度
都是线下烘焙时确定好的。此外，对于主角或
者其他玩家等游戏场景中动态创建的模型是无
法使用 Lightmap，需要额外的方案来实现动
态模型的光影效果（见图 5-39），这样则会
导致玩家模型身上的光影跟场景的光影出现突
兀和不协调的情况。更为关键的一点是，考虑
到手游的包体和内存大小的限制，通常也会对
Lightmap 进行压缩，这样则会导致场景中的
影子出现锯齿状模糊，对于画质有更高要求的
玩家来说可能是不可接受的。

图 5-39　Lightmap/ 点云与实时光照对比

对于玩家模型等动态模型，可以采用的离线烘焙
的光照技术是 PointCloud（点云）。为了使得
场景中静态模型跟动态模型的光影明暗效果一
致，通常 Lightmap 和 PointCloud 是一起烘
焙的。而对于动态模型的影子，可以采用的方
案是 ShadowMap 或者 ShadowVolume。
对于光影要求不高的游戏，甚至可以用
DiskShadow（圆盘阴影）这样低开销（一个
Drawcall 绘制所有角色的阴影）来实现，但
是缺点就是表现效果较低，容易穿帮。

对于游戏中需要使用何种方案来实现光照和
阴影，则需要考虑到游戏的画质要求以及硬
件设备的性能支持。但总的来说，对于手游
而言，采用离线烘焙的方案来替代实时计算
达到一种接近和类似的效果，是可以值得考
虑的。

- 合批以及剔除：合批以及剔除是两种针对于
  美术场景优化的方案，主要目的是减少渲染
  的批次或者面数，从而达到提升性能的目的。
  需要重点说明的是，这两个优化方案也不会
  使游戏精细度和画质产生任何损耗，它们是
  一种性价比极高的优化手段。

合批是指，对于场景中一定距离内相同材质或
者相同贴图的模型，在渲染的时候合并为一个
批次进行渲染，从而达到减少 DrawCall 的目
的。当前各游戏引擎都会提供针对于场景中静
态模型以及动态模型的合批处理，但是合批会
引发的问题是，可能会导致不在摄像机视锥体
（或者理解成画面的范围）内的模型因为被合
批了而参与到渲染中，从而导致一个批次的渲
染的时候面数增多。换句话说，合批是一种以
面数换批次的优化手段，通过增加 GPU 计算
的压力来减少 CPU 计算的压力。因此，在一
个游戏中是否要采用合批方案，还是得根据游
戏运行的时候是处于 CPU Bound 还是处于
GPU Bound 来决定。

对于剔除来说，主要有两种类型，分别是相机
剔除和遮挡剔除（见图 5-40）。

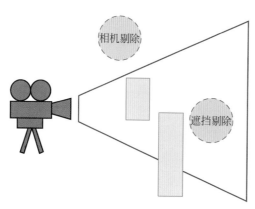

图 5-40　相机剔除以及遮挡剔除

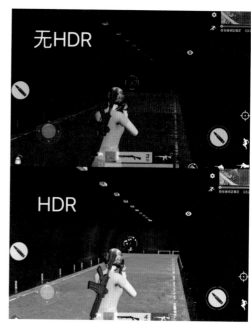

图 5-41　HDR 效果对比

相机剔除也称之为视锥体（Frustum）剔除，是指场景中摄像机的可见的一个锥体范围，为提高性能，只对其中与视锥体有交集的对象进行渲染。然而这样也还是有一定的浪费，因为即便是在相机范围内的对象，也会有遮挡的现象，虽然最终不会被玩家所看到但还是参与了渲染，从而导致性能的浪费。如果将这些被遮挡的模型从渲染的对象集中剔除，则能够极大地减少渲染的批次和面数。PVS（Potentially Visible Set，可视的物体集合）就是一种常用的遮挡剔除优化算法，通过离线生成各个对象的位置信息，在渲染的时候就可以判断对象间的遮挡。通常这些判断需要增加 CPU 的计算压力，因此也需要考虑游戏实际运行的效果。

- 后处理和分辨率：后处理也是 3D 渲染中的重要一步。简单来说，就是渲染管线最后生成帧缓冲（FrameBuffer，可以理解成即将展示给玩家的画面）时，针对当前或者过去几帧以及的画面在 GPU 进行一个全屏的像素处理和计算，从而提升画面的表现效果。常用的后处理包括 HDR、Bloom、MotionBlur 和 DoF 等，其中 HDR 是最为常用的一种。HDR 是指在高动态范围计算光照，最后通过模拟人眼的曝光成像（ToneMapping）转到 LDR 空间的一套算法，简单来说，就是在画面中片尽可能地同时显示最亮和最暗的地方，从而提升画面显示细节（见图 5-41）。

在性能方面，由于后处理需要在 GPU 对画面的每个像素点进行额外的一次或者多次运算，因此会造成一些性能损耗，如平均帧率下降以及耗电发热上升等。

针对于后处理的一个显著的优化手段是降低画面的分辨率，通过减少需要处理的像素点达到减少计算量的目的。通常对于 PC 和主机游戏来说，降低分辨率是不可接受的，但是对于移动设备上，降低的影响则会少很多。因此，这是需要我们在游戏开发设计阶段就对于所需要的效果和实际运行状况进行取舍和折中。

5.4.5　总结

总的来说，对一个游戏而言，其运行时候的帧率、卡顿以及耗电等数据，在很大部分情况下是由美术资源来决定的。游戏所使用的引擎决定了游戏运行时候的性能上限，即能承载的最高的画质表现效果；美术资源则决定了游戏的性能下限，过多、多量以及不合理的美术资源容易引发性能数据的显著恶化。

通常而言，在美术资源制作层面上导致性能问题的原因包括以下几种：

一是单个资源超过规定范围和标准，包括模型批次、面数过高，特效层数、粒子数过高，贴图尺寸过大等，这些通常可以通过对美术资源的静态扫描检查确认。

二是整体制作不合理，包括场景组件摆放冗余或者过多、特效堆放过多、半透明材质应用过多等，这些问题往往需要在游戏实际运行的时候才能确诊。

三是因为游戏的特性或者玩法的需求而使用的表现效果，这个时候就需要考虑游戏引擎能提供的优化或者需要游戏在表现效果和性能表现上进行舍取和折中。

针对于以上不同的原因导致的性能问题，往往需要结合实际测试的数据采用不同的解决方案。游戏的优化技术多种多样，有时候一个小 trick 都会带来很大的收益。在一款游戏的研发周期中，无论是从起初制作标准的制定、贴图压缩方案的制定及优化技术的预研与实施都需要对技术和产品收益有很深的了解。

在对游戏的性能测试的过程中，需要我们 QA 从游戏开发制作层面去关注资源的性能指标以及可能存在的问题，同时推动各类优化方案的应用。对于所有的游戏来说，特别是手机游戏，优异的性能表现以及较高的低端机型适配率是在市场激烈的竞争中生存下来的强力保障，同时也能够给产品提供更多的策略调整空间。

5.5 性能测试——流畅度测试方案分享

游戏的画面卡顿和流畅性对于游戏体验很重要，也是客户端性能测试非常重要的一环。尤其是对于手游来说，游戏的卡顿可能让你想摔手机。本节对游戏的流畅性进行了一些研究，对不同平台、不同引擎下的系统特性和流畅度测试方案进行了探讨。最后对流畅度的专项测试、数据采集，以及数据量化给出了一套完整的解决方案。

◆ **案例 5-1**
某天我们程序修改了底层一段代码，据说能提高脚本运行效率 10% 以上，让我测一下。
我尝试对比测了下两个版本的包体运行帧率。
我：哎，我感觉两个没什么区别呀。
程序：不可能，我明明改了 *&*…%% ￥##，怎么可能没效果呢。
我：……

然后，我尝试白盒测了下两个修改的函数执行效率，然而发现提升其实很小，而且是在多次测试较多样本的情况下的结果。但是这个函数较为底层，在部分情况下执行次数较为密集，所以影响帧率较小，把误差考虑进去基本也就看不出来不同了。

◆ **案例 5-2**

曾经给隔壁程序提过一个安卓内存 profile 的方案。然后有一天他过来说，那个内存 profile 的函数真坑爹呀，获取一次数据大概要花 0.1 秒，而我们要隔段时间就采集一次，我说怎么游戏这么卡，我查了半天才定位到。

……

在测试过程中我们经常会遇到这种类似的问题，整包要测兼容性了，但是程序顺手改了个底层代码。虽然从功能上没有问题，但是对性能影响怎么样呢？怎么确定程序的修改没有问题呢？之前有部门给我们游戏测过流畅相关的测试，出来报告后，其中有标注卡或不卡的评价，然后我们询问这个怎么测的，答曰人工评判的卡不卡，￣□￣｜｜。

上面这些问题总结起来一共三个问题，

（1）如何精确地确定测试用例的执行效率情况，如何进行量化？

（2）如何能精确地定位画面卡顿发生的原因？

（3）如何非人工地对画面运行流畅性进行分级定位量化？

我们这里采用的整套方案是流畅度测试方案，本节也是对流畅度测试的原理相关方面进行介绍。目前有相关底层 API 接口可供使用测试，同时在数据平台查看结果。另外，流畅度测试也和 MTL[1] 合作，后续可以给项目组进行测试，并提供详细的测试报告。

[1] MTL，网易的移动测试实验室

5.5.1 流畅度方案介绍

[2] EPGM，网易自研的客户端性能测试工具

流畅度的安卓方案在 2015 年下半年就已经做出了原型，在 16 年集成在 EPGM[2] 中并在公司内进行相关推广。总的来说，流畅度是测量和定位画面卡顿的方案，在后续又进一步发展，加入卡顿值和卡顿点比例等量化参数，可以对画面的流畅性进行量化和分级。

流畅度测试主要采集的数据为帧与帧间的时间差，可以理解为某一帧花费的时间。表现在图上如图 5-42 所示。

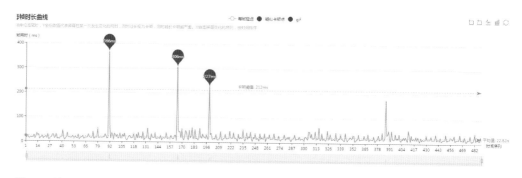

图 5-42　帧时长序列图

这个图和 fps 图很像，但是和 fps 不一样，其中它的横坐标为帧的序号，纵坐标为帧花费的时间，单位为毫秒。通过该图可以确定具体的卡顿点在何处发生，而相关方案也是在采集到的帧数据的基础上进行的。运行相关测试用例，并采集该测试用例的帧间差数据，在统计上对该数据进行处理，可以获取到量化的流畅度相关数据，如：流畅值、卡顿值和卡顿比例等。

5.5.2 数据采集方案

目前采集帧时间数据分为三个方案：

/ 安卓

安卓方案目前是集成在 EPGM 中，利用 MediaProjection 来实现。该方案后续又衍生成多个应用，相关原理之前在部分分享中有相关介绍，这里就不介绍了。

EPGM 通过获取帧数据，并对帧数据进行网格采样，然后对比前后两帧数据，如果不相同，则记录相关帧间差数据；如果相同，则继续取下面的数据。

这里分享下安卓机的触摸屏下工作原理，如图 5-43 所示，玩家触摸手机触摸屏，被相关触摸屏驱动捕获反馈到安卓的事件处理模块，并将该触摸数据交由游戏逻辑处理，通过相关逻辑处理并渲染到屏幕上，并传给安卓图像显示模块，交给显示屏显示。所以说，真实的画面卡顿其实受多个部分影响，即：底层驱动的输入处理 + 应用逻辑处理速度 +GPU 渲染速度 + 底层驱动输出处理。

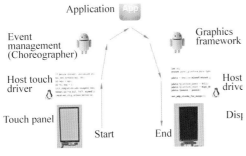

图 5-43　安卓触摸屏事件流程

Android 每隔 16ms 就会绘制一次 Activity，如果有原因导致逻辑处理和 GPU 等耗时大于 16ms，那么 UI 就无法完成一次绘制。不过这个主要针对的是原生安卓应用，游戏一般由渲染模块专门把数据送到 GPU 去渲染，但是原理其实是类似的，那就是逻辑的卡顿会导致画面的卡顿，如图 5-44 所示。

图 5-44　安卓渲染卡帧

注：这种方案有个问题，如果相关渲染画面没有变化的话，如停留在某个 UI 界面，则获取的帧间差数据有误（获取到的屏幕镜像数据帧是相同的）。而这种渲染画面没有变化的情况在游戏内发生较少，而在安卓原生 App 上则经常发生，如停留在某个界面。

/ 视频方案

MTL 目前提供通过视频采集卡的方案采集相关帧数据，并用安卓下的方案来获得帧间差数据。iOS 上可以通过 Mac 的 Quicktime 录屏获取。对于大多数设备，高速摄像机也不失为一个办法，只是有些大材小用，实施和处理也较为费时。

/ 引擎方案

目前公司内使用的引擎主要分为三种，Cocos、NeoX 和 Messiah。通过在引擎内插入相关采集代码，可以采集到帧更新逻辑下的更准确的数据。

这里需要了解下，渲染帧和逻辑帧。

一般来说，游戏引擎的渲染帧逻辑和渲染帧逻辑是分开的。

- 渲染帧：提交给 GPU 去渲染，很耗时。
- 逻辑帧：处理游戏内部计算，逻辑等频率，一般不耗时。

所以就有两种方案出现，一种是两者串行，如 Cocos。一种是两者并行，充分利用多线程的优势，但是要自己处理逻辑帧的情况，因为渲染帧和逻辑帧在多线程下不同步，拆分开处理需要插值和预言函数来平滑一下逻辑帧和渲染帧的速度，NeoX 就支持多线程处理。当然，逻辑帧比渲染帧快要看游戏类型，不过咨询过相关对 NeoX 较为熟悉的程序，目前来说公司的大部分游戏都是渲染帧和逻辑帧同步的。

对于 Cocos 而言，可以通过设置 timer 的方式获取帧执行时间，而 NeoX 则可以通过重载渲染的逻辑函数获取帧间差执行时间。Messiah 也有类似的接口，可以通过引擎模块绑定事件的方式来设置每帧 tick 回调接口。然而，Messiah 没有提供获取类似重载的方案，当然这种方案也试了下，目前还未有有效办法（后续还在想相关方案）。但是有个替代方案，接入公司的 Hunter[3] 项目，会针对性地对该引擎接口实现脚本接口 TimerManager，我们可以利用该模块的 update 逻辑来获取帧间差数据。

3 Hunter，网易自研的客户端测试平台

5.5.3 效率测试

对于安卓和视频录制的方案，需要确认两种方案是否会对性能有较大影响。我们这里采用的方案是用引擎获取相关的数据来对比测试使用安卓或视频录制和未使用情况下的流畅性情况。

/ 安卓方案的测试对比

测试方法，两个测试场景，一个是无操作，人物站立的情况；一种是有操作，点击 UI。都测试了 5 次。

结果的反馈，一个是通过计算后的流畅值，一个是帧间差数据的平均值。

表 5-5 的数据为华为荣耀 7，通过测试可以发现，开启 EPGM 和关闭 EPGM 对帧率的影响很小。

表 5-5 流畅度测试结果

无操作流畅度						
流畅值						
开启 EPGM	5.17	5.96	4.17	4.64	4.35	4.858
关闭 EPGM	3.98	4.31	5.16	7.38	4.46	5.058
平均值						
开启 EPGM	33.7	35.6	35.3	39.1	38.6	36.46
关闭 EPGM	33.6	37.7	39.9	39.6	38.8	37.92
有操作流畅度						
流畅值						
开启 EPGM	10.45	11.58	10.4	11.5	15.4	11.866
关闭 EPGM	13.7	10	14	12.1	15.9	13.14
平均值						
开启 EPGM	41.9	41.9	41.9	42.1	43.6	42.28
关闭 EPGM	44.7	42.3	45.4	42.8	47.5	44.54

/ 视频录制的测试对比

视频录制目前有两种方案，MTL 采用的采集卡和 Quicktime 录制的方式。对比测试采取的方案是每个方案进行三次测试，一共有 5 个测试用例，测试目标为《梦幻西游》手游 App。相关结果

如表 5-6，其中有五个比较值，该五个比较值将在数据处理内容中做详细介绍。相关数据测试表明，两种方案对性能的影响较小，可忽略。

表 5-6　各个测试用例下流畅度测试结果

		平均值	卡顿点数量	卡顿时间占比	卡顿值	流畅值
主界面点击	未录屏	45.2125	21	28.46%	0.676	33.0928
		23.4246	20	28.94%	0.625	19.0926
		44.4362	19	27.53%	0.637	27.2473
	采集卡	41.1132	18	31.82%	0.627	42.3543
		73.4289	20	30.76%	0.645	63.8279
		25.1579	21	30.68%	0.669	23.9632
	Quicktime	58.3985	31	37.56%	0.979	51.7257
		45.3964	29	30.02%	0.959	29.6758
		45.2175	18	28.24%	0.646	27.4205
场景巡逻	未录屏	17.399	4	1.91%	0.05	3.4137
		17.2722	4	1.55%	0.047	3.0928
		17.4435	5	2.72%	0.06	3.5772
	采集卡	18.0191	4	2.01%	0.049	3.8414
		19.0203	6	2.63%	0.072	4.3157
		17.9264	4	2.08%	0.049	3.6959
	Quicktime	19.2515	7	3.16%	0.085	4.7108
		17.7387	4	1.96%	0.049	3.5886
		17.6212	4	1.72%	0.048	3.2933
场景跳转	未录屏	19.473	15	7.59%	0.158	6.9275
		19.755	16	7.89%	0.169	6.7004
		19.755	16	7.89%	0.169	6.7004
	采集卡	20.3326	15	8.03%	0.153	8.363
		25.5122	15	7.90%	0.157	9.3767
		25.5972	15	8.10%	0.163	9.5538
	Quicktime	21.6172	15	8.59%	0.16	9.6804
		20.1123	15	8.17%	0.158	7.3403
		20.6786	16	8.21%	0.168	7.9166
玩家随机走动	未录屏	19.0988	0	0.00%	0	3.2868
		20.2118	2	0.85%	0.034	4.2901
		33.508	0	0.00%	0	4.6435
	采集卡	19.2945	1	0.40%	0.017	3.2865
		34.6529	0	0.00%	0	5.351
		33.7873	0	0.00%	0	5.2437
	Quicktime	17.6457	1	0.69%	0.018	3.2621
		23.3937	0	0.00%	0	4.4817
		35.1404	0	0.00%	0	5.3638
场景玩家跳入跳出	未录屏	20.6859	3	1.35%	0.05	4.8622
		20.6779	1	0.41%	0.016	4.3609
		20.5632	1	0.52%	0.017	4.3531
	采集卡	23.15	4	2.54%	0.069	5.8825
		29.2559	3	1.54%	0.05	6.1127
		23.5553	3	1.91%	0.051	5.5353
	Quicktime	22.2667	2	0.77%	0.033	5.094
		24.1306	5	2.47%	0.085	6.6164
		21.4743	2	0.78%	0.033	4.3041

5.5.4 数据处理

数据处理主要介绍的是，如何对数据采集方案下采集的帧间差数据进行处理，如何进行量化。

我们采集到的数据，其实是一个数组，数组大小不定，其中数组保存了帧的执行时间。该数据有两个维度的处理，针对卡顿点数量的处理，针对数组整体统计学上的处理。说白了，我们要用统计学的方案去量化流畅度序列数据。

/ 流畅值计算

流畅值的处理为其中一个评价维度，流畅度所要解决的问题是对采集到的帧执行时间数据进行统计学上的归一化处理，得出一个量化后的值，这个值称为流畅值。而计算过程如图 5-45：

评分公式

输入参数：一组屏幕变化延迟数据。

输出结果：游戏的流畅度数值（大于零，且越小越流畅）。

均值 M　数据的均值

方差 V　数据的波动情况

惩罚值 P　对大的数据进行阶梯性惩罚，惩罚的依据是根据所有数据统计的大的数据占比和用户的感知时间。其中，

$$P1=e1*(\sum_{i=0}^{n}\begin{cases}1, & 137 \leq value_i < 161 \\ 0, & value_i < 137, value_i \geq 161\end{cases})/n, e1=200;$$

$$P2=e2*(\sum_{i=0}^{n}\begin{cases}1, & 161 \leq value_i < 212 \\ 0, & value_i < 161, value_i \geq 212\end{cases})/n, e2=249$$

$$P3=e3*(\sum_{i=0}^{n}\begin{cases}1, & 212 \leq value_i < 324 \\ 0, & value_i < 212, value_i \geq 324\end{cases})/n, e3=343$$

$$P4=e4*(\sum_{i=0}^{n}\begin{cases}1, & 324 \leq value_i < 662 \\ 0, & value_i < 324, value_i \geq 662\end{cases})/n, e4=617$$

$$P5=e5*(\sum_{i=0}^{n}\begin{cases}1, & 662 \leq value_i \\ 0, & value_i < 662\end{cases})/n, e5=2688$$

Score=E/10+V/10+P1+P2+P3+P4+P5;

图 5-45　流畅度计算公式

目前主要加入三个考量：

- 平均值：主要量化屏幕变化"时延数据"的平均情况，该值与帧率是同样的原理。平均值较大的数据序列，帧率会相对较差，反之，则较好。

- 方差：数据的波动情况，我们期望的画面流畅，也就是帧平滑，是帧间时间差序列均匀变化。如果有跳变或波动，说明应用的流畅性是有问题的，是有较大卡顿问题的。

- 惩罚项：只有平均值和方差是不能完整地评估流畅度情况的，在具体复杂的测试环境下，

数据量如果较多，同时数据波动比较平均的话，会导致均值和方差基本失效。这个时候需要对相关卡顿点进行惩罚项操作。对应评分公式里面的 P1-5，相关数据为对大量测试数据测试后的经验数据。

表 5-7 为经验性的分级标准化数据。

表 5-7　流畅度评价表格

流畅值	卡顿评价
0~10	非常流畅
10~30	比较流畅
30~60	基本流畅
60~100	较为卡顿
100 及以上	非常卡顿

由于该公式为根据经验而设定的，所以后续在数据平台的流畅度页面，增加了人工设置卡顿层级的功能，如图 5-46 所示。测试人员可以通过对本次测试过程进行人工卡顿标注，该人工标注的数据会作为训练数据进行拟合上述评分公式。具体内容在流畅值拟合内容有描述。

图 5-46　流畅度平台评价模型

/ 卡顿值和卡顿比例

对卡顿点数量的处理其实是利用测试用例的卡顿点的个数对玩家卡顿感官上的量化。因为在测试过程中发现，玩家卡顿的体验其实主要集中在卡顿点上。卡顿点的数量对玩家的卡顿体验非常明显，如在 10 秒内感受到明显 5 次卡顿，其实已经让玩家很难接受了。一共两个评价方案：

卡顿值 = 卡顿点数量 / 测试时长

卡顿点占比 = 卡顿点数量 / 数据点总数

两者概念相对较容易理解，卡顿值衡量的是单位时间内卡顿点数量，卡顿点占比衡量的则是统计上卡顿点占比例情况。

根据测试经验和各个游戏下数据的情况，在卡顿点维度下，我们采取的一个推荐流畅度分级如表 5-8 所示。

表 5-8　卡顿评价模型

卡顿值（点 / 秒）	卡顿点占比（%）	卡顿评价
0~0.1	0~0.4%	非常流畅
0.1~0.2	0.4%~0.8%	比较流畅
0.2~0.3	0.8%~1.2%	基本流畅
0.3~0.5	1.2%~3%	较为卡顿
0.5~	3% 及以上	非常卡顿

/ 流畅值拟合

由于目前的评分公式是根据经验确定的，因此有必要对数据进行相关处理，从而拟合得到流畅值公式。通过测试人员人工对测试数据进行标注，因此可以对该数据进行分析处理。

$score=a*E+b*V+c*p_1+d*p_2+e*p_3+f*p_4+g*p_5$

通过分析数据和目标函数，可以发现，score 和 E，V，p_1，p_2，p_3，p_4，p_5 是线性关系。因此经验上的，有两种方案可以进行相关数据拟合，第一种是进行线性回归拟合，计算出系数 abcdefg 相关系数的值。第二种方案则是对人工标注结果和数据进行相关性计算，根据相关性来设置相关系数。下面对两种方案进行介绍：

/ 线性回归拟合方式

目标函数有 7 个输入，需要确定 8 个参数项（含常数项）。因此可以考虑采用多元线性回归方式进行拟合。

通过将目前的数据进行拟合而得到的结果数据来对已经标注的数据进行测试，查看 Rsquare（方程的确定系数，0~1 之间，越接近 1，表明方程的变量对 y 的解释能力越强）的有效性。

熟悉 sklearn 的应该都相对清楚，线性回归很简单，少量代码就可以实现，关键代码如下：

```
model=LinearRegression（）
model.fit（X，y）
predictions=model.predict（X_test）
```

通过计算发现 Rsquare 为 0.7，说明相关性还是比较强的，但是目前数据较少，后续还需要再观察一下。目前是将卡顿直接赋值为 1~5 的 5 个层级，并直接将该数据作为目标结果。后续会考虑分类的方式来处理，但是这种方案其实更容易让人理解。

/ 数据相关性方式

线性相关性则是另外一种思路，就是通过计算采集到的数据和人工数据之间的线性相关强度，而决定系数的值。线性相关性较强，系数就较大，所起作用较大，反之，较小。

衡量两个数组间的相关性大小方法有很多，本文采用的是最基本的皮尔逊相关系数：它是一个介于 1 和 -1 之间的值，其中，1 表示变量完全正相关，0 表示无关，-1 表示完全负相关。

$$sim(x,y) = \frac{\sum_{s \in S_{xy}}(r_{xs} - \overline{r}_x)(r_{ys} - \overline{r}_y)}{\sqrt{\sum_{s \in S_{xy}}(r_{xs} - \overline{r}_x)^2}\sqrt{\sum_{s \in S_{xy}}(r_{ys} - \overline{r}_y)^2}}$$

计算得出相关性关系如下

0.731495696429（均值）

0.361907473607（方差）

0.626973516152（惩罚项 1）

0.638201439058（惩罚项 2）

0.64513570691（惩罚项 3）

0.619488679707（惩罚项 4）

0.589975316268（惩罚项 5）

可以发现，均值与最终结果的相关性最强，而方差则相关性较弱，因此在公式上需要进行调整：调大均值的系数，缩小方差的系数。由于目前数据还较少，所以需要后续等数据较多时再进行进一步的分析。

以上是流畅度目前整个工作的流程方案，该方案在将 MTL 之前老的方案抽出来整理到新的方案上，在数据获取、数据存储和展示方面都会进行相应的改进，方便给测试人员提供最终结果的测试报告和分析。

另外，方案有什么欠缺的，希望大家多提供意见，互相交流，互相学习。

5.6　手游付费知多少

支付是游戏产品至关重要的环节，保证支付流程顺利是 QA 的职责。支付比普通游戏功能复杂在于，涉及渠道服务器、计费系统等游戏以外部分，各参与方之间的交互很容易产生问题导致支付失败。本节要给大家介绍一下，游戏内支付实际上是怎样一个过程，期间有什么环节是容易产生问题的。

付费是手游体验的重要环节之一。只要动动手指，在游戏内打开支付界面完成支付，想要的钻石或者皮肤就可以轻易到手。

短短一分钟就能完成的看似简单的操作，实际上经历了怎样的过程呢？钱是怎么支付给渠道的，而我们的角色又是怎样获得游戏内商品的呢？这个过程中，又有什么样的质量风险，是开发团队不得不注意的呢？本节将要带大家一步一步跟踪这个过程。

图 5-47　（原创）安卓支付流程图

其中，步骤 3、4 都是在 SDK 界面发生的操作，从 SDK 界面返回游戏之后，客户端一般会发起第 5 个步骤，请求发货。

无论支付有没有成功，返回游戏之后，游戏客户端一般都需要向服务器请求发货。因为客户端不知道玩家在 SDK 界面的操作，无法判断支付是否已经成功，需要服务器来验证。

/ 我们的目标是：没有丢单

支付成功之后的流程中，任一环中断了，都会造成丢单。而网络问题、客户端崩溃，或者玩家杀进程等各种情况，都可能会中断支付的流程，因此我们需要一个补救措施，也就是接下

5.6.1　安卓支付

首先我们来看大多数安卓渠道支付的流程图（见图 5-47）。

来要介绍的轮询，意思是不断去查询未完成的
订单的结果。

比如说，玩家支付成功了，还没有返回游戏去
要求发货，进程就挂了，这个订单在服务器的
状态还是未完成，并且也不会给玩家发货。此
时如果服务器重新查询一下订单结果，就会发
现该订单已经完成了，可以发货给玩家。这样
就可以将本来已经断掉的支付流程补救起来，
发放玩家应得的元宝。

/ 轮询（pooling）的实现机制

那服务端应该在什么时机去主动查询未完成的
订单呢？客户端触发。

比如玩家登录的时候、玩家打开商城界面的时
候，客户端再去向游戏服请求发放未到账的
订单。

/ 测试中的注意事项

了解了实现机制，测试的思路就比较清楚了。
这里提几点需要注意的地方。

（1）使用客户端登录触发的方法，需要关注在
登录时的服务器压力情况。

（2）只要是未完成的订单都需要轮询。玩家
取消支付了的订单是不是可以不用轮询呢？不
然，如上面所说，客户端是无从知道玩家是否
取消了支付的。游戏服只知道有这样一笔订单
等待支付，也许是玩家取消了，也许是还没到
账。因此，只要是未完成的订单，都还是要去
查询。

但我们知道，取消了的订单是不会支付成功的，
这样又会造成需要轮询的订单积累得越来越多。
因此可以给方法一的轮询订单加一个时限，比
如 24 小时之前的订单还没到账的话也不再轮
询了。

5.6.2 苹果支付

先看流程图（见图 5-48）。

图 5-48　（原创）苹果支付流程图

/ 实际支付步骤详解

（1）发起支付之后，会弹出苹果的 SDK 框，
要求输入 apple id 及密码（或者指纹）（见
图 5-49）。

图 5-49　苹果弹出的 SDK 框

（2）apple id 及密码验证通过后，苹果会弹
出如图 5-50 中购买的二次确认框。

图 5-50　苹果弹出的购买二次确认框

（3）确认购买之后，苹果返回如图 5-51 的
提示，表示支付成功。

图 5-51　支付成功示意图

/ 怎样减少丢单？客户端重发收据

苹果渠道支付成功之后不会主动通知，所以必须依赖客户端触发的方式来进行轮询。苹果返回收据之后，客户端就立刻保存，以防丢失。然后再上传收据到游戏服请求发货。

如果上传到游戏服的操作失败了，客户端不能将收据删除，需要有机制可以重发收据。收据重传的触发点可以做在登录时，如果担心登录时的压力，也可以放在其他时机，比如打开商城界面的时候。

/ 测试中的注意事项

（1）验证苹果的收据重发机制是否生效。在输入完 apple id 及密码之后，迅速将游戏切到后台。之后苹果支付会继续，SDK 的二次购买框仍然能够弹出，还是能够完成购买。但是在游戏外完成购买之后，游戏一般就无法将收据上传到服务端了。这样就能方便地测试重传收据的机制了。

当然，请程序修改服务端代码，收到收据不给客户端确认，是更为准确的做法。

（2）服务端一定要校验角色，避免发货到错误的角色身上。常见的错误案例是，支付成功发货之前，退出游戏，重进时切换账号或者切换服务器，客户端重发收据，服务端验证通过，将元宝发到现在登录的角色身上。

因为苹果的支付收据里面没有游戏的角色信息，游戏服必须自己对角色进行校验。

在完成上一个收据的上传之前，最好不允许玩家发起第二单购买请求，以免订单号对错位。比如可以在玩家点击购买的时候进行判断，如果还有收据未上传，就在这时上传到服务端。

看到这里，不知大家对游戏内的支付过程有没有产生更深入的认识。为了能让玩家有流畅轻松的购买体验，开发团队做了许多并不轻松的工作。下次支付的时候，如果客户端在 loading，猜猜此刻在忙啥？

5.7　MTL 服务介绍

MTL（Mobile Testing Lab，移动测试实验室）团队，作为网易游戏质量保障中心内最大的质量保障团队，众多专业测试人员为公司所有游戏项目提供公共测试业务支持。实验室下设广州和杭州两大分部，目前规模化管理着数千台移动设备，并承接设备的采购和借用业务，满足各产品的测试和应用需求；另外在深度兼容性测试和常规/专项性能测试方面，给产品提供完备测试结果以及竞品比对信息，为产品的持续优化提供详细的数据信息，广获产品肯定。

5.7.1 前言

MTL(Mobile Testing Lab)，移动测试实验室，组建于 2014 年，是隶属于质量保障中心的面向全公司产品来提供专业、批量化公共服务的支持部门。目前 MTL 有广州和杭州两个分部，拥有众多专业测试人员，如图 5-52 所示，MTL 对公司各个游戏产品提供兼容性测试、性能测试、设备借用三大块的公共服务以及 VR/AR 调研、体验和厂商合作的沟通协调服务。本节我们将一一介绍相关的服务。

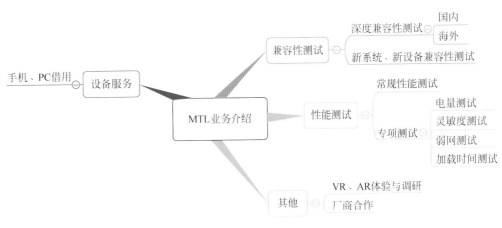

图 5-52　MTL 业务模块

5.7.2 兼容性测试

简而言之，兼容性测试就是验证被测程序（及集成的组件）在不同的运行环境（硬件 & 软件）下能否正常运行的一种专业测试手段。

移动互联网时代，软硬件更新换代的速度极快，往往一款游戏在某台设备上运行良好，一旦换到不同品牌、或不同系统版本的新设备上都极有可能出现各种不兼容的问题。因此为了提高游戏产品在玩家群体里的可用性和兼容性水平，MTL 会针对各种不同的软硬件环境进行测试支持：譬如硬件方面，我们会根据需求，覆盖测试目标游戏在各种不同配置设备上的表现；而软件方面，MTL 则会针对游戏引擎更新、部分逻辑功能更新以及操作系统升级等情况对目标游戏进行兼容性测试支持。

目前 MTL 的兼容性测试对接服务着网易上百款产品，每年至少承接两千多次测试任务，测试设备使用量接近 20 万台次。

/ 对发行国内市场的产品进行测试覆盖

在中国市场发行的设备，常见的款型在 MTL 设备库中都有，所以针对在国内市场发行的游戏版本的测试，我们会根据当次测试需求来选用合适的设备类型和设备数量进行兼容性测试，以求在达到比较好地模拟国内市场用户覆盖率的基础上快速准确地产出测试结果。

除此之外，我们还引入了国内最大的第三方测试服务商 Testin，为我们兼容性测试提供机型补充，借此可以提供更大规模的设备测试。综合来看，目前 iOS 平台的机型，MTL 可以做到全覆盖测试支持；而安卓平台，目前最大可模拟国内市场超 80% 的用户覆盖率。

/ 对发行海外市场的产品进行测试覆盖

在海外市场发行的独有设备，MTL 也在持续进行关注和联系采购。目前北美、日本等主流海外发行区域的设备，MTL 有着可观的保有量。对于发行海外市场的产品而言，目前的设备能够达到不错的模拟用户覆盖率，足够满足产品日常的海外版测试需求。

除此之外，我们还与海外多家第三方测试服务商尤其是美日等主流区域的服务商保持密切合作，可给游戏产品提供更大规模的设备测试，基本可做到模拟对应地区 80% 左右的安卓用户覆盖率。而 iOS 平台的机型，我们则实现了全覆盖。发行海外市场的《阴阳师》《Knives Out》《第五人格》等明星产品上线前均委托 MTL 进行兼容性测试，从而有力地排除海外市场设备发生兼容性问题的风险。

/ 对新系统、新设备进行测试覆盖

MTL 持续关注着 IT 业界的发展和信息。在手机系统版本更迭、引入新功能或新特性、国内安卓设备厂商定制化 UI 更新，以及新款 CPU、GPU 或新分辨率、长宽比、异形屏的设备上市时，MTL 都会第一时间对新系统和新设备进行新特性调研与兼容性测试，向全部产品推送结果和适配经验。

5.7.3 性能测试

MTL 提供的性能测试服务主要是客户端性能测试，包含常规性能测试和专项性能测试两类。

常规性能测试会关注：帧率、CPU 占用、GPU 占用、内存占用等相关性能数据；在安卓平台上我们使用 MTL 自主开发的工具 EPGM（如图 5-53 所示）进行测试，测试后即可同步上传测试数据到 MTL 网站，用作后续进行数据分析之用；而 iOS 常规性能测试则是使用苹果的 Instruments 来进行测试，并通过脚本解析对应的数据文件。

图 5-53　EPGM 测试工具在游戏中的应用示例截图

专项性能测试则包含：灵敏度测试、加载时间测试、电量测试、弱网络测试等相关测试服务。MTL 会恒常化地给产品做周期性的性能测试评估，并且在产品集中优化期还会主动实施跟踪测试以及竞品对比测试。以下我们将简要介绍各个专项测试。

/ 专项测试 – 灵敏度

灵敏度分为点击灵敏度和滑动灵敏度。点击灵敏度是用来反映从点击 ICON 开始到界面开始发生变化的时间指标；滑动灵敏度是反映从手指开始滑动到界面开始滑动的时间指标。

目前 MTL 灵敏度测试方案采用高速摄像机（如图 5-54 所示），安卓和 iOS 平台均可使用。

/ 专项测试 – 加载时间

加载时间是用来反映加载开始到加载结束耗时的时间指标，可以视之为灵敏度测试的补充，主要用在场景切换 Loading 读条、加载资源较多的 UI 按钮的测试上。

目前 MTL 加载时间测试方案同样采用高速摄像机，安卓和 iOS 平台均可使用，相关的测试数据精度能精确到帧。

/ 专项测试 – 耗电量

耗电量对于手机的续航时间以及手机发热的影响非常大。MTL 采用电流仪来进行电量测试（如图 5-55 所示），操作难度低，能提供精准的瞬时耗电量数据，并且已经适配 iOS 和安卓的主流机型。

图 5-54　高速摄像机

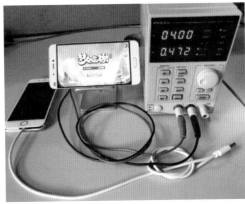

图 5-55　电流仪电量测试方案

/ 专项测试 – 弱网络

MTL 使用公司自研 NetAir 网络模拟测试工具来进行弱网络条件的模拟（如图 5-56 所示），对多种网络参数进行设置，测试不同网络条件下的产品表现。

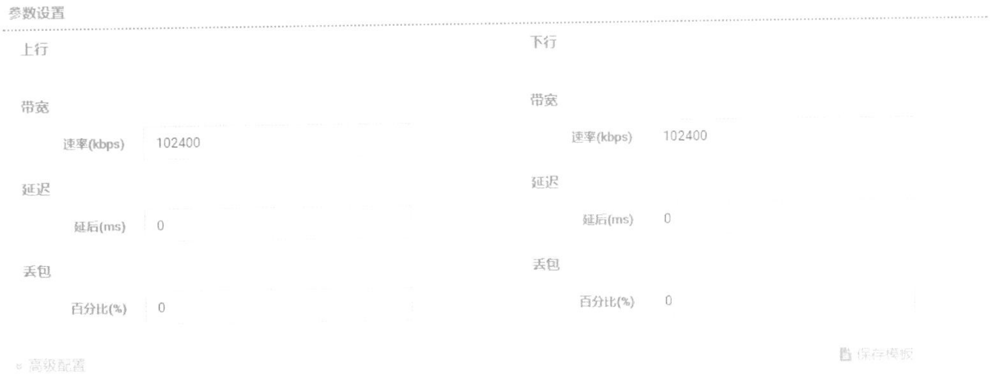

参数设置

上行		下行	
带宽		带宽	
速率(kbps)	102400	速率(kbps)	102400
延迟		延迟	
延后(ms)	0	延后(ms)	0
丢包		丢包	
百分比(%)	0	百分比(%)	0

≡ 高级配置　　　　　　　　　　　　　　　　　　　　　　　　　　　　　　　🖫 保存模板

图 5-56　NetAir 弱网络测试参数设置

5.7.4　设备服务

/ 设备趋势跟踪与统计

为了更精准地模拟产品发行区域市场的用户覆盖，MTL一直在关注各个维度的用户设备分布数据。MTL会定期搜集一些第三方市场调研机构的公开数据或购买部分核心数据作为参考，合并其他数据作为MTL报告数据、预估数据和采购数据的重要来源。

/ 设备借用

由于产品众多，若每个项目组都对应购置一批设备用于开发和测试明显会低性价比；而通过MTL集中采购管理、并提供统一的维护和借用则能很好解决相关问题；基于此需求MTL逐渐建立起一个完备的设备库，目前广州和杭州每个MTL服务点的设备保有量都比较大，覆盖比较齐全（见图5-57）。对比2014年MTL刚组建时期，截至2018年10月，我们的设备在库量已经达到了几十倍的增长（见图5-58），辅以MTL开发的设备借用和管理系统，能给产品同学的设备借用需求提供极大便利。

图 5-57　MTL 服务点一角

2014年-2018年MTL设备数量

图 5-58　MTL 设备保有量

5.7.5　其他服务

/ VR/AR 体验与调研

MTL拥有全公司最全的VR/AR设备，并且拥有众多不同平台的游戏。日常除了做设备的开箱评测、游戏测评、相关技术的调研与学习外，我们还承接了公司历次对内和对外的VR/AR体验日活动（见图5-59）。

图 5-59　网易 520 游戏发布会现场 VR 游戏《Raw Data》体验

/ 厂商合作推进

为了改善玩家的手游体验，网易分别与华为、OPPO、VIVO三家手机厂商成立联合技术实验室，进行游戏引擎与手机芯片的技术交流和知识共享，对网易全部游戏产品共同进行技术优化，让网易用户在手机上的游戏体验进一步得到增强。

2018年5月20日，在网易年度游戏发布会场，网易与这三家顶级手机厂商进行了技术联合实验室启动仪式（见图5-60）。MTL担任了本次合作网易方技术接口人的角色，对联合实验室进程的推动起了比较重要的作用。

图 5-60　网易 520 游戏发布会现场 - 技术联合实验室启动仪式

5.7.6 总结

MTL 作为公共支持部门，在网易游戏内部已经承担了一些公共服务项目，并且会积极拓展更多的服务项目。作为公司内硬件支持部门之一，除了软件方面的进展，硬件方面我们也在积极探索，力求提供更多元化的测试方案和质量保障。秉持"为产品服务"的宗旨，我们一直在精益求精、不断突破。

5.8 海外合作版本测试经验分享

随着手游市场全球化的趋势，网易越来越多优秀的游戏开始走向国外。本文基于《率土之滨》海外版项目成功发布的经验，结合实际遇到过的问题，详细介绍了海外版的测试经验和容易遇到的坑点。文中主要内容包括：Google 分包、翻译和活动等，介绍了这些内容在海外版测试中具体的实践方法，以及挑选了其中具有代表性的 Bug 点进行详细讲解。希望此文对海外版的同学或者即将接触海外版的同学，能够提供一点帮助和指引。

5.8.1 前言

随着公司进一步走向海外的全球化策略的实施，越来越多的产品开始发布海外版本。目前，海外版发行主要分为两种形式（见图 5-61）：

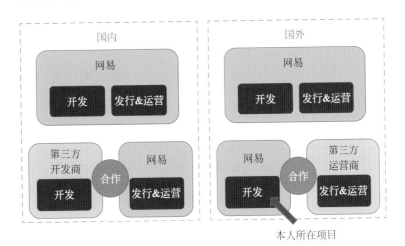

图 5-61 国内与国外发行形式对比图

第一种是网易自主发行自主运营，与国内上线的自研游戏一样，主要的不同点是发行的地区变成了国外。

第二种是网易与当地运营商合作，由当地运营商进行代理发行。与国内的游戏产品合作不一样，以往网易都是担当发行商的角色，游戏有本身的开发商，但在海外版中，网易将担当开发商的角色，由当地运营商负责发行。

本人所在的项目就是与当地运营商合作的形式代理发行的。下面将就在项目中的简单经历谈谈海外合作版本的测试经验和遇到过的坑。

5.8.2　Google Play 分包

/ 关于 Google Play 分包

说到 Google Play 分包，我想大家或多或少都有接触过，但未必有深入了解过。Google Play 目前对 Apk 文件的大小限制为 100MB，也就是说我们需要在 Google Play 上发布 app 时，只能上传小于 100MB 的 Apk 文件。100MB 对一般的应用来说也足够了，但是对于我司大部分游戏来说就显得有点太小了，很多游戏动辄几百兆字节，甚至 1GB 的体积根本无法作为一个 Apk 文件发布到 Google Play 上。这时就需要游戏在打包时做分包处理，核心的逻辑代码编译到 Apk 文件中，脚本及资源部分则放到扩展文件中。然后分别将 Apk 文件和扩展文件上传到 Google Play。当 app 运行时，读取扩展文件内容，执行其中的代码和加载资源。

分包处理，主要是程序的工作，我们 QA 最需要关注的是分包后安装和运行的情况。图 5-62 截图中的文件是程序打包生成的 Apk 文件和对应的 OBB 文件。

名称	大小
sanguo_20170426_as_1.1.15602.apk	30,046 KB
patch1.1.15602.main.sanguo.all.all	379,141 KB

图 5-62　分包生成文件示例

根据 Google Play 的指引，测试分包的安装可以按以下流程进行：

步骤 1：在设备上中创建相应的目录。例如，我们的包名是 name-abc，就在手机存储中创建目录 sdcard/Android/obb/name-abc。

步骤 2：重命名 OBB 拓展文件并添加到该目录中。OBB 包的命名格式为 <main|Patch>，<expansion-version>，<package-name>.obb，其中，<main or Patch>：指定文件是 main 还是 Patch 拓展文件；<expansion-version>：对应 Apk 文件中的 versionCode；<package-name>：对应游戏的包名。所以，我们把分包文件重命名为 main.1234.name-abc.obb，并放到 Step 1 创建的目录中。

步骤 3：安装 Apk，并运行游戏。进入游戏后测试游戏拓展文件是否正常解压，并对游戏功能进行测试和回归。

另外，Google Play 的指引中提到，在某些情况下，可能不能成功地下载到对应的拓展文件。所以，为了避免出现这个问题，目前我们游戏内程序进行了支持，可以通过游戏的服务器下载到 OBB 拓展文件（即 OBB 文件既可以通过 Google Play 下载，也可以通过游戏的更新服务器中进行下载）。测试的方法是，直接安装 Apk 包，但不放入 OBB 文件，然后进入游戏，此时会提示进行文件更新，其中包括下载对应的 OBB 文件以及 Patch 的更新（见图 5-63）。

图 5-63　自动更新 OBB 拓展文件示例

/ 坑点：分包 X 多语言

分包的测试并不复杂，因为 Google 的分包技术是比较稳定了，一般的安装和运行基本上不会出现问题。然而，在分包上却有你意料不到的问题。

作为一款海外版游戏，可能涉及一种或者多种的语言。而我们游戏是同时上线多个国家的游戏，更是涉及多种语言。目前，我们游戏以英语作为默认语言，同时辅以越南语、泰语、简体中文。另外，游戏为了适配不同地区玩家的语言习惯，玩家在第一次登录时，会根据 IP 自动适配语言。

那么基于分包和多语言，可能存在什么问题呢？在一次 SDK 升级要求中，向运营商提供了新包后，运营商在提交 Google Play 测试时发现，他们在已安装旧版本的设备上，使用 Google Play 的自动更新时，会出现闪退。由于国内网络环境的原因，我们没有办法直接在 Google Play 上尝试重现，于是让运营商了解 Google Play 的更新原理。后来，在他们本地重现该 Bug 后，我们让他们录制并提供了视频。在收到运营商提供的重现描述和视频后，我们尝试重现但一切表现正常。其后与运营商确认了安装包的 md5 码的正确性，并使用相同的机型尝试重现，均未能重现该问题（是不是也觉得很奇怪？）。经过反复的测试和排查，最后发现，仅在语言设置为越南语或泰语时进行覆盖安装，才会出现闪退；如果是英语则不会出现闪退。最终重现了该 Bug。

下面简单介绍下该 Bug 的成因：

上面提到 Google Play 分包处理，我们游戏在分包处理时，把必要的英语资源放到了 Apk 中，其他语言的资源则放到了 OBB 拓展文件内。在第一次登录账号时，SDK 接口会根据地区 IP 返回一个语言的字段并修改游戏语言，保存在客户端的配置文件中。简单的流程图如图 5-64：

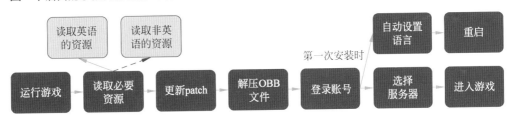

图 5-64　闪退分析流程图

如流程图所示，使用分包安装的游戏，在第一次启动时，或者在国内进行覆盖安装，语言都保持为英语，所以游戏能够正常进入。但若在越南或泰国，第一次安装登录后，游戏语言会根据 IP 被设置为越南语或泰语（而非英语）并保存在配置文件中；此时若覆盖安装新的 Apk 包并启动游戏，游戏在解压 OBB 拓展文件前就尝试读取非英语的资源，而因为对应的资源在 OBB 中未解压，直接导致了闪退，如图 5-65 所示。

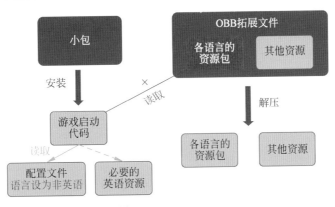

图 5-65　闪退时文件读取示例

如图 5-65 所示，因为配置文件中的语言被设为非英语语言，游戏程序启动后没有按正常流程读取英语的资源（上图绿色虚线部分），而是尝试读取对应语言的相关资源（图 5-65 红色实线部分）；由于对应的资源在 OBB 拓展文件中未解压，导致读取失败，游戏闪退。

综上所述，上述闪退出现的条件可以总结为：

（1）使用 Apk+OBB 拓展文件的方式进行安装：针对 Google Play 的要求；

（2）跨版本的覆盖安装：即两个版本读取的 OBB 是不一样的，需要重新解压；

（3）第一次安装后，语言设置为非英语语言：除自适配自动修改外，还可以在游戏中的设置中修改语言。

在了解 Bug 的原理并成功重现后，程序修复了该问题，并重新出包给运营商。修复方法是：在覆盖安装后，判断游戏的初始版本号是否有变化：若有变化，强制设置语言为英语，再进行 OBB 解压，并在登录账号时重新适配语言。

5.8.3　翻译

/ 关于翻译

翻译，属于海外版开发的工作量较大的部分了，也是测试工作中繁重的一部分。我们游戏内共设置了 4 种语言，包括：繁体中文（后来修改为简体中文）、英语、越南语和泰语。其中，越南语和泰语，对于开发组绝大部分成员来说，都是不懂的，所以，对于这两个语种的内容，我们是交给运营商来翻译和保证质量的（他们也会进行测试）。

关于翻译内容，主要包括：

（1）游戏中以文本出现的文字；

（2）游戏图片中包含的文字；

（3）游戏特效中包含的文字。

其中，对于第 1 点，主要出现在客户端、服务端中的程序代码，以及策划配置表中。对于这部分的内容，一般的处理方法是由程序通过脚本扫描代码中的文字，并导出到 Excel 中，然后将 Excel 表交给运营商进行翻译，并在完成翻译后重新将 Excel 表导入。

而对于图片和特效，则通过筛选后，将包含文字的资源发给运营商，由运营商修改处理后，再进行重新导入。

关于翻译的测试，一般是进行全面的回归测试，而且，在测试开始前，最好先了解程序翻译的具体实现的方法。我们游戏中，会对翻译内容进行标示唯一的代号。例如，"服务器暂未开放"使用代码"CTCD_001"来表示，当客户端脚本执行到"CTCD_001"，会通过函数找出该代码对应语言（中文、英语、越南语、泰语）内容，并显示出来。所以在测试翻译时，我们既需要查看翻译内容是否翻译了，也需要查看客户端是否会直接显示标示序号。另外，对于游戏中不太熟悉的系统，可以通过多开模拟器分别设置语言，两边进行对比测试。

下面谈谈翻译中那些容易踩到的坑。

/ 坑点一：玩家名称

需要注意，并不是所有的内容都是需要翻译的，比如玩家自行取的名称。想想看，如果你刚进入游戏，千辛万苦改好名字，进行游戏后发现名字不一样，被强行翻译了，是什么感受？在测试时曾经遇到过这样的一个 Bug：语言设置为非中文（比如设置为英语），然后取一个系统中带有翻译的中文名字，比如名称"赵云"，然后进入游戏后，名字会变成"zhao yun"。后来，跟程序了解到，游戏中是以国服为基础版本，所以翻译时是以简体中文为基础。程序在翻译时，对该部分内容没有进行例外处理，所以出现了该问题。同样的，包括其他改名功能，以及聊天等，都是容易出现不该翻译却翻译了的问题。

/ 坑点二：二次确认信息

对于一些重要的操作，比如我们游戏中的重置武将、解散同盟等，都是需要进行二次确认的，而且，我们游戏在这些二次确认时，是需要输入文字进行确认的。如图 5-66 所示，重置武将时，需要手动输入"重置"才能完成重置的。

图 5-66　国服原重置武将界面

但对于海外版，特别是多语言版本，就需要进行特别处理了：既需要修改翻译提示，也需要修改后台相应的逻辑判断。针对这种情况，我们对于这种二次确认信息，都修改为输入"YES"进行判断，既方便理解，也方便修改处理，如图 5-67 所示。

图 5-67　修改后的重置武将界面

/ 坑点三：推送信息

推送内容的翻译是很容易遗漏的地方，测试时需要特别留意。游戏客户端推送分两种，一种是客户端本地触发的推送，另一种是通过服务端推送给客户端的，这两种都需要进行测试。如果该部分内容没处理，可能出现图 5-68 中的情况。

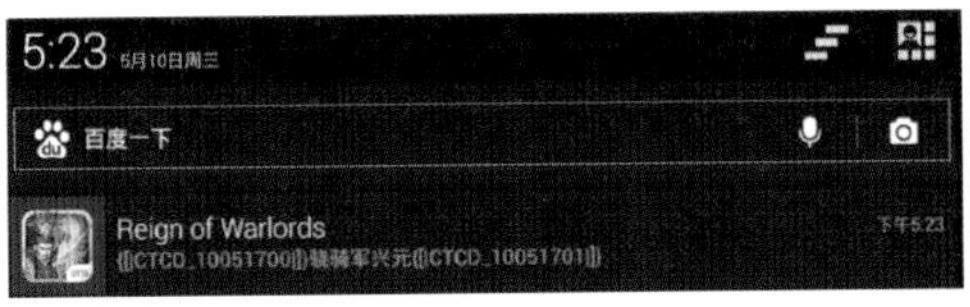

图 5-68　推送消息问题示例

5.8.4　活动

/ 关于活动

对于海外合作发布的游戏，当地运营商一般会提出各种活动的开发要求。而海外版的活动测试，除了需要注意一般活动的测试点外，更需要留意一些海外版特别的地方。下面列举几个容易忽略的点和常见的坑。

/ 坑点一：时区

对于活动，时间的配置是重要的测试点之一。对于海外版来说，大部分地区都存在一个时差问题。我们的海外版游戏，覆盖了多个地区（也同时跨越了多个时区），主要以东七区为准，与北京时间相差一小时：北京时间 2018 / 01 / 01 23:00（GMT+8），对应越南时间 2018 / 01 / 01 22:00（GMT+7）。别小看只有一小时的时差，这里面还是埋着不少坑的。其中，常见的坑有：

1. 策划配表中时间配置的时区问题

关于活动，需要关注活动的开启、结束时间的测试，特别的，还需要了解策划配表、程序代码中，关于时间的定义，具体是指本地时间还是当地时间。

另外，还需要留意测试所用服务器的时区设置。在 Linux 系统中，通过 date-R 可以查看到当前设置的时区，如图 5-69 所示，+0700 表示 GMT+7 时区。如果可以的话，最好是联系服务器负责人员，沟通修改服务器的时区，方便进行测试。

```
                    :~$ date -R
Sat, 19 May 2018 10:40:08 +0700
```

图 5-69　Linux 下查看时区示例

除了活动配表，还需要留意线上操作的 GM 运营工具，配置时是以什么时区的时间为准，并确认具体配置是否正确。如图 5-70 所示，我们海外版游戏的运营工具是直接移植国服的，所以配置的时间是以 GMT+8 为准，策划配置时，需要特别考虑时差的问题。

开始时间	结束时间
2016-12-30 16:00:00	2017-01-10 01:00:00

图 5-70 运营工具中部分时间配置截图

2. 活动的时间是以客户端还是服务端为准

活动中涉及到活动开启时间、活动结束时间等，程序实现时是以客户端时间为准，还是以服务端为准，这是需要特别注意的。如果活动的开启涉及到客户端与服务端的双重开关，很可能就会出现问题（比如：界面入口显示可以活动开始但不能进入，或者活动实际上已经开始了但是界面上没有显示入口等）。测试时，可以通过修改手机系统的时区和时间进行测试。另外，最好去跟程序了解具体的实现，必要时让程序将活动时间改为由服务端完全控制。

3. 客户端中活动时间的描述，也是容易忽略的地方

在海外版本中，如果游戏上线的地区跨越了多个时区，那么玩家可能对于活动时间会产生误差。如图 5-71 所示，在描述活动时间时，加上了时区的描述，让玩家能够清楚知道活动的具体开启与结束时间。

活动时间
2017/05/05 00:00~2017/05/08 12:00 (GMT+7)

图 5-71 游戏内时区描述优化示例

4. 对于程序控制的刷新逻辑，也需要关注

对于一些不是配表控制，而是写死在代码中的刷新逻辑，如每日签到、每日活动次数刷新等，也是需要关注其中的逻辑，回归测试相关的内容，有变更的内容需要跟策划确认。

/ 坑点二：货币

对于海外版，很多时候会把国服的活动进行直

接移植和复用。图 5-72 中，是游戏内一个充值活动，计算方式是以充值金额计算（累计充值达 66 元）。

图 5-72 国服原活动界面示例

对于海外版，特别是涉及多种币种的，需要特别留意这部分的逻辑。因为币种的价值不一样，游戏内充值的价格也是不一样的，所以，不能通过充值金额作为活动的判定条件，需要修改为其他通用的、不受币种影响的规则。后来，该活动的判定条件修改为累计充值 660 玉符（66 元 =660 玉符），而玉符是游戏内的通用充值货币，不会受到币种的影响。

5.8.5 结语

本文中谈及的很多坑点、Bug 点，可能大家在实际测试中未必会遇到，但是，本人真正想传达的，其实是遇到问题时的解决思路。对于海外版，特别是与运营商合作代理的海外版本，在实际遇到的很多问题，都不是靠个人的能力就能够解决的。遇到问题时，作为 QA，我们需要多沟通，多思考：既需要与公司内其他职能部门相互协调，推动工作的进度，也需要与运营商沟通，协助部分测试，保证合作的质量；面对问题，理顺思路，尽可能地挖掘出问题的根本原因，给出适当的建议和解决方法。相信大家在遇到实际问题时，一定会处理得更好。

QA TECHNOLOGY AND TOOLS

03

积厚成器——测试技术与工具

06 测试开发技术
Testing Development

本章会挑选三个最具代表性的测试工具进行详细介绍,分别是远程管理控制平台,自动化功能测试,线上监控平台,其中 AirTest 自动化测试方案还会分别从设计思路到技术要点分为两节进行介绍。这些工具在网易内部均有广泛的应用,并得到了很多项目组产品的认可。本章除了介绍工具产生背景和使用之外,还会着重阐述我们在开发过程中,具体使用了哪些开发技术,克服了哪些技术难点。让读者从开发实践的角度,了解工具背后的技术。

6.1 Hunter 远程运行管控平台

在游戏开发中,经常需要输入 GM 指令便于测试,然而当游戏项目众多时,每款游戏都需要自行实现一套 GM 指令系统是一件很烦琐的工作。在网易游戏的不少项目中都使用了一套名为 Hunter 的平台来管理 GM 指令,然而除此之外,它还有非常强大的功能,能够让游戏测试过程变得无比轻松,这节就对 Hunter 平台进行了全面的剖析和介绍。

6.1.1 从游戏开发到上线过程中遇到的问题

(1)程序每次都要为 QA 准备一个输入 GM 指令的环境(手游,你懂的),作为一个程序内心其实是拒绝的。好不容易做好了指令输入环境,打开一看居然只是一个简陋的输入框和一个发送按钮。

(2)随着游戏迭代更新,新的 GM 指令不断需求,跪求程序去帮忙加一下,做好了发现功能有限,又不想再去麻烦程序,还是忍忍先半手动半自动凑合吧。

(3)测试物品的时候,几千个物品 id 号,看得眼都花了,更不用说记住每个物品的 id 号,要是能在面板里全部列出该多好,要哪个点哪个。

（4）大半年过去了终于迎来了激动人心的上线阶段，突然开始担心游戏代码里的 GM 指令会不会不安全，但又不能全删了。

（5）更新后发现进不了游戏，找 log 找半天，好不容易找到 log.txt，几千行 log 拉了半天才找到 Error，程序修完再跑一遍依旧不行，浪费了宝贵的时间。

（6）……

6.1.2　Hunter 解决了这些烦恼

Hunter 是个分布式远程应用运行时管理控制平台，直接在网页界面中就可以控制你的游戏客户端。

打开网页就能直接对游戏发送 GM 指令、使用 GM 面板、查看游戏资源目录、热更新游戏脚本或资源、查看脚本模块树等、实时 log、log 高亮、log 报警、场景检视、屏幕抓图、指令多播、多机同步控制、定时任务、多人协同等。

重要的是，不需要修改游戏中任何代码 x3，只需 import/require 我们的 SDK（safaia），马上就能使用以上几乎所有特性，兼容主流引擎和所有公司自研引擎，无平台限制，无需越狱或 root，用过的程序都说好。

Hunter 游戏终端云平台免去了复杂环境搭建的烦恼，不再需要手动更新，云端每日都在不停迭代和维护，分布式的接入节点有力保障其稳定性。

6.1.3　Hunter 核心：指令系统与模块注入系统

从表面上看，Hunter 是负责游戏输入 GM 指令的工具，但实际上远远不止这个功能。以上提到的功能和特性都建立在这两个核心系统上，有了这两个系统的支持，将能够扩展无限的功能。总体流程如图 6-1 所示。

图 6-1　模块注入流程图

指令系统负责将指令模块（源码）构建成脚本序列，注入系统负责将脚本序列传到远程运行时进行执行。

/ 模块注入

在设备接入模块初始化之后，游戏就已经和 Hunter 服务器建立好连接了，这时候设备就可以跟 Hunter 互相交换一些内容。

一个程序总是按照某个给定的起始点开始依次执行指令，Hunter 会在设备连上之后立即向其发送一段初始化代码，让设备具有特定指定好的功能，这个过程称为初始注入。通过注入不同的模块，可以让设备具有不同的功能。

在注入的基础下，设备端和完全不需要关心未来需求的变化，这样便可以做到依赖隔离，每次需要新的功能时，只需在外部编写新的模块，通过 Hunter 注入即可。

那么如何将各个模块按照其依赖顺序组织起来，就如一个大型程序由多个模块构成那样，这就是 Hunter 指令系统要做的事。

/ 指令构建

Hunter 上提供了在线编辑环境，可以直接线上开发和调试。从图 6-2 和图 6-3 可看出一个一个模块都是存储在 Hunter 线上的。

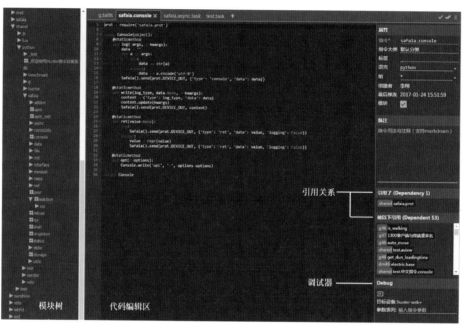

图 6-2　模块编辑器界面

图 6-3　模块编辑器与调试器

以上模块和平时应用程序开发并无本质区别，每个模块负责每个模块独立的功能，但是注入到运行时需要一个有序的结合规则，不能以任意顺序注入，这个过程叫作构建。也可以理解为源代码编译链接过程中的链接过程，构建完输出的是一个完整的脚本序列，这个脚本序列可以直接在远程运行时上执行。

那么如何构建?

1. 扫描 require 关键字，遍历生成引用关系链（见图 6-4）

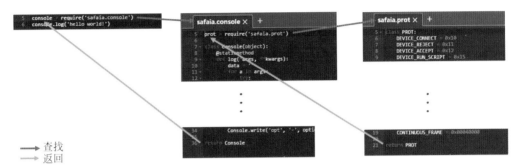

查找
返回

图 6-4　模块引用关系示例

扫描到 require（'safaia.console'），载入 safaia.console 模块，在 safaia.console 模块中扫描到 require（'safaia.prot'），总共涉及两个模块，这两个模块会在构建时保存到一个临时表中，遍历过程中遇到已经载入过的模块则跳过这个模块的载入过程。直接循环引用是不允许的，间接循环引用则可以。每个模块在末尾都会用 return 语句将该模块需要导出的部分显式声明。

2. 模块包装与展开（dereference）

为了保持和原语言一样的动态性，模块会采用延迟模式（defer pattern）进行包装，最常用的延迟模式就是用函数将其包成一个可调用对象，仅在执行到那一行时才进行分配与求值，其返回值正好也可以与引用关联起来（见图 6-5）。

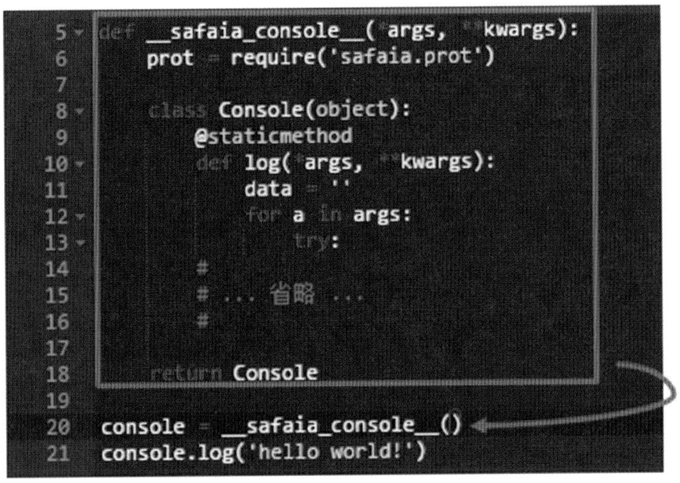

```
5  def __safaia_console__(*args, **kwargs):
6      prot = require('safaia.prot')
7
8      class Console(object):
9          @staticmethod
10         def log(*args, **kwargs):
11             data = ''
12             for a in args:
13                 try:
14                 #
15                 # ... 省略 ...
16                 #
17
18         return Console
19
20  console = __safaia_console__()
21  console.log('hello world!')
```

图 6-5　模块展开示例

构建中间过程会生成像上面那样的代码，一直到将所有 require 关键字都展开。展开之后就成为了普通 Python 脚本。这种粗暴的加载方式在有重复模块时无法正常工作，而且会带来代码过长与混乱的后果。因此还需要一个合理的链接过程。

3. 模块链接

如图 6-6 所示，使用一个 dict 来保存所有引用到的模块指针，代码定义部分利用语言编译单元的特性独立成一个个模块，并附上模块名称，行号也从 1 开始，这样在抛出异常时能精确定位到具体模块的某一行，如图 6-6 显示的 Output 窗口中的内容。最终构建代码如图 6-7 所示，再包装成一个延迟对象，方便传参和静态字节码编译。

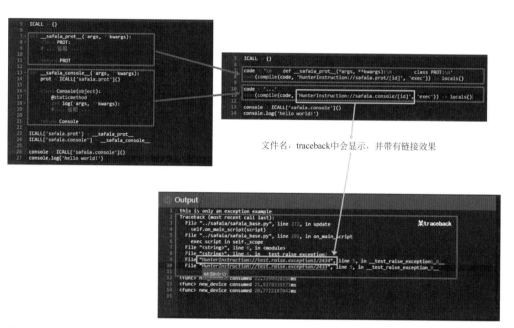

图 6-6　模块的调用栈追溯原理与实现

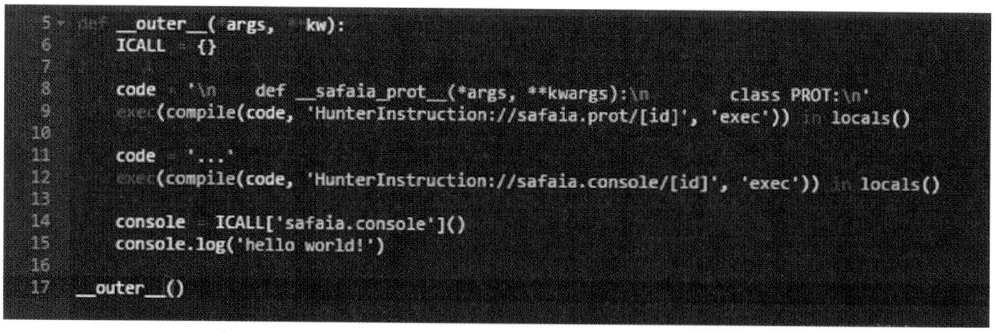

```
 5 ▾ def __outer__(*args, **kw):
 6       ICALL = {}
 7
 8       code = '\n    def __safaia_prot__(*args, **kwargs):\n        class PROT:\n'
 9       exec(compile(code, 'HunterInstruction://safaia.prot/[id]', 'exec')) in locals()
10
11       code = '...'
12       exec(compile(code, 'HunterInstruction://safaia.console/[id]', 'exec')) in locals()
13
14       console = ICALL['safaia.console']()
15       console.log('hello world!')
16
17   __outer__()
```

图 6-7　模块最终构建结果示例

整个构建与注入的流程总结如图 6-8 所示：

图 6-8　模块注入流程图

6.1.4 基于 Hunter 指令系统的自举

有了完备的一套指令系统，就可以做很多有趣的事情，其中最激动人心的就是自举。

自举就是用自己的功能把自己重新构建出来，Hunter 已经支持了传输任意字节码到远程运行时进行执行，在此基础之上，可以注入一个 rpc 模块，这样就能在更高一层次进行远程控制。rpc 相比字节码执行的好处就是实现和调用分离，其实现步骤如下：

/ 通过注入 RPC 实现自举

1. 对象透传

在本地感觉就像直接在写远程代码。假设远程进程中运行了图 6-9 中的代码（部分模块定义未给出）：

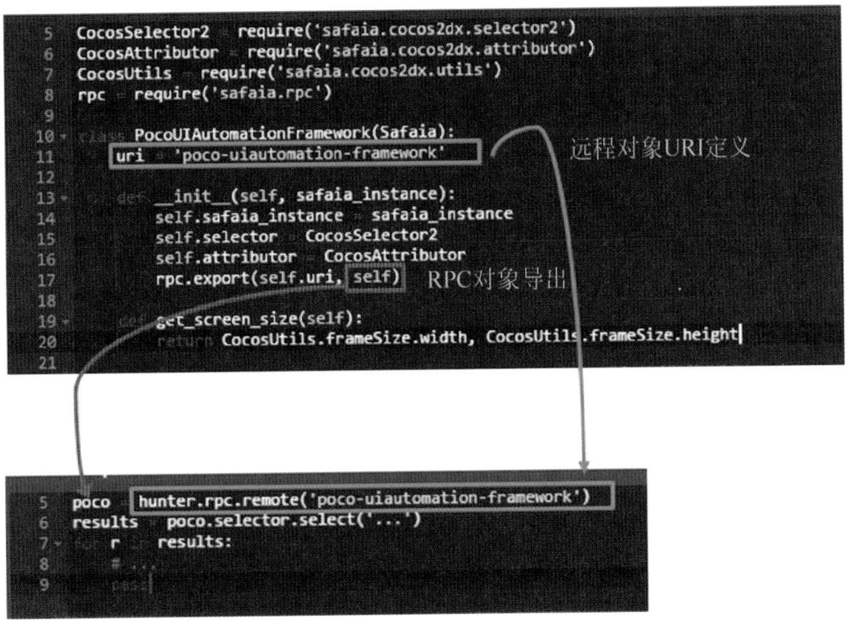

```
5    CocosSelector2    require('safaia.cocos2dx.selector2')
6    CocosAttributor   require('safaia.cocos2dx.attributor')
7    CocosUtils    require('safaia.cocos2dx.utils')
8    rpc    require('safaia.rpc')
9
10   class PocoUIAutomationFramework(Safaia):
11       uri  'poco-uiautomation-framework'          远程对象URI定义
12
13       def __init__(self, safaia_instance):
14           self.safaia_instance  safaia_instance
15           self.selector   CocosSelector2
16           self.attributor   CocosAttributor
17           rpc.export(self.uri, self)          RPC对象导出
18
19       def get_screen_size(self):
20           return CocosUtils.frameSize.width, CocosUtils.frameSize.height
21
```

```
5    poco    hunter.rpc.remote('poco-uiautomation-framework')
6    results    poco.selector.select('...')
7    for  r   results:
8        # ...
9        pass
```

图 6-9　rpc 远端与本地对象对应关系指示

2. 基本调用与链式调用

可序列化对象立即求值并返回（见图 6-10）。

```
5    poco   hunter.rpc.remote('poco-uiautomation-framework')
6    width, height   poco.get_screen_size()
7    print width, height  # 1920, 1080
```

图 6-10　rpc 引用远端对象示例

不可序列化对象返回立即 uri（intermediate uri）作为代理，代理对象可以作为参数或者运算对象进行运算。仅在必要时才进行求值，运算中间步骤保持目标语言一致性（见图 6-11）。

```
5    poco   hunter.rpc.remote('poco-uiautomation-framework')
6    player   poco.get_entity('player')
7    sword   poco.get_entity('sword')
8        player.getName()  # 玩家1
9    player.bind(1, sword)   # 将sword挂接在player的1号位上，sword在本地是代理，在远端会自动转换成对象
```

图 6-11　rpc 引用远端立即对象示例

3. 远程对象代理生命周期自动管理（见图 6-12）

```
 5  poco = hunter.rpc.remote('poco-uiautomation-framework')
 6  player  poco.get_entity('player')
 7  sfxs = player.getModel().getSfxs()
 8  player = None
 9  for sfx in sfxs:
10          pass
11  sfxs = None
```

图 6-12 rpc 远端对象生命周期的本地端控制示例

4. 以待加载模块作为远程对象调用（见图 6-13）

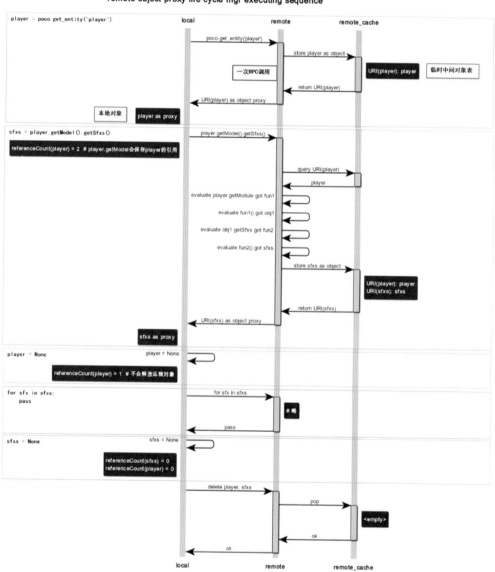

图 6-13 rpc 远端对象生命周期的本地端控制时序图

使用之前用过的 safaia.console 模块为例，在 rpc 过程之前自动加载模块到远端，本地引入远程对象时使用 refer 方法（见图 6-14）。

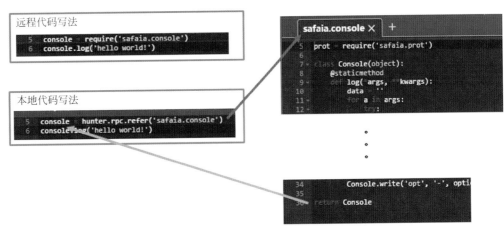

远程代码写法

```
5    console = require('safaia.console')
6    console.log('hello world!')
```

本地代码写法

```
5    console = hunter.rpc.refer('safaia.console')
6    console.log('hello world!')
```

图 6-14　rpc 本地运行时与远程运行时代码示例与对比

6.1.5　基于 RPC 模块的其余模块

/ 文件目录树

在 Hunter 的网页中就表现为一个面板，像 Windows 里的资源管理器一样，层层目录以树状显示，可以方便地替换某个文件，也就相当于热更新，一般在开发过程中的调试使用（见图 6-15）。

图 6-15　通过 rpc 实现的功能示例界面

/ 场景检视器

冻结当前画面，并能够检视出当前场景中的每个参与渲染的 UI 元素的每个属性（见图 6-16）。该模块同样是注入到远程运行时进行运算，并提供 RPC 方法供前端调用，最后由前端将数据渲染到界面中。此模块可用于基于 UI 的自动化，详见 http://airtest.netease.com/。

图 6-16　通过 rpc 实现的功能示例界面 2

6.1.6 Hunter 模块注入系统的意义

在游戏的白盒测试（包括协议测试、单元测试）和新能测试里，总要往游戏里嵌入一些模块，这些我们称为测试辅助 SDK。比如某个项目组自己开发了一个这样的 SDK，那么当推广到别的项目组使用时就需要跟别的项目组开发人员去沟通，让他们去接入这样的一个模块，这样 10 个项目组就要接 10 遍，随着时间发展，这些辅助 SDK 肯定会有更新，以适配不同的项目和扩展更多功能。到时候不同的项目组就有可能接入了不同的版本，与 SDK 交互的这端的新功能肯定会多少受到些限制，比如已有的方法不能随便改、新的方法命名规范、会不会跟旧的有冲突、能不能用在低版本的目标 SDK 上，这些都是要考虑的事情。

但是如果这个测试辅助 SDK 的代码并不是嵌入到游戏代码里，而是通过运行时注入的话，一来就不用再麻烦项目组开发人员去嵌入代码和更新代码，由项目组 QA 根据实际测试需要，选择注入不同的模块就行了，二来 SDK 开发人员也能够很方便地发布新版 SDK。无论是 SDK 开发方还是游戏项目测试开发方，都能够很容易地切换 SDK 版本来进行测试或调试。目前使用我们的这个 Hunter 系统里已经有了上百个项目组，而开发测试辅助 SDK 的项目组也渐渐多了起来，用于测试辅助的各种类型的模块大大小小也有几十个了。

6.1.7 Hunter cli&Hunter API

Hunter 应用系统提供一套完整的 RESTful API 供其他系统接入和调用，其功能就是代替人机界面的操作以实现一些流程自动化的功能。Hunter cli 是基于 Hunter API 的封装，表现为代码库的形式，可直接安装到其余系统和项目中进行使用。

6.1.8 设备接入模块（safaia）

以上提到的所有复杂的功能其实都是上层业务的扩展，底层接入模块并不需要实现这些复杂的业务，所以接入模块的功能非常简单。

要接入 Hunter 并使用其功能，只用包含一个 safaia 的接入模块的文件即大功告成。

设备接入模块其实只做三件事，其一是使用 socket/websocket 等方式与 Hunter 服务器建立连接，这是通信的基础；其次是发送消息给 Hunter 服务器，这样我们就能在 Hunter 的网页中看到我们需要的信息了；最后就是处理来自 Hunter 服务器的消息，例如执行 GM 指令（见图 6-17）。

图 6-17 safaia 与 Hunter 的交互模式

为了实现各种各样的功能，这三件事里的每件事其实都有其复杂的过程，但都已经封装好到一个模块中了，用户可以直接 import/require 这个模块，连初始化都不需要自己操作，完全不改动游戏脚本（import 这一行除外）。

正式版发布时应该是干干净净。不再需要麻烦程序员，QA 自主都能完成，启动游戏直接就能生效，实在是不能再简单了。

6.2 自动化测试方案 Airtest 介绍

目前手游的自动化测试不仅门槛较高，实现难度大，也一直没有较好的跨平台、跨引擎通用解决方案能够解决这一业内难题。网易游戏于 2018 年 3 月在 GDC（游戏开发者大会）上联手 Google 发布了一款名为 Airtest Project 的自动化测试解决方案，本节全面介绍 Airtest Project 的原理和技术细节，希望能够给大家全方位地展示这款开源框架的技术原理和强大之处。

6.2.1 引言

游戏应用更新频繁，如何在发布更新之前快速将 Bug 找出来并修复，以免延误版本发布，这对游戏的测试来说是一大挑战。游戏自动化测试方案的出现减轻了测试人员的负担，同时提高了上游开发与设计等人员的效率，使他们可以创造更多价值。

然而，目前游戏自动化测试领域在理论和实践上都不尽如人意，我们所面临的问题包括但不限于以下几个方面：

/ 游戏引擎众多

这个问题是最为人所诟病的，游戏开发中使用不同的引擎，开发的方式、开发出来的产品也就不同，而在这样的情况下去做统一的测试是比较困难的，需要根据不同的引擎去做不同的测试方案。如果不跳出这个以引擎来划分游戏的思维局限，那自动化测试将始终都会受到引擎的束缚，难以大步向前。

/ 游戏迭代速度快

是不是发现登录游戏的时候，几乎每次都会提示游戏更新信息？游戏的迭代速度是明显高于其他应用程序的，如果自动化测试脚本的编写和更新速度跟不上，那么也就没法进行顺利的测试。

/ 需要同时兼顾不同平台

越来越多的产品会在移动端平台与 PC 端平台上同时发布，那如何让测试方案能够同时支持多平台的验证，以提高工作效率呢？这也是游戏自动化测试面临的问题。

6.2.2 自动化测试解决方案—Airtest Project

2018 年 3 月，在 GDC（游戏开发者大会）的 Google 开发者专场上，网易联手 Google 发布了一款由网易研发的自动化测试方案：Airtest Project。

该项目不仅解决了上边描述的一些游戏自动化测试中的问题，同时还带有模块化、扩展性等优点。

目前项目已经开源。项目地址：

- GitHub：https://github.com/AirtestProject
- 码云：https://gitee.com/AirtestProject

/ 项目架构

整个项目叫作 Airtest Project，在这个项目下边有两个底层的测试框架，分别是（见图 6-18）：

- Airtest：基于设备层模拟输入和图像识别的测试框架。
- Poco：基于游戏引擎 UI 控件检索的测试框架。

然后是可视化的自动化测试编辑器 Airtest IDE 和公司内部暂未开源的大规模真机测试平台 TestLab。

总体上看，就是测试框架——可视化工具——云测试平台这样的一套系统。

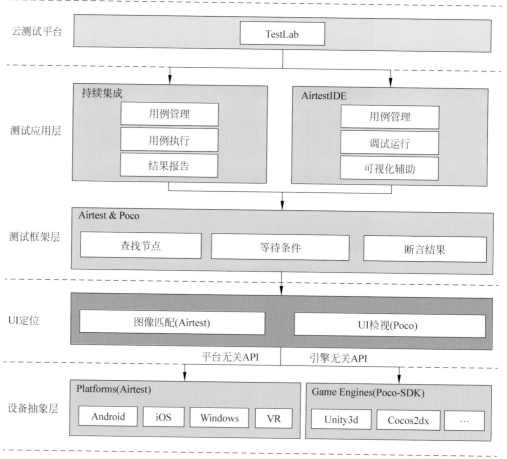

图 6-18 项目总体架构

/ Airtest 框架介绍

我们在 2014 年开始做自动化测试的时候，看到了 MIT 研究人员公布的论文，讲的是一种新的图形脚本语言 Sikuli。在 Sikuli 中，开发人员想要使用其他界面的元素，或者调用其他程序是不需要输入代码的，而是只要在代码处插入相应的按钮或图标截图。

Why Sikuli?

Sikuli automates anything you see on the screen. It uses image recognition to identify and control GUI components. It is useful when there is no easy access to a GUI's internal or source code.

这是一种理论革新，它直接以可视化的图形，而不再是以内存中的对象来作为调用单位，完全颠覆了以往的开发方式。

接触了这样一种思想之后，我们觉得非常惊艳，但是同时又认为 Sikuli 更像是一个研究成果，暂时还不能够成熟地应用在生产环境中。于是我们借鉴了它的思想，在我们自己的 Airtest 项目中尝试落地，并做了更多的事情。

首先我们做了一层硬件抽象层的封装，将 Android/Windows/iOS 等操作系统封装成了一套统一的 API，这样我们就可以轻松地获取到被测应用的截图，对目标进行图像识别，然后进行模拟操作（见图 6-19）。

图 6-19　使用 Airtest 和 Poco 在专用 IDE 中编写出来的自动化脚本

图像识别技术主要采用了 OpenCV 中的模板匹配和 SIFT 特征值匹配。其中模板匹配对于分辨率相同的图片匹配效果非常完美，但是由于手机分辨率各不相同，我们需要采用 SIFT 特征值匹配来解决这个问题。

SIFT 特征值具有的尺度不变性和旋转不变性满足了这个要求，但是运行效率和识别率都不够。于是我们进一步研究了常用游戏引擎的 UI 适配规则，内置了 Cocos 引擎的适配规则，同时暴露了 API 让游戏开发者明确指定自己游戏的分辨率适配算法。

这样就完美解决了图像识别的问题。实际上我们为公司内项目编写的脚本，可以运行在 200 种不同型号的手机上，甚至可以在电脑版客户端上运行。

/ *Poco 框架介绍与实现原理*

Poco 的原理是参考了安卓测试框架 UIAutomator 和 Web 测试框架 Selenium，先获取到整个 UI 系统的树状结构，然后递归查找到需要操作的 UI 控件，再调用引擎或者设备接口进行模拟操作。

但是这些都不是针对游戏的测试框架，具体到游戏自动化测试上，问题就复杂很多。因为游戏引擎各异，除了流行的商业引擎 Unity、Cocos 等，还有各家公司自研的引擎，网易内部就有 2 款成熟的引擎。所以我们设计了一套通用的 SDK，每个引擎只需按接口实现 SDK 即可。

我们的 SDK 在游戏内启动了一个 RpcServer，外部的 Python 测试框架通过 JSONRPC 调用 SDK 的方法抓取游戏的控件树。再通过 Airtest IDE 显示整个 UI 层次结构，通过模拟输入进行自动化操作（见图 6-20）。

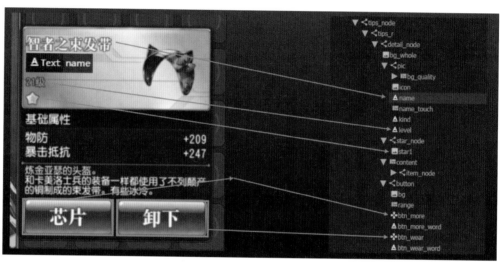

图 6-20　Poco 能将游戏 UI 元素解析成一棵树

图 6-20 对应可写出的 poco 代码类似于：poco(text=' 芯片 ').click()

我们逐步支持了网易内部的各个引擎，也包括了 Unity 和 Cocos，同时我们提供了多语言的 SDK 给其他公司开发者，他们可以自行扩展到他们的自研引擎，这样我们就解决了游戏跨引擎的 UI 自动化问题。

/ *Airtest 项目的特点和技术优势*

游戏测试行业面临的最大问题，如前文所述，由于游戏引擎不统一，整套工具链都不统一，而且引擎方支持较少，需要开发者自行解决，这样就使得不同引擎开发出来的游戏不能以通用的方案去做测试，带来了很多资源和技术上的问题。

另一个方面，对比 Android/iOS/Web 开发，整个游戏行业的工具链和开发理念都落后很多，更别提生态环境了。Unity/Cocos 的出现和流行解决了部分这类问题，但是愿意投入人力和技术资源来解决这类问题的公司不多。

对于游戏项目来说，通常开发进度超快，短时间大量迭代，所以代码和接口不够稳定，很难做自动化。于是我们只能从最上层 UI 层来做自动化。这就是 Airtest Project 整个项目诞生的初衷，我们希望能够用尽可能低的成本，来实现高效便捷的自动化测试。

经过长时间的探索和尝试，我们提供的 Airtest Project 相比于业内其他工具，有着非常巨大的优势：

（1）**跨平台、跨引擎：** 支持 Windows/Android/iOS，支持 Unity3d/Cocos2dx，同时可以扩展其他引擎。

（2）**上手门槛低、上限足够高：** 可视化编程，0 上手门槛，同时可以结合整个 Python 的工具链进行持续集成。

（3）**灵活扩展、可规模化：** 我们基于 Airtest 技术实现了大规模测试平台 TestLab，可以将脚本同时运行在上百台手机上。

（4）**经过验证、有大量的最佳实践：** 在网易游戏内部，自动化技术已经应用在《梦幻西游》《大话西游》《阴阳师》等数十个产品，上千个自动化脚本累计运行上万小时。

6.2.3 合作与开源

/ 与 Google 的合作

Airtest 之前是我们的内部工具，在内部开发和使用了 3 年，《梦幻西游》《大话西游》《阴阳师》《荒野行动》等大型游戏都在使用。

开源这个事的契机最初是我在 2017 年 5 月去硅谷参加 Google IO 大会时，来到他们的 Firebase Test Lab 的展台，与 Google 的开发者进行交流。当时我向他们介绍了我们公司这一套内部自动化解决方案，并邀请他们过来广州参观，他们对此非常感兴趣。

后来的几个月里我们与 Google 方面一直保持密切的交流，他们也多次来广州参观，并评价我们是最好的游戏自动化方案。于是我们达成了合作，将这个技术进行了完善和开源。

在与 Google 合作期间，我们双方每周都有视频会议，在 Airtest 项目的产品设计和技术上进行沟通。Google 也在 Google Firebase Test Lab 上支持 Airtest 和 Poco 框架。除

此之外，Google 还给了我们很多开源方面的建议。

/ 人工智能

关于人工智能我们在 GDC 有过分享，我们和 Google 合作的部分结合了人工智能尝试改进图像匹配算法。目前做到的程度是用 Object Detection 来取代单纯的图像匹配，这样对于 3D 对象效果更好，即使 3D 对象转向或被遮挡也能有较好的识别率。

另外我们还在积极地做一些尝试，比如用人工智能技术做一个智能爬虫抓取游戏内的所有界面进行比对。再下一步就是真正带智能地来玩游戏，这个可能要等 DeepMind 团队先把星际争霸玩好了。

关于人工智能在游戏行业和测试行业的应用，我是非常看好的，未来也希望能够用它让我们的 Airtest 变得更加强大。

6.2.4 未来与展望

游戏领域的自动化测试是我们最擅长的，所以我们会争取做到最好。目前我们在国内的相关社区非常活跃，有大量的用户反馈，我们会持续优化和完善。

我们发布时也支持了 Android 源生 App 的测试，而且反馈也不错，这块准备深挖一下。

接下来我们的主要开发计划是扩展支持更多的平台，支持所有端的自动化测试。我们在 2018 年 5 月已经发布了对 iOS 和 Web 的支持，未来会抓紧支持 Hybrid/VR 等其他平台。

更重要的一点是，我们希望能把整个自动化测试的开源社区建立起来，有兴趣的同学可以访问我们的官网（http://airtest.netease.com/）获得更多信息以及我们团队的联系方式，可以与我们一起交流技术，把开源事业做好。

165

6.3 Airtest——图像识别技术篇

在前文介绍的 Airtest Project 中，底层的基础框架是基于图像识别的 Airtest 与基于 UI 控件搜索的 Poco 库，而 Airtest 中的图像识别算法也经历过几次迭代和改进，大大提升了识别的准确度。相信大家也一定对图像识别时采用的算法非常好奇，本节深入介绍 Airtest 的识别算法以及改良过程。

6.3.1 新版 Airtest

/ 先睹为快：AirtestIDE

Airtest 通过将手游的测试过程脚本化并自动执行，有效地节省了测试人力，非常适用于自动化回归测试。早期 Airtest 图像识别不完善、脚本撰写不便捷，导致推广中遇到很多困难，应用潜力没有得到充分发掘。

近期我们推出了基于 PyQt 的本地开发调试平台：Airtest IDE。通过沿用 Sikuli（来自 MIT 的图形脚本语言）的编程方式，并引入 minitouch 和 minicap（STF 工具的底层技术），将手机操作 PC 化。操作者能够通过鼠标对桌面上手机屏幕的模拟操作，实现所连接手机的同步操作。

新版 Airtest IDE 的界面如图 6-21 所示。

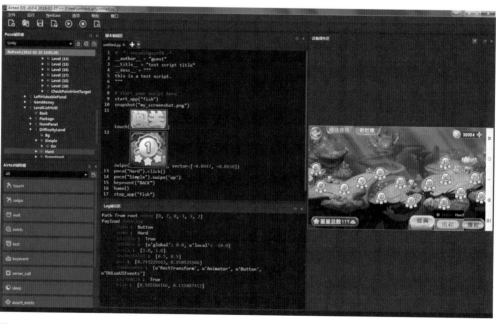

图 6-21　新版 AirtestIDE 界面图（可从 http://airtest.netease.com/ 下载）

/ IDE 的一些新特性

1. 特性一：交互方便、实时性更强

新版本中使用了 minicap 和 minitouch 这两个开源项目包（源码见 github），可以在非 root 权限下，通过 minicap 实现手机实时画面的传输，通过 minitouch 实现对手机的远程操控。截屏的速度达到几十毫秒 / 帧，对比 ADB 截图 1~2 秒的截屏速度，可谓进步巨大。

2. 特性二：自动录制、回放便捷

自动录制：伴随用户的每一步鼠标模拟操作，IDE 自动生成相应脚本，记录操作截图、操作位置以及操作类型（点击、滑动等），当然也可选择手动撰写脚本。

脚本回放：连接安卓手机（任何分辨率手机），载入脚本，点击回放。

同学们只需测试时将测试操作录成脚本，定期跑脚本即可实现自动化回归测试。

3. 特性三：脚本本地化、维护更方便

任何使用者均可以随时打开本地脚本，连接手机并进行脚本的修改（某行或某段）。

4. 特性四：调试便捷、自动化程度高

IDE 中加入了单步运行功能，可以单独运行脚本的指定行，检测识别问题。IDE 还提供了各类脚本语句的自动生成按钮，可快速生成各种类型的脚本行。

5. 特性五：合理封装、提高效率

IDE 中提供了较多的操作封装。比如九宫格类型的输入盘，获取九宫格截图，识别后进行偏移点击，只需一次图像识别即可模拟进行数字、拼音输入盘的输入操作。

我们知道，Airtest 的工作核心在于图像识别。脚本回放时：首先根据操作截图，在手机实时截屏中识别出操作位置，进而在该位置进行脚本所记录类型的操作。流畅度和准确度取决于识别方法的性能（时间、准确度）。

然而在新版 Airtest IDE 使用推广中，我发现多数使用者对图像识别方法了解较少。本文的目的，是让 IDE 的使用者了解识别方法的基本原理，写出更好的测试脚本。脚本运行出现问题时，可快速判断出解决问题的方法，不会出现面对问题却无从下手的情况。

6.3.2 图像识别方法

Airtest 使用的识别算法有两种：模板匹配和基于 SIFT 的识别方法。

/ 模板匹配

简单地理解，模板匹配就是拿着截图 B 在手机屏幕 A 中遍历一遍，逐像素计算匹配度，显然匹配度最好的位置就是图像完全重合的位置，即 B 的截取位置（见图 6-22（a））。

示例：

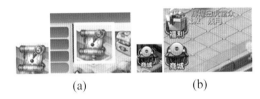

(a) (b)

图 6-22 模板匹配案例示意图

但是在跨分辨率识别时（见图 6-22（b）），截图 B 的来源分辨率与屏幕 A 不一致，图标大小和周围背景都会有较大差异。此时即使将截图放于对应位置，图形也不会完全重合，直接导致识别异常。

/ 基于 SIFT 识别方法

基于 SIFT 的识别方法可有效解决跨分辨率图片的识别，核心内容是 SIFT 这个具有尺度不变的特征提取方法。

先看下 SIFT 是什么，SIFT（Scale-Invariant Feature Transform，尺度不变特征变换），是一种检测图片局部特征的算法。SIFT 特征不会随图片移动、转动、缩放、亮度等外在因素的影响而改变，能够有效应用在物体辨识上。SIFT 的处理结果是两个列表（list），分别包含着图片特征点集合和特征点对应的 128 维描述向量集合。

对应 python 代码如图 6-23:（Airtest: aircv.py）

```
sift_init()
keypoint_sch, description_sch    sift.detectAndCompute(img_search, None)
keypoint_src, description_src    sift.detectAndCompute(img_source, None)
```

图 6-23　计算 SIFT 特征点、特征向量的代码截图

深奥的定义到此结束，我们要使用 SIFT 得到截图和手机实时屏幕的关联，依赖于两张图片特征点之间的关联。

让我们暂且忍住内心的崩溃，看一下截图和屏幕（来自《梦幻西游》手游主界面）中的所有 SIFT 特征点。我们需要将这些特征点进行关联，把两张图片对应相同的特征点两两组合成特征点对（见图 6-24）。

图 6-24　识别案例的 SIFT 特征点标注图

特征点关联方法很简单，对截图中每个特征点，均在屏幕中找出与其最相近的两个特征点（最优和次优），若找出的最优特征点比次优特征点好得多，则将这个最优特征点与截图特征点组成点对，否则放弃此次关联（多目标识别注定悲剧）。特征点对的结合实例图如图 6-25 所示。

图 6-25　识别案例的 SIFT 特征点关联情况

其中，评判屏幕特征点的好坏，取决于它们与相应截图特征点的欧式距离的远近（欧氏距离：平方和开根。二维空间中的欧式距离，就是初中几何里求两点距离的方法）。

同学可能要问：关联 SIFT 特征点对后要怎么算出识别位置呢？别急，下一小节中见分晓。关于两种图像识别方法的对比详见表 6-1。

表 6-1　两种图像识别方法的优劣势对比

模板匹配	基于 SIFT 的识别
①适用于同分辨率的识别	①适用于跨分辨率的识别
②对无关背景敏感	②对无关背景不敏感
③识别率高、识别精确	③截图特征越独特，识别越好
④支持多个目标的识别	④暂不支持多个目标的识别

6.3.3　图像识别问题及改进

早期版本的 Airtest 的识别问题，汇总如下：

（1）SIFT 识别可信度不靠谱，错误结果经常被放行；

（2）SIFT 多目标识别从来都没成功过；

（3）文字、按键的识别效果太挫了；

（4）使用高分辨率手机，识别时间太久（2~5 秒）；

（5）模板匹配多目标识别结果有时会掺假。

要解决这些问题，必须从方法上找原因，针对个例进行优化不但不能真正解决问题，反而有可能导致算法的混乱。改进的首要原则：最终的识别结果一定要正确。

下面就让我们看看这 5 个问题的原因和解决方案吧：

/ 问题① SIFT 识别可信度居然不能信？

可信度是对识别结果的评估，其有效与否直接决定最终的结果是否正确。如果可信度计算可靠，具备很强区分度，我们可以轻易设定出识别阈值，确保错误识别结果不被放行。

早期可信度计算：成功关联点对数 / 分钟（截图特征点数，屏幕特征点数）（见图 6-26）：

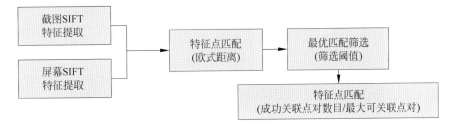

图 6-26　改进前的 SIFT 识别结果可信度计算方法

通过上节介绍，我们知道关联成功的特征点对，是屏幕中有唯一相似的匹配点结合而来。但是这种唯一相似性与识别正确性之间，并没有任何必然的关联。

来个实际案例，如图 6-27 所示，要识别"商城"截图，我们手动在屏幕中复制粘贴半个截图，复制出的那部分特征点因为"唯二"近似，会被识别流程筛选掉，配对数目直接被腰斩（假设特征点均匀分布）。即使剩余的识别点足够准确，结果可信度也会减半。

图 6-27　改进前的可信度计算不合理之处的示意图

注：从图中容易看出，屏幕中有多个相同的目标时，这些特征点将被筛选掉。这并非意味着识别点有错误，只是因为屏幕中的类似特征点不止一个。这种筛选方式注定只利用了屏幕中有唯一相似的那部分截图特征点，Airtest 内使用的 SIFT 识别方法不适用于多目标情形。

如果我们粗暴地把可信度设置为"截图的特征点里，在屏幕中有唯一相似特征点的比例"，显然并不合理。这样算出的可信度并不可靠，错误结果也时常会被放行。

- 问题①解决方案：基于识别区域的可信度计算

根据特征点对映射，得出屏幕中的识别区域，进而求出识别的可信度。

话不多说，先上结果图（见图 6-28）（图片来自《梦幻西游》手游，坐标单位为像素）。

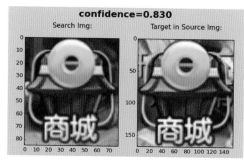

图 6-28　基于识别结果区域的可信度计算

得到了特征点对的映射，又如何得到屏幕中想要的识别目标区域呢？

同学们肯定已经想到：每张图片都可建立一个二维坐标系，理论上由两个不同轴的点就可建立两个二维直角坐标系之间的关联映射（缩放＋平移）（见图 6-29），这部分属于平面

几何知识，由于细节过多在此就不再赘述，有兴趣同学可以了解一下相关内容。

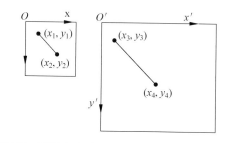

图 6-29　平面坐标系之间的位置关系映射示意图

得到两个图片坐标系的映射后，仅仅需要把要截图的四个角点根据映射求出屏幕中对应点，就是识别区域的四个角点，两行代码就可以把识别区域从屏幕中截取出来并进行抽样，使其像素和搜索截图统一化。

对应 python 代 码 如 图 6-30：（Airtest：aircv.py）

```
# 按照求出的目标区域的四个点，从屏幕中截取目标区域
crop_img = img_src[rect[0][1]:rect[2][1], rect[0][0]:rect[2][0]]
# 将目标区域像素做细放至截图大小，并与其进行相关匹配得出可信度
resize_img = cv2.resize(crop_img, (img_sch_width, img_sch_height))
```

图 6-30　抠出识别结果区域并缩放大小的代码图

至此，计算可信度不用再纠结，直接求搜索截图和缩放后目标区域这两个图片的匹配度即可。此处使用了模板匹配中计算图片匹配度的方法（学名：归一化相关系数方法），实际效果非常不错，能够直观反映出识别准确度。

/ 问题② SIFT 能进行多目标识别吗？

看完上文，同学们心里肯定有个问题：SIFT 方法能用于多目标的识别吗？

这是个好问题，不过可以把"吗"字去掉。

- 问题②解决方案：聚类 vs. 暴力搜索框

在跨分辨率手机多目标识别的应用场景下，我们有两种方法备选：

特征点聚类：通过聚类算法对屏幕中的特征点群进行聚类。聚类迭代终止条件：直到聚类出的某群特征点与截图特征点群基本一致。这种方法耗时以分钟计，暂不考虑。

暴力搜索框：提取特征后，使用一个过滤框遍历整个屏幕（类似模板匹配的思路），一旦发现过滤框内含有大量截图中相似的特征点，则认为识别过滤框覆盖了一个有效目标。识别位置可通过特征点映射运算进行精确化，从而给出可用的识别坐标。

暴力搜索框的方法示意图如图 6-31：

图 6-31　通过图像过滤框实现 SIFT 多目标识别的方案

/ 问题③ 识别时间怎么那么长？

在实践中，理想的识别时间是 02~0.5 秒（人手正常操作间隔）。对于超高分辨率（比如 2560*1440）的设备，SIFT 识别动辄 3~4 秒的识别速度确实体验不佳。

要改善这一问题，不妨先看看识别时间都花在了哪里（见图 6-32）：

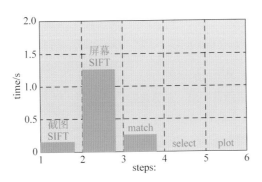

图 6-32　在 SIFT 图像识别中各个阶段的执行耗时

很明显，屏幕图像的 SIFT 特征提取时间占比最大。

要缩减屏幕图像的 SIFT 提取时间：要么优化算法，要么减小处理数据。由于优化算法（OpenCV 底层代码）基本不具可行性，解决方法其实只有一种：缩减屏幕图像数据大小。

● 问题③解决方案：缩减屏幕图像的大小

缩减屏幕图像大小的方法有两种：

1. 抽样缩减

通过对图像进行采样，使图像大小得到缩减。但是，采样造成图片信息丢失，导致损失部分 SIFT 特征点，对少特征点截图的识别影响很大。

例如：对 1920*1080 分辨率屏幕图像进行 1/2 采样，就会得到 960*540 的图片，大小变为原来的 1/4。实验中，识别总时间降低至约原来 1/3 的水平。识别时间仍在 1 秒左右，未达到理想状况，且对少特征点情形有副作用。

2. 识别区域预测

通过跨分辨率的图标缩放、移动的规律，预测出截图所在粗略区域，达到缩减目的。预测所需参数有三个：操作位置 (x, y)、截图来源分辨率 reso1、当前设备屏幕分辨率 reso2。

新版 Airtest IDE 中，脚本录制时，IDE 会自动记录用户的操作位置 (x, y) 和当前截取图片的分辨率 reso1，脚本运行时 IDE 可以直接获取设备分辨率 reso2。

接下来就要分析一下截图在不同分辨率手机上的适配规律了：

我们知道，如果所有设备的宽高比一致，那么简单缩放就可做到无缝适配（屏幕无黑边）。但实际设备的宽高比各不相同（16：9、4：3，等等），简单缩放必然导致黑边的出现。黑边区域没有背景图覆盖，也是 UI 控件的空白区（见图 6-33）。

图 6-33　游戏 UI 在不同宽高比屏幕中的适配情况

美术大大们通常会把图片绘制得大一些，确保背景图片缩放后可以完整覆盖屏幕。那 UI 图标怎么办？很简单，先缩放，再平移。

UI 控件随着屏幕场景的缩放而变动，缩放比为 min（分辨率宽之比，分辨率高之比）。由简单缩放产生的"黑边"（控件的空白区域），通过控件的简单偏移进行消除。

脚本录制时我们取的不只是控件截图，也可能是挂接在场景上的一些按钮，因此套用简化规则时会产生一些误差。此处我们只需粗略估计目标区域，并且简单扩大误差范围（计算得到最大误差为 [±200,±250]），即可将目标区域有效囊括进来。

对应 Python 代 码 如 图 6-34：（Airtest: aircv.py）

```
# 预测时先进行缩放（此处简化为中心缩放）
predict_x   scale   x   self.pResolution[WIDTH]   0.5
predict_y   scale   y   self.pResolution[HEIGHT]  0.5
# 缩放后平移距离，通过添加极限误差范围，省去复杂的计算
x_min, x_max   predict_x   200, predict_x   200
y_min, y_max   predict_y   250, predict_y   250
smaller_img    img_src[x_min:x_max, y_min:y_max]
```

图 6-34 识别前进行结果区域预测的代码

于是，无论何种分辨率的屏幕截图，经过区域粗预测，传递给 SIFT 时就只剩下分辨率为 400×500 的屏幕截图了。针对分辨率 2048×1536 的屏幕，400×500 大小是其 1/12 左右，算法处理时间直接下降了 1 个数量级。加入区域预测后，识别时间在 0.3 秒左右，解决了！

/ 问题④ 跨分辨率识别能不能用模板匹配？

旧版 Airtest 对跨分辨率的文字、按键截图的识别效果很不理想，想必谁用谁知道。之前有同学建议使用 SURF 等改进的特征提取方法解决。其实存在误解，截图中独特特征点的数量是固定的，再优秀的特征提取算法也不能做到无中生有。

识别问题的具体分类：①文字：屏幕中经常有重复的文字；②抽象图形：特征点较少，通常都不够独特；③按键：按键的边缘是重复性特征点来源，而按键的内容通常又是文字。

分析了半天，发现文字、按键的识别问题，根源在于截图里的特征点不够独特：屏幕中有多个与之相似的特征点，而重复的特征点会直接被 SIFT 算法流程筛掉，于是最终特征点匹配失败，于是识别失败。

要想解决此类问题，不妨先看看出现异常的游戏界面和截图的特点（见图 6-35）：

图 6-35 游戏中简单文字、按钮的案例展示

容易看到，文字、按键截图所处的界面一般比较简洁，跨分辨率的背景无突变。此类界面中重复的图案和花纹较多，显然不适合用单目标识别的 SIFT 方法，那可以用模板匹配吗？

● 问题④解决方案：截图缩放后的模板匹配

上文提到模板匹配不适用跨分辨率识别的原因：截图大小有缩放；对背景突变敏感。前者在问题③中已经得到了基本解决（截图进行缩放即可），后者则完全不是问题，因为这类截图所处界面的背景一般极少有突变。

于是就有了以下流程（见图 6-36）：

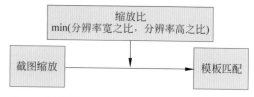

图 6-36 跨分辨率模板匹配的识别流程示意

识别效果很不错，直接看图 6-37（可从刻度中看出分辨率的差异）。

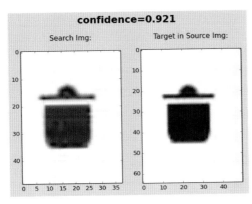

图 6-37 跨分辨率模板匹配识别效果

/ 问题⑤ 模板匹配多目标识别结果会掺假？

模板匹配常用的结果置信阈值为 0.8，即可信度超过 0.8 的结果认为是正确的。但是多目标识别使用模板匹配时，结果往往混入了错误目标，不妨看看实际案例（见图 6-38）：

图 6-38 多目标识别结果的异常案例

```
Result=[{'confidence':
0.9790031909942627},{'confidence':
0.9757121205329895},

{'confidence':
0.9693324289321899},{'confidence':
0.82920902967453},

{'confidence':
0.8287180066108704},{'confidence':
0.8188462257385254},

{'confidence': 0.8054645657539368}]
```

各个结果的对应位置使用相应的颜色标注出来。不难看出，多目标识别时若使用固定阈值，可能会混入较多错误结果，而所有结果中的正确识别结果集可信度非常接近（红色）。

● 问题⑤解决方案：阈值修正

提取首个目标时，使用初始置信阈值提取出最佳匹配（confidence：best），然后立刻修正置信阈值，设置在最佳匹配可信度附近（比如 best-0.02），可有效去除错误结果。案例中识别阈值将被修正为 0.979-0.02=0.959，错误结果可被有效地过滤（见图 6-39）。

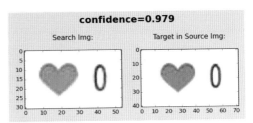

图 6-39 多目标识别案例中的最佳匹配结果

6.3.4 文章总结

新版 Airtest IDE 的图像识别方法，初步解决了识别可信度、识别时间、多目标识别等方面的问题。算法的两大核心性能：结果准确性、时间效率，均得到了较为理想的提升。

需要强调，无论是模板匹配、还是 SIFT 识别方法，结果可信度均为：目标区域和截图之间的匹配度。请务必保证截图尽量精确，否则可变背景过多，将显著降低识别结果的可信度，可能会成为测试脚本中的坑。

6.4 玩家反馈收集与监控

线上监控一直都是质量监控中的重要一环，为此质量保障中心开发了相关的玩家反馈收集系统和监控服务平台。本节将从舆情监控平台和快捷反馈系统两个方面作介绍，其中，舆情监控平台通过搜集全网玩家反馈信息，并对信息进行深入分析，一旦判断游戏出现异常问题，就会立即触发报警策略通知产品；而快捷反馈系统则是嵌入游戏内玩家反馈系统，这个系统更加方便玩家反馈。快捷反馈系统使用人工智能等技术，对游戏异常进行预测，提前发现游戏异常问题。两大系统形成互补，全方位，多维度针对玩家反馈收集和监控，为游戏稳定运行保驾护航。

6.4.1 为什么需要线上监控

为什么需要线上监控？回答这个问题之前，先明确线上监控究竟是什么？线上监控顾名思义就是游戏线上质量监控，包括游戏本身质量监控和玩家反馈监控。一个产品不管线下测试多仔细，测试周期多长，也难避免或多或少的 Bug 外放到线上。因为线上环境复杂程度永远是无法完全模拟的，例如网络状态、机型，系统版本，地区都可能影响产品质量。因此全方位、高质量线上监控是必要的，通过线上监控及时发现游戏重大异常问题，并能快速响应异常问题，从而降低游戏故障带来影响。

6.4.2 线上监控系统

线上监控是由一系列服务和平台组成，形成一个游戏产品监控矩阵，全方位监控游戏。

线上监控平台包括监控系统，报警系统，Detect 系统，网络监控系统，舆情监控系统，快捷反馈系统等。这里主要介绍质量保障中心的舆情监控系统和快捷反馈系统。

6.4.3 舆情监控系统介绍

舆情监控系统是质量保障中心开发的一套游戏舆情监控系统，目前系统已对接公司内绝大部分在营产品。舆情监控系统目标是全网玩家舆情监控，通过深度分析玩家反馈及时发现游戏问题，从而实现对游戏质量监控。

/ 后台爬虫模块

舆情监控系统数据来源于后台爬虫实时爬取各大论坛（如官方论坛、贴吧、微博）玩家反馈的数据，爬虫爬取数据时遵守 robots 协议。爬取数据经过格式化处理后存储到缓存队列 Redis 中，最后逐步进行数据持久化，爬虫脚本通过 jeknins 进行批量部署。

/ 帖子分析

爬虫脚本只是粗糙处理玩家反馈的数据，数据还需进一步整理，分析，计算。因此舆情监控系统设置一批关键词并赋予关键词一定权重，按照一定规则给每条帖子打分，最后计算一批有价值的帖子。

/ 报警事件

舆情监控系统是对线上游戏产品的监控，一旦检测到产品可能存在 Bug 就会产生报警事件，报警事件默认是没有等级，会安排舆情监控小组 QA24 小时轮班值守，及时给出人工判断。

每个产品需要给出报警事件分级标准，可以参考某产品报警事件分级标准，用于监控 QA 对报警事件进行分级的指引。

a. P1　立刻处理并热更

b. P2　当天处理并热更

c. P3　本次维护处理下个周版本放出

d. P4　验收处理并在预设时间将为 P5

e. P5　无须处理

/ 监控处理流程

依据报警事件等级标准对所有的报警事件给出明确的等级，即 P1~P5。当事件定级为 P1 时，请立刻联系产品舆情值周 QA，如果联系不上值周 QA，则联系更高等级的 QA 责任人。定为 P1~P3 的问题，均是产品需要做出进一步修复的问题，如能重现请尽量提供重现步骤；P4 为建议类或者需要持续观察的问题；P5 为无效可忽略的报警事件。

6.4.4　舆情监控架构

舆情监控平台架构图（见图 6-40）：

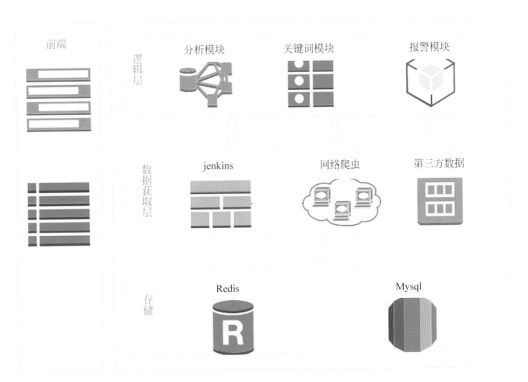

图 6-40　舆情监控架构图

舆情监控系统核心分为三层：分别是数据存储层，数据获取层，后端分析逻辑层。数据存储层是负责数据存储，包括"存储组件是 Redis 和 MySQL"集群，其中 Redis 是作为缓存组件，MySQL 是持久化组件。为了提升性能，网络爬虫抓取数据首先存储 Redis 中，然后再不断持久化到 MySQL。

数据获取层负责收集各种来源数据，包括主动爬取玩家反馈数据，第三方系统上传数据。为了提升爬虫网络数据爬取速度，每个产品独立一套网络爬虫脚本，同时爬虫脚本需要部署不同机器上，系统采用 Jenkins 方式管理爬虫脚本。最后是系统逻辑层，主要负责数据深度分析，分析有价值玩家反馈数据，并及时通知相关人员，迅速响应游戏问题。

图 6-41 是爬虫逻辑脚本架构图。引擎用来处理整个系统数据流，触发事件。下载器用于下载网页内容，并将网页内容返回给爬虫。爬虫主要用于从特定的网页中提取自己需要的信息（当然要在遵从相应 robots 协议的前提下），即所谓的实体（Item）。用户也可以从中提取出链接，让 Scrapy 继续抓取下一个页面。调度器用来接受引擎发过来的请求，压入队列中，并在引擎再次请求的时候返回。可以想像成一个 URL（抓取网页的网址或者说是链接）的优先队列，由它来决定下一个要抓取的网址是什么，同时去除重复的网址。

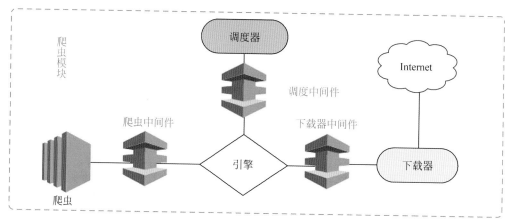

图 6-41　舆情监控爬虫逻辑图

6.4.4　快捷反馈系统介绍

舆情监控系统是针对全网数据挖掘，帖子深度分析，异常触发报警系统，而快捷反馈系统直接嵌入产品中，提供异常反馈入口，方便用户直接游戏内反馈，这样可以更加主动、快捷和准确地发现产品问题。快捷反馈系统与舆情监控系统形成互补，为游戏保驾护航。

/ 便捷接入

将快捷反馈系统封装成客户端一个组件，方便产品快速嵌入该功能。用户无须退出产品就可以快速完成问题反馈，从而提升用户反馈意愿，方便及时发现游戏产品问题。

/ 数据中心

数据中心是快捷反馈数据存储中心，采用 kafka+ElasticSearch+LogStash+Kibana 框架部署一套高可用高并发数据存储中心，支持海量数据存储，并可以快速扩容。目前数据中心可以支持并发达到 2000q/s，且暂无数据丢失情况。同时 Kibana 支持数据可视化查看，方便快速查看，数据确认。

/ 帖子分析

快捷反馈系统的目的是通过收集玩家反馈，然后对反馈进行深度分析，最终及时发现游戏问题，从而完成游戏线上监控。帖子分析分为四个核心模块：关键词匹配，热词计算，情感分析，玩家日志关联。

6.4.5　快捷反馈系统架构

快捷反馈系统架构，如图 6-42 所示。

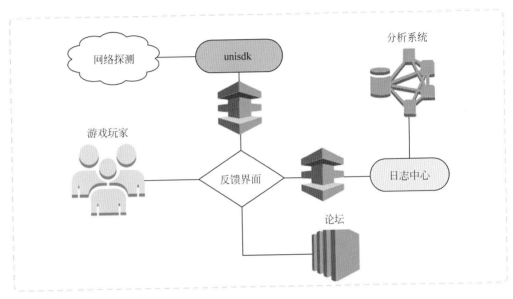

图 6-42　快捷反馈监控系统架构图

快捷反馈系统架构可以分为四部分，分别为 Unisdk 组件（封装数据处理逻辑），反馈界面，日志中心，还有分析系统。Unisdk 组件封装可以快捷反馈主要数据获取和处理逻辑，产品只需接入该组件即拥有快捷反馈功能。反馈界面是反馈入口，提供玩家游戏异常反馈入口。日志中心是采用 kafka+ElasticSearch+LogStash+Kibana 组件，提供高并发高存储的存储服务。最后玩家反馈分析系统，是反馈核心模块之一，主要针对玩家反馈实时分析，实时监控游戏产品质量，一旦游戏出现问题，玩家主动上报异常，分析系统就能快速捕获有价值玩家反馈，并快速通知相关人，从而完成对游戏产品健康度监控。

6.4.6　线上监控总结

舆情监控系统和快捷反馈系统形成互补，是线上监控系统重要组成部分，实时监控着公司一百多款游戏，包括《梦幻西游》《大话西游》《阴阳师》《第五人格》等热门游戏。产品通过舆情监控系统和快捷反馈系统更加直观了解玩家想法，玩家讨论问题，游戏状态等，一旦游戏出现问题，就会触发系统报警功能，及时发现产品问题。目前舆情监控系统和快捷反馈系统多次准确捕获到游戏重大异常问题，并迅速做出响应，从而降低游戏异常影响。

测试开发技术 /06
Testing Development

测试平台实践案例 /07
Testing Platform Cases

07 测试平台实践案例
Testing Platform Cases

为了保障公司游戏产品的质量和产品的正常发布上线，公司内部搭建了多个综合通用的游戏测试平台。在自动化测试方面，有 TestLab 大规模云测试平台，为众多项目提供稳定可靠的自动化测试服务；在产品内部，有 Qkit 测试工具平台，快速为新项目提供一整套的测试工具支持；而在产品外部，我们提供了 FIT 测试服务平台，为产品提供兼容性测试、安全测试、压力测试等通用化的测试服务。

7.1 TestLab 大规模云测试平台

前文我们介绍了网易最近开源的 UI 自动化测试解决方案 Airtest Project（http://airtest.netease.com/），重点讲解了我们用于编写脚本的底层框架 Airtest、Poco 的基本原理，以及专用于快速开发 Airtest 与 Poco 脚本的配套编辑器 AirtestIDE。而在本节，我们想要给大家介绍的是 TestLab——手机自动化测试集群方案。

7.1.1 什么是 TestLab

TestLab 在 Airtest Project 解决方案中所扮演的角色如图 7-1 所示。

图 7-1　TestLab 在 Airtest Project 解决方案中所扮演的角色

我们在为某个游戏编写自动化测试脚本时，会使用自研的 AirtestIDE，因为它对于 Airtest 和 Poco 有专属的特殊支持，能够在短时间内根据测试用例快速编写出自动化脚本。然而在接下来的脚本执行中，我们遇到了诸多难题：

/ 批量运行

将我们的 Airtest 脚本在一台手机上执行是非常容易的，只需要用 USB 线将手机连上 PC，执行一个命令行指令就能做到。然而将这个脚本在十台手机上同时执行就没有想象中容易了，更何况是在上百台不同厂商、不同配置的手机上同时运行，需要解决的问题就更多了。

/ 任务分配与调度

我们的初衷是，将数十台乃至上百台的手机集中起来执行测试脚本，并且在无人值守的情况下可以自动执行。然而我们必须要兼顾公司内部的几十个项目组的使用需求，进行任务的预约、排期、调度执行，以及每个任务的手机资源分配与管理、登录账号信息管理等，简单地敲一下指令在命令行中运行脚本显然不能满足我们的需求。

/ 测试结果的获取和报告分析

脚本运行完毕后，我们需要便捷地察看和获取到结果报告，并且能够直观地看到一些结果数据的统计，如果少了这一环节，自动化测试流程便不够完整。然而一次任务运行的脚本可能有成百上千个，同时执行的手机也有数百台，我们需要一个能够实时查看测试运行进度和结果的系统，同时还能有完善的结果报告统计与展示功能，才能够满足我们分析测试结果的需求。

/ 不同的测试类型支持

除了执行普通的测试用例之外，我们可能还需要这套系统对其他测试类型有一定的支持，例如兼容性测试、性能测试等专项测试。例如对于兼容性测试来说，本质上是在各种不同厂商、不同类型的设备上执行相同的测试用例，用以查看设备是否兼容，这种测试类型特别适用于自动化测试。假如能够在设计好自动化测试脚本的情况下，一键就能将它在指定的设备上运行，并且能够产出兼容性测试最关注的一些测试结果数据，是我们非常关心的问题。

为了解决以上需求，我们为 Airtest Project 专门开发了一套分布式集群测试平台，命名为 TestLab。它不仅仅解决了底层硬件层面同时执行 N 台手机的需求，同时提供了一整套方便简单的任务调度和分配系统。项目组只需要自行根据产品需求设计出测试用例，编写出自动化脚本后，配置好测试任务，TestLab 将会自动调度设备池中的手机设备、分配任务、执行任务并产出结果。目前我们除了支持运行普通自动化测试任务之外，还能够运行兼容性测试、渠道测试，特殊的 VPN 登录测试，以及支持采集运行过程中产生的手机性能数据，传输给另外一个性能测试平台用于产生性能数据结果报告（见图 7-2）。

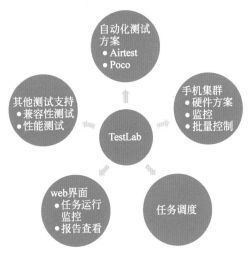

图 7-2 TestLab 的核心功能

TestLab 在 Airtest Project 项目中，起到的是一个核心枢纽的作用，将我们的 Airtest 图像识别技术和 Poco 控件识别技术应用到了实际测试工作当中，同时能够为后续的其他测试工作提供坚实的支持。

7.1.2 TestLab 整体架构

TestLab 整体架构主要包括：前端、服务端、数据传输调度系统、任务调度系统、数据搜索与分析系统、手机集群。整体架构示意图如图 7-3 所示。

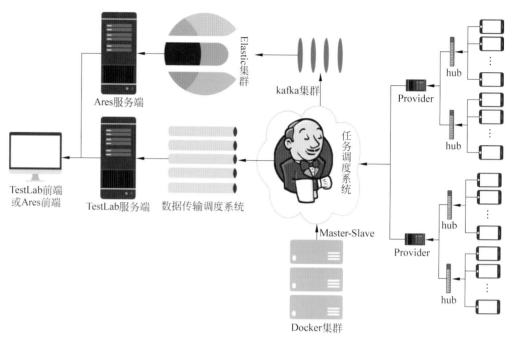

图 7-3　TestLab 整体架构

TestLab 的设备集群如图 7-4 所示。

图 7-4　TestLab 设备集群

7.1.3 TestLab 服务端

TestLab 的服务端模块主要包括：任务控制模块、预约模块、报告模块、数据推送模块、管理模块和公共模块，整体如图 7-5 所示。

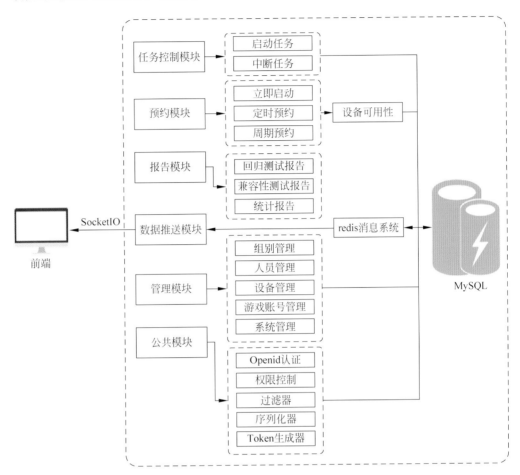

图 7-5 TestLab 服务端模块

/ 任务控制模块

任务控制模块是在 python-jenkins 和 jenkinsapi 两个库的基础上进一步封装的一个模块，以满足我们自己的需求，该模块主要用于远程控制 Jenkins 任务的启动、中断和强杀，以及获取任务配置信息、任务构建信息、任务参数信息、任务运行 log 和处理数据等功能。

/ 预约模块

目前 TestLab 支持 4 种启动方式，立即启动、单次预约、周期预约和调用 API 启动。虽然 Celery 这个库可以实现定时任务的功能，但不够灵活，不满足 TestLab 的需求，因此我们使用了 APScheduler 库。APScheduler 是基于 Quartz 的一个 Python 定时任务框架，实现了 Quartz 的所有功能，使用起来十分方便，提供了基于日期、固定时间间隔以及 Crontab 类型的任务，并且可以持久化任务。

/ RabbitMq 消息队列模块

RabbitMq 消息队列是 TestLab 服务端与任务调度系统之间传输数据的中间件，利用发布订阅的通信机制，使两个系统之间完全解耦。任务调度系统作为生产者将任务运行过程中产生的

数据主动推送到消息队列中，而 TestLab 服务端作为消费者从消息队列中获取消息，并通过
Socket.IO 实时地将数据推送到前端进行展示。TestLab 与任务调度系统的数据传输模型如
图 7-6 和图 7-7 所示。

图 7-6 数据传输流程图

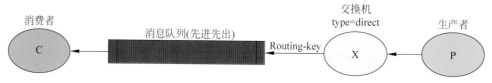

图 7-7 数据传输模型

/ 报告、管理和公共模块

这三个模块都比较简单，主要是针对数据库数据的查询和操作，我们简单介绍一下各个模块的功能。

- 报告模块：该模块主要生成测试报告和发送报告邮件，测试报告主要包括测试结果概览、脚本
  成功率、脚本运行时长、错误统计、设备统计等各种数据的统计。发送报告邮件将生成的测试
  报告发送给项目的产品组，供产品组查看游戏的测试情况。

- 管理模块：该模块主要针对组别、人员、设备、账号、系统的一些增删改查、状态控制等管理
  操作，比较简单。

- 公共模块：公共模块包括 OpenID 登录认证、权限控制、过滤器、序列化器、Token 生成器，
  这些功能主要为其他模块服务。

7.1.4 任务调度系统

任务调度模块是衔接底层 Airtest 模块和 TestLab 网站的中间件，该调度模块的高效性、稳定
性和准确性是保证整个系统正常运行的关键，是 TestLab 中非常重要的一个模块。该模块以
Jenkins 为基础，采用脚本进行任务调度，同时以 Docker 集群作为测试脚本的执行环境。目
前该调度系统主要支持三种任务类型的调度：回归测试，兼容性测试，渠道测试（衍生出了一个
VPN 登录测试），每种任务类型都包括一个父任务（调度任务）和若干个子任务（脚本测试任务）。

/ 回归测试调度原理

回归测试的流程如下：首先启动父任务，选择 n 台设备，在每台设备上执行登录流程，当有设备
登录执行成功后，则从脚本列表中获取一个测试脚本开始执行测试任务，如果该脚本执行失败，
会选择另一台登录成功的设备重新执行，直到超过最大次数限制，如此反复，直到所有脚本都执
行完为止，父任务结束。流程示意图如图 7-8 所示。

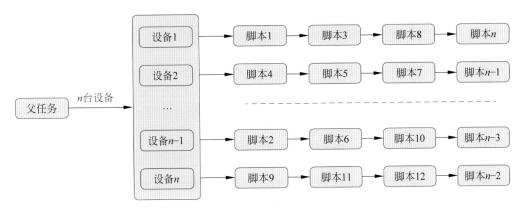

图 7-8　回归测试调度流程图

/ 兼容性测试调度原理

兼容性测试流程如下：首先启动父任务，选择 n 台设备，在每台设备上执行登录流程，当有设备登录执行成功后，则开始在该设备上依次执行所有的脚本，直到所有登录成功的设备都执行完所有的脚本为止，父任务结束。流程示意图如图 7-9 所示。

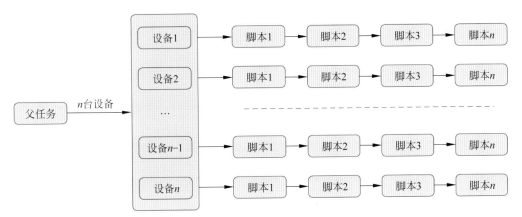

图 7-9　兼容性测试调度流程图

/ 渠道测试调度原理

渠道测试流程如下：首先启动父任务，选择 n 台设备，在每台设备分别执行对应渠道的登录流程，当有渠道登录执行成功后，则开始在该设备上执行其他的渠道登录，如果某些渠道对设备有依赖，则会在依赖的设备上执行登录，否则任意选择一台空闲的设备进行渠道测试，直到所有的渠道测试完成为止，父任务结束。流程示意图如图 7-10 所示。

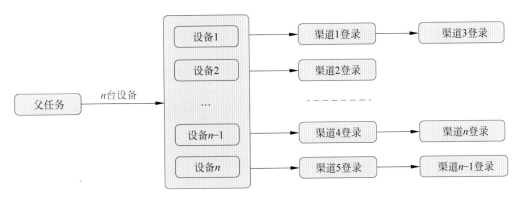

图 7-10　渠道测试调度流程图

7.1.5　数据搜索与分析系统

数据搜索与分析系统主要是针对 TestLab 任务在运行中产生的大量数据进行处理。该系统基于 kafka，ElasticSearch，logstash 和 kibana 来实现，能够处理大量的数据，其查询效率极高，扩展性好，可接收结构化和非结构化的数据。该系统的架构如图 7-11 所示。

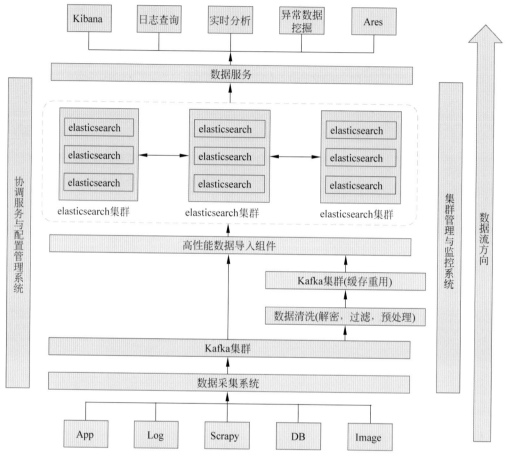

图 7-11　系统架构

/ 数据处理流程

（1）数据采集系统采集各种应用程序产生的数据，经过预处理后发送到 kafka 消息系统集群中。

（2）消费者从 kafka 集群中获取数据，经过数据清洗系统进行深度处理（如解压、解密、格式化等）。

（3）经过处理后的数据通过高性能的数据导入组件（logstash），直接传输到 elasticsearch 集群中。

（4）基于 elasticsearch 强大的数据搜索和分析能力，编写 DSL 对数据进行查询和分析，封装成可调用的 API。

（5）通过访问封装后的查询和分析 API，数据可以通过 kibana 或者自己开发的系统对数据进行展示。

/ 效果展示

通过该系统从 TestLab 上获取的性能数据，目前已经对公司内多个项目的性能数据进行了相应
的处理，这里仅展示设备的 CPU 使用情况和某吃鸡游戏的跳伞流程分段 fps 图，如图 7-12 和
图 7-13 所示。

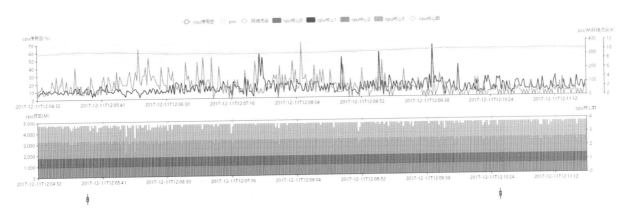

图 7-12   设备的 CPU 使用情况

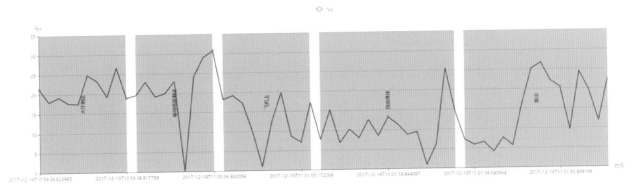

图 7-13   伞流程分段 fps 图 3

7.1.6   总结

TestLab 整个系统涉及的模块较多，系统复杂度较高，任务要正常运行，各个模块需要完美的配
合。本节大致介绍了 TestLab 服务端、任务调度系统和数据搜索与分析系统的相关架构和功能，
由于篇幅有限，还有很多细节的东西未能列出，如比较烦琐的设备可用性判断、账号可用性、失
败任务重跑和超时中止等功能，希望本节涉及的某些技术能够为大家提供一些借鉴和帮助。更多
TestLab 的展示请访问官网：https://airlab.163.com/help-center/intro。

7.2 Qkit 提供整套测试工具方案

Qkit 测试工具平台立足于产品,为产品提供一整套的测试工具支持,目前已为公司多个重点项目提供完整的组内测试工具。根据测试工具服务产品的生命周期,Qkit 测试工具分为三类,分别是项目前期工具、项目中期工具和项目后期工具,为产品提供有针对性的工具支持。其中,项目前期工具快速为新项目建立工具支持;项目中期工具为产品建立流程、保障过程中质量;项目后期工具为产品上线提供保障。

7.2.1 前言

目前公司内主流测试服务工具集包括 Qkit 和 FIT。其中 Qkit 定位产品内部使用的测试工具服务,包括代码覆盖率、测试报告、checklist、diff 等。这些服务和产品强相关,服务的对象更多的是产品组内部人员,涉及策划、程序、美术、QA 等岗位,为产品内部提供完整的工具支持。

FIT 定位比较通用化的测试服务,包括兼容性测试、性能测试、安全测试、渠道发布等,和产品依赖性比较低,为 QA 公共部门提供统一的流程和入口。Qkit 和 FIT 两者的区别如图 7-14 所示。

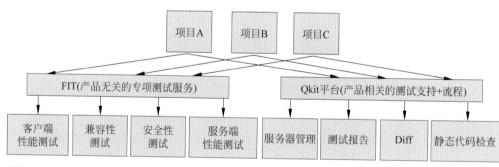

图 7-14 Qkit 和 FIT 平台的区别

7.2.2 Qkit 项目背景

/ 公司现状

近几年,由于手游项目的爆发式增长,测试业务的需求也急剧增多,新产品的测试工具需求无法得到很好的满足。通常，产品会选择从已有项目中移植工具，这种做法看起来很快但实际存在很多问题，主要表现在重复搭建、重复开发和维护麻烦等问题。Qkit 从 QA 大部门的角度出发，立足产品，为产品提供标准化的组内测试工具支持，每个测试工具都整合了多个重点项目实际使用经验，基本可以满足产品绝大多数需求。

/ Qkit 介绍

1. Qkit 概述

Qkit 测试工具平台目标是为产品提供整套测试工具方案，直接服务于产品内部。根据测试工具服务产品的生命周期，Qkit 测试工具分为三类，分别是项目前期工具、项目中期工具和项目后期工具，对产品提供有针对性的工具支持。目前 Qkit 测试工具平台包含的工具有十多个，包括 Qkit-diff，Qkit-server，Qkit-coverage、Qkit-popo、Qkit-bbs 等。

2. Qkit 优势

Qkit 不是简单地把各种测试工具融合在一起，而是借鉴公司在测试流程和方法上多年积累下来的成功经验，提供一套标准化的测试工具集合。如下公式 Qkit 的形式：

Qkit= 优秀测试工具 + 标准流程 + 测试方法

Qkit 在提供优秀测试工具的同时，更能带给产品许多长期收益：

（1）产品无需关注组内工具的问题，主要精力放在核心玩法测试上。

（2）标准化、规范化流程，让流程畅快运转，提升测试效率。

（3）提供全面，低学习成本工具。

目前，Qkit 基本上覆盖了产品组内使用的大部分的工具，为《大话西游》手游、《阴阳师》《决战！平安京》《大话西游 2》口袋版和《大航海之路》等十多个项目快速提供了一整套测试工具支持。

7.2.3 项目初期工具

/ Qkit-jenkins

1. 工具背景

Jenkins 是公司内广泛应用的持续集成工具，但存在产品重复部署和公司定制化差等问题。Qkit-jenkins 提供了一个标准化的 jenkins，集成了包括日常需要的各种插件，覆盖公司内和公司外的，提供快速部署服务，把一个正职一周的工作，压缩到 2 分钟之内完成。

2. 系统介绍

Qkit-jenkins 快速部署平台，提供了 Windows、Linux、Mac 3 个平台的版本，用户只需选择对应版本，双击安装即可使用。

（1）使用预设方案。默认自带 java，启停脚本，常用插件，实例工程等。

（2）使用自定义方案。指定操作系统，端口，自定义插件，皮肤颜色等。

3. 系统架构

Qkit-jenkins 整体架构主要包括：后端数据服务器、Qkit-jenkins 主页、一键安装 / 迁移脚本。整体架构示意图如图 7-15 所示。

/ Qkit-server

1. 工具背景

产品组 QA 经常反馈测试过程中需要频繁切换不同服务器进行各种烦琐的操作，比如更新代码、创建游戏服、重启游戏服、关闭游戏服等操作，严重影响测试效率。另一个影响团队效率的问题是组内文件共享，因为不同角色人员对文件操权限有所不同，导致文件权限复杂，难以管理。Qkit-server 就是为了解决以上两大核心问题，提供便捷服务器操作、文件操作、文件权限管理的平台。

Qkit-Server 是基于 paramiko 框架，通过 ssh 技术实现将远程服务器 A 上文件映射到本地 Qkit-server 服务器 B，并能够将远程服务

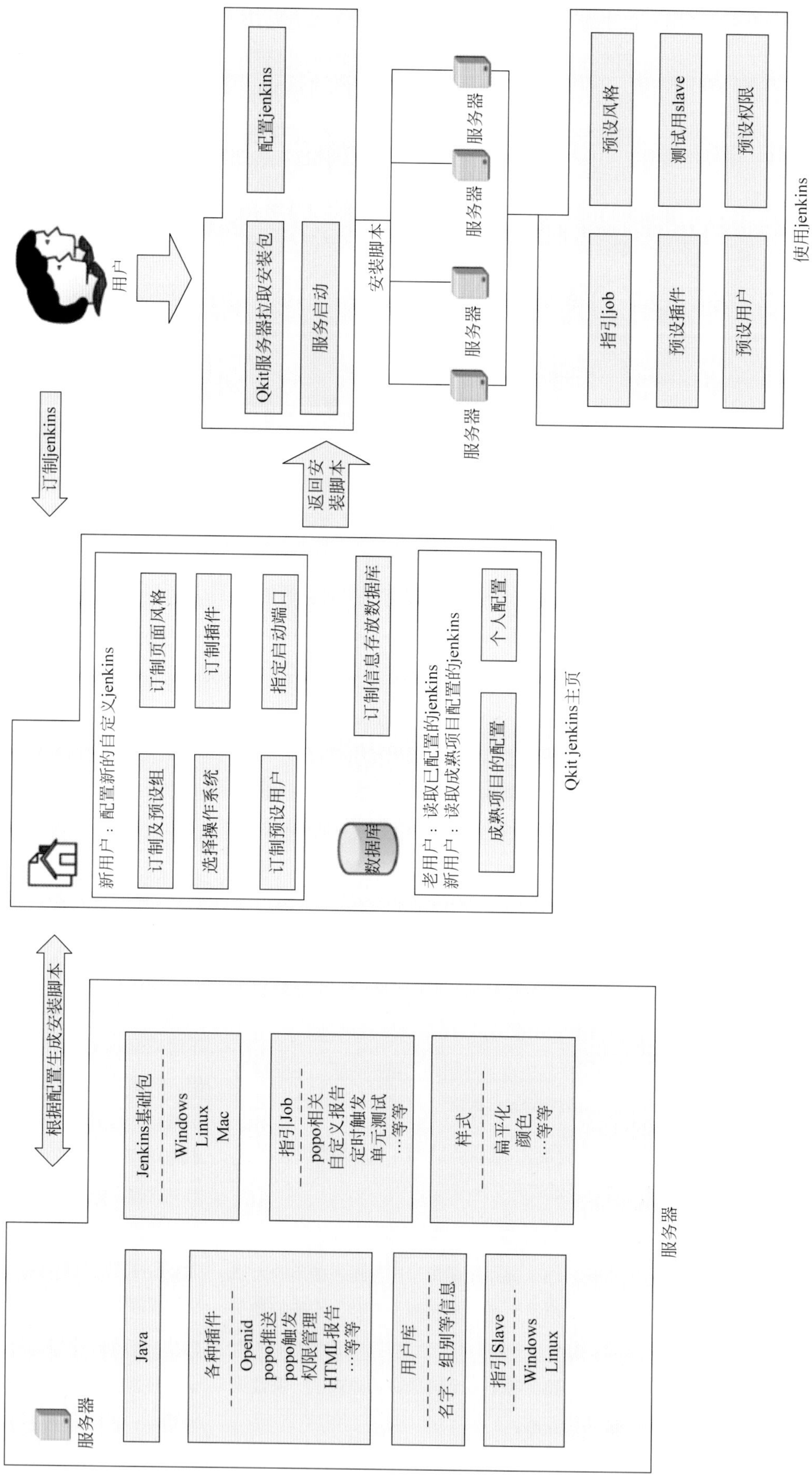

图 7-15　Qkit-jenkins 架构图

器上的 shell 指令等进行封装执行，执行过程和结果通过 web 页面反馈给用户（见图 7-16）。

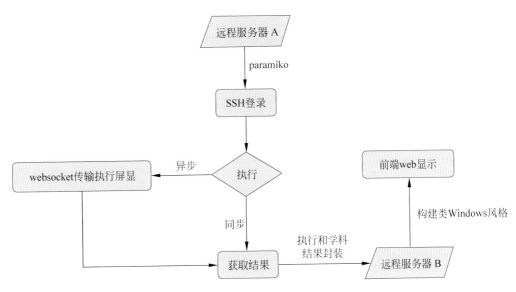

图 7-16　Qkit-server 核心流程

Qkit-sever 核心功能如下：

● 文件读写：包括远程巫师指令文件，远程策划表和图片类型文件。

● 操作封装：包括 svn 操作封装，服务器操作与状态查看封装，日志跟踪等。

● 权限控制：读写、执行、下载、svn 提交等，可具体设置某个特定文件的各项权限和某个特定
用户可以拥有哪些文件的权限。

● 代码编辑：多种风格，各种语法高亮支持，函数列表与自动补全等。

2. 系统架构

Qkit-Server 整体架构主要包括：前端，服务端，自定义应用，文件系统，paramiko 连接端，
权限控制端。整体架构示意如图 7-17 所示：

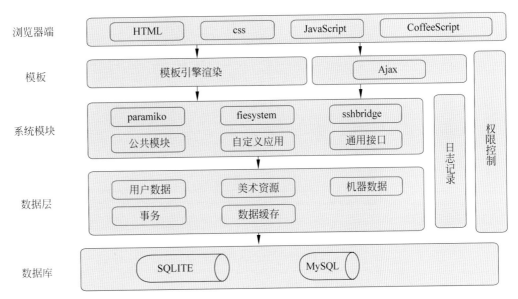

图 7-17　Qkit-server 架构图

/ Qkit-gamemirror

1. 工具背景

传统的巫师指令记忆、查找难度大，尤其对于策划、美术、UI 等对指令不熟悉的同学来说，指令的使用很难上手，GameMirror 将游戏内嵌到工具本身，为产品提供了完整的 GM 指令解决方案，并提供了可视化的指令平台，指令也更加好用。

2. 系统介绍

Qkit-gamemirror 的主界面如图 7-18 所示，核心功能包括：

- 面向策划、程序、QA、美术、UI 同学的可视化指令。

- 游戏多开功能，Qkit-gamemirror 可以同时管理多个游戏客户端。

- log 分析功能。

- 移动端连接，移动端游戏客户端也可以连接 Qkit-gamemirror，并查看客户端的 log。

- 功能定制，Qkit-gamemirror 提供了便捷的插件框架。

- 强大的后台管理系统。

图 7-18　Qkit-gamemirror 主界面

3. 系统架构

GameMirror 系统主要由以下几个部分组成（见图 7-19）：

- GameMirror 客户端 IDE。IDE 使用 PyQt5 编写，使用 Windows API 捕获并嵌入游戏窗口，并提供插件编写框架，提供与游戏的通信及其他基础的插件接口供插件使用，同时集成常用的插件。

- GameMirror 游戏端 SDK。游戏端 SDK 在游戏端启动一个 socket 连接，与 IDE 进行通信，如指令的接收、log 的发送等，同时也提供插件接口供插件编写游戏端代码。

- 后台管理平台。提供对项目的自定义配置功能，如基本的项目参数配置、插件配置、插件分发和更新等。

- 服务端 API。提供配置、插件相关的 API 供后台管理网站、GameMirror 工具端及 GameMirror 游戏端 SDK 调用。

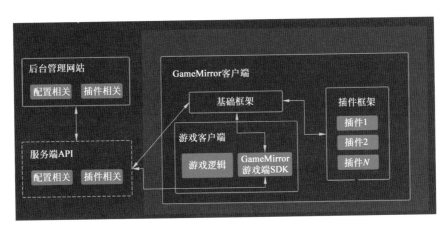

图 7-19　Qkit-gamemirror 架构图

/ Qkit- 策划表检查系统

1. 工具背景

在公司项目迭代过程中，有许多内容是策划数值表的修改，验证策划表内容的正确性和合理性就是 QA 日常维护工作之一。

2. 系统介绍

Qkit- 策划表检查具体功能规则如下：

- 支持在线配置常用检查规则，包括唯一、递增、非等多种常用规则。

- 支持配置常用类型检测，包括字符类型、数值类型、数组类型等常用类型规则。

- 内置多国语言检测，是否在指定语言的字符集中。

- 支持表格内容正则匹配。

- 可以自己编写 Python 特殊规则检查函数。

- 提供非常友好的错误提示，以及 log 提示。

- 兼容 xlsx、xls、csv 等格式表格。

3. 系统架构（见图 7-20）

- 用户通过前端页面配置规则，规则将会保存到项目指定的数据库中。

- 通过 web 可以触发检查或者 jenkins 定时触发，SDK 将会自动从 SVN 拉取数据。
- 通过 SDK 脚本进行过滤，并检查表格内容。
- 将检查完的当前版本数据存储到项目数据库。
- 前端获取数据库内容进行展示。

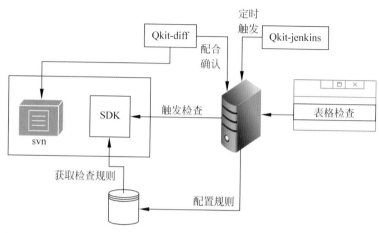

图 7-20　系统架构图

/ Qkit- 美术资源检查

1. 工具背景

美术资源测试有别于一般的软件测试，它更多依赖肉眼检查，这种方法存在以下问题：

- 测试量太大，难以做完整测试。
- 美术资源修改频繁，更新频率高。
- 沟通成本高，复现、定位问题难，总是要附加额外工作。
- 修改维护成本高。每次发现错误后，修改完资源无法马上看出效果。
- 错误率高。有时候，资源的问题会比较隐蔽，很容易遗漏，如图 7-21 所示的例子。

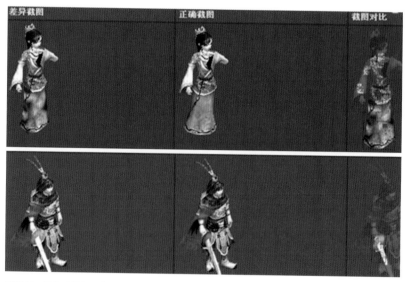

图 7-21　角色下半身、武器加载失败

2. 系统介绍

资源变更确认系统，核心功能是利用客户端引擎接口，直接把游戏资源的渲染逻辑独立出来，把渲染结果展示在变更确认平台上，并且通过图片对比方法，回归所有影响到的老资源。平台功能模块如图 7-22 所示。

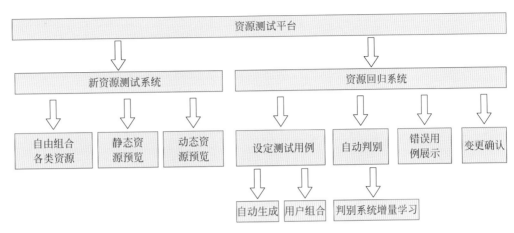

图 7-22　资源变更确认系统功能模块

- 新资源测试系统。在新资源测试页面可以指定对应美术分支，自由组合测试用例，选择测试粒度（见图 7-23）。
- 资源回归测试系统。主要用于对资源进行全面的、可高度定制的回归测试。

图 7-23　不同装备的不同面向展示

3. 平台架构

资源变更确认系统整体架构主要包括：资源渲染模块、用例判别模块、资源展示确认模块。整体架构示意图如图 7-24 所示。

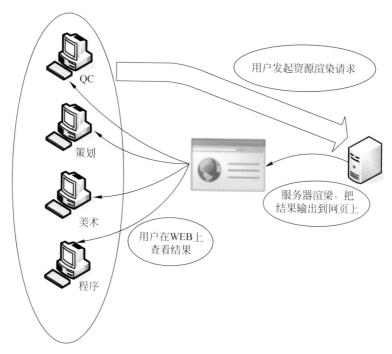

图 7-24　资源变更确认系统整体架构

4. 平台工作流程

● 用户在平台端组合好各种测试用例，向服务端发送渲染请求。

● 服务端的资源渲染模块，渲染出结果。如果用户请求为回归测试，渲染完成后，用例判别模块会自动判别用例是否通过，接着一并把结果发送到资源展示确认页面，并且通知用户。

● 用户可以在资源展示确认页面，查看这次请求的结果，还可以对结果进行进一步操作，例如忽略某些错误、覆盖某些误判的用例等。

/ Qkit-popo

1. 工具背景

POPO 是公司内部使用的即时通信工具，用于日常工作的交流沟通。为了满足产品内部的一些特殊需求，需要有针对性的开发 POPO 机器人，具有关键字自动回复，推送消息给用户等功能，Qkit-popo 则提供了一个标准化的机器人。

根据 POPO 机器人的使用场景，归纳起来，主要有下面的一些需求：

● POPO 消息主动推送：以 POPO 提醒代替 Email 提醒。

● 关键字自动回复：触发指定任务给不会技术的同事隐藏技术问题。

● 定时任务和消息：定时、及时、准时。

● POPO 群消息收集：消息不遗漏。

2. 系统介绍

Qkit-popo 主要包含三个功能模块：关键字回复、定时消息和机器人分词系统。

（1）关键字回复。用户在平台关键字回复页面配置若干字段用于关键字回复，主要包括：

● 匹配正则表达式：过滤 POPO 机器人收到的消息。

- 内容 /URL：如果回复固定内容，则直接填写问题；如果回复动态内容，则填写 {{ 接口 }}。用户消息经正则表达式命中后，进行正则匹配获取参数，执行后续的接口。

（2）定时消息。用户在平台定时消息页面配置若干字段用于定时消息，主要包括：

- crontab 表达式：用于指定定时任务执行的时间，和 Linux 系统中的 crontab 一致。

- 发送人 / 群：定时任务执行之后的消息接受者。

- 发送内容：如果是固定内容可以直接填写文本；如果回复动态内容，则填写 {{ 接口 }}。

（3）机器人分词系统。包含问题录入和查询功能，快速构建组内知识库：

- 用户和 POPO 机器人对话中，使用 %addrecord 和 %answer 指令添加问题和相应答案，系统会自动根据问题进行分词。

- 使用 %ask 查看问题，此时用户无须输入完整的问题，只要输入关键词，将默认去匹配分词记录，更加方便智能。

3. 系统架构

Qkit-popo 使用 MySQL 数据库作为配置存储，提供三大平台性质的插件（插件并不涉及业务功能），包含消息推送、关键字匹配回复、定时任务。

（1）主动推送接口

主动推送接口是最常用的接口，在平台的消息回复，定时任务回复等功能中都有使用。另外主动推送接口也可方便用户调用，将一些信息自动化的推送给指定成员查看。

（2）关键字回复插件

Web 平台上，每个用户都可以自己指定 POPO 消息过滤的正则表达式和 POPO 消息处理接口，这些用户定义规则将会保存到数据库中。POPO 插件按照如图 7-25 所示流程执行。

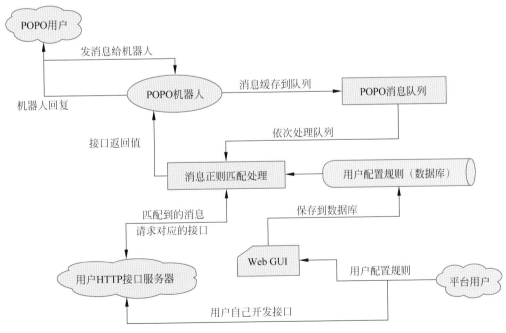

图 7-25　Qkit-popo 消息处理流程

（3）定时任务插件

定时任务的设计就是用户设置一个 crontab 表达式，指定发送人、发送内容，如果是动态内容则填写 url 接口。

7.2.4 项目中期工具

/ Qkit-checklist

1. 工具背景

在产品日常维护中，随着每一个版本发布，都需要做一些基本的确认工作，确认条目少则一二十个，多则会到上百条。单纯采用文档确认的方式，会面临条目太多、需要多人协作确认、各条目相互影响等问题。Qkit-checklist 平台在这种背景下应运而生，以契合游戏流程的方式，让产品的日常维护变得方便快捷。

2. 系统介绍

Qkit-checklist 平台可以为产品提供一套方便通用、可定制化的多人协作确认平台，让产品的日常维护变得更可控。平台提供 3 种确认方式条目式、树形展示模式、流程式（见图 7-26）。

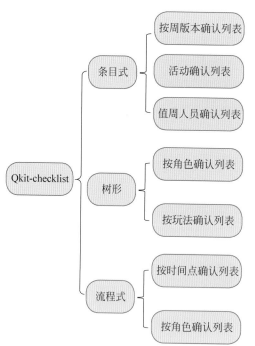

图 7-26　Qkit-checklist 平台主要功能

- 条目式 checklist。主要以条目的方式展示，用户可以在平台中一条一条地去确认各自的内容。
- 树形 checklist。树形 checklist 是采用分模块不断细化的方法，从而形成树状用例的确认结构。
- 流程式 checklist。一个把 checklist 结合到周维护流程的确认方式。

/ Qkit-diff

1. 工具背景

在项目组中每天都有成百上千次的提交，包括了代码、策划表格、美术资源等。要确认这些变更是否正确，避免程序误提交代码、策划误修改数值表、美术误删某贴图文件等。变更确认作为测试流程中重要的一环，QA 同学需要对策划、程序、美术每一次的修改进行严格把控。

2. 系统介绍

Qkit-diff 系统可以让 QA 方便地跟进程序、策划、美术的提交，另外，也可以用于程序代码 review。通过 diff 内容，确定回归范围，制定测试用例，查看提交是否有其他隐性的 bug。变更确认系统有以下模块：

（1）接入模块

变更信息写入，写入方式包括邮件变更推送，svn 推送。

数据预处理，处理细化到字符级别的 diff 展示，自动划分分支、分配跟进人。

（2）变更查看 / 确认模块

- 主体页面可以自定义筛选规则，自动归类周版本，提供多视图选择。
- 变更条目功能包括确认、指派等操作，跨多版本看 diff 等。
- 表格变更确认页面，系统会显示增删信息。可以自动定位、跳转到变更部分。查看文件历史修改信息，跨版本比对。提供了详细模式和精简模式、冻结表头功能。

3. 系统架构

Qkit-diff 主要由三部分组成：推送 SDK 用于获取、推送和预处理 Diff 数据；Beego 服务器是 Go 语言实现的框架，服务中心执行 diff 算法并整合业务逻辑；前端进行数据展示。系统组成如图 7-27 所示。

图 7-27　系统组成

SDK 提供了 SVN 仓库和邮件版本两种数据来源，支持同时推送两种来源数据，并且支持表格与代码文件等 diff 格式。对比版本后在过滤模块进行周版本、指派、用户映射、易协作等关联。大数据处理进行分片，最后保存到源数据库，通过调用服务器协议接口，执行当前项目组提交的文件 diff 算法（见图 7-28）。

- 用户下载 SDK 到本地服务器。通过在本地服务中定时运行 SDK，推送邮件或 SVN 数据到本地数据库。

- 数据经过预处理、分支过滤、周版本映射、用户映射并关联单号易协作完成数据处理和业务逻辑绑定。

- 服务器获取当前 SDK 对应用户组的 Key 所配置的数据源，并调用 Diff 算法处理项目新数据。每个项目组服务相互隔离，相互不影响，并支持并行操作。

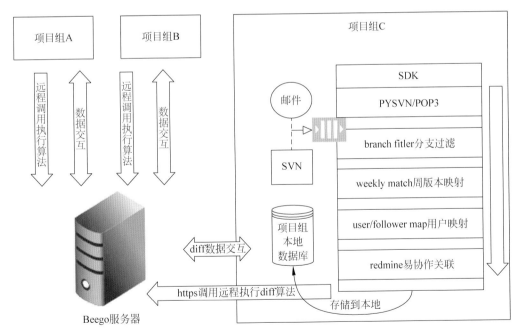

图 7-28　SDK 架构

Diff 系统后台，作为远程调用执行算法异步处理中心。包含了业务逻辑模块和核心 Diff 计算模块。Diff 算法采用相似度矩阵算法，并实现了并行化处理（见图 7-29）。

- SDK 存储数据后通过 Http 请求执行 Diff 算法。
- 通过请求的项目组 Key 找到本地数据源中对应的远程数据源配置，并切换远程数据源。
- Excel 数据则采用表格相似度矩阵算法进行 Diff，代码则调用版本仓库导入结果，这样对处理完的数据进行数据切片，分片数据存储到回源数据库中。

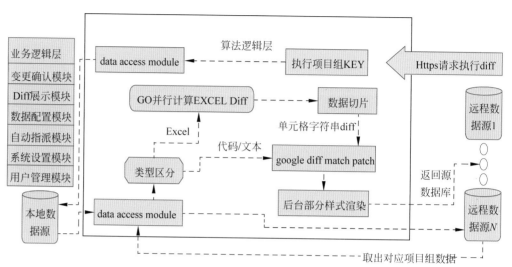

图 7-29　后台架构

7.2.5　项目后期工具

/ Qkit-coverage

1. 工具背景

在日常测试中，覆盖率测试是衡量测试质量的一个重要指标。产品 QA 在写完各种测试用例后，会对产品进行系统的单元测试、集成测试等，而覆盖率测试的结果可以为产品 QA 提供一个很好的辅助，减少测试遗漏，增强信心。

2. 系统介绍

Qkit-coverage 代码覆盖率系统由覆盖率收集、覆盖率集中合并与处理、覆盖率展示平台三个部分组成，此外还拥有文件树管理、权限管理、版本仓库 diff 查看等信息（见图 7-30）。

覆盖率系统的主要功能：

- 代码行带有版本号信息，方便查看人员。
- 覆盖率系统集成代码仓库的文件树信息，能够实时获取当前代码和总文件的覆盖率。
- 代码权限管理，申请某项文件或文件夹代码查看权限，指定查看代码有效期限，方便对人员权限管理。
- 支持查看文件近期 diff 内容，可以清晰地看到自己总体覆盖率是多少，某个版本是否覆盖。
- 采用接入式的方式，任何实现了当前协议信息输出，都可以使用系统进行统计。数据采用多数据源分布式的存储在项目本地，服务器只统一进行覆盖率计算和配置展示管理。

图 7-30　覆盖率系统展示

3. 系统架构

Qkit-coverage 代码覆盖率架构图如图 7-31 所示:

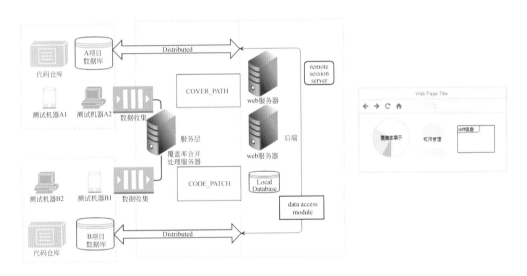

图 7-31　系统整体架构

- 以 Python 语言为例，提供 trace 脚本的方式收集覆盖信息，递归跟踪文件执行行，之后通过集合去重并输出结果。

- 发送到收集到指定服务器。已覆盖的重复数据将不再发送，收集方式同时兼容了 socket 协议，http 协议以及写 Log 上传等指定方式收集覆盖率信息，以满足不同项目的接入需求。

- 采用 socket 方式收集的覆盖率信息，逐条以 json 格式通信服务器，而 http 方式收集覆盖率信息，则是在获取指定数量的数据调用指定接口传输数据，存入 redis cache 统一处理。

- Log 上传方式用于兼容各种语言代码，并且简化了嵌入脚本收集方式，只需要打印 Log 文件，统一上传到服务器中心即可。服务器使用到了 Logstash 做日志收集。

- 覆盖率服务器中，使用 pysvn 等拉取最新 diff 数据到项目仓库中，采用代码 Patch 算法将服务器文件树代码，通过 Patch 的形式合并到最新。同时覆盖率信息更新到每个版本的覆盖信息，逐一合并（见图 7-32）。

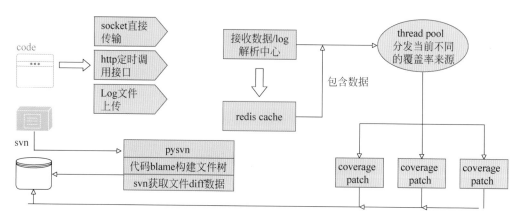

图 7-32　合并原理

由于采用接入式平台搭建，需要考虑权限等内容。项目数据源分别搭建在各个项目本地，覆盖率服务只做合并，后台服务器和前端只做展示和配置使用。

- 初始化时，通过 blame 构建文件树，也可以自行导出文件代码目录结构。

- 通过 svn 版本控制，获取每个版本代码最新 diff 结果。

- 采用 Patch 的方式合并代码，将初始文件代码合并到最新。

- 数据上传到 redis 中，数据中心统一取出数据并对数据进行解析，多组任务分配线程任务进行合并操作，将数据通过 Patch 方式合并到最新覆盖率信息。

- 覆盖成功后，通过 socket 通知更新服务器子线程，服务器采用 web socket 主动更新前端显示。

/ Qkit-bbs

1. 工具背景

游戏问题发现和游戏体验提升很大程度依赖玩家反馈，Qkit-bbs 基于快速改善游戏体验为目的，通过爬虫技术获取玩家反馈，快速响应玩家反馈和想法。

2. 系统架构

Qkit-bbs 整体架构主要包括：系统前端、爬虫模块、系统后端。其中系统前端主要负责系统前端数据统计和图表展示。爬虫模块是系统核心模块，其作用是负责爬取各大站点玩家反馈信息。系统后端主要负责玩家反馈数据二次分析，报警等功能，Qkit-bbs 其系统架构如图 7-33 所示。

3. 系统介绍

本节主要介绍 Qkit-bbs 实际运行功能，从而更加直观了解其核心功能。

Qkit-bbs 核心功能：

- 多渠道监控，包括 360，百度贴吧，九游，微博等。

- 多维度分析，论坛情感分析，论坛热门词语分析，论坛帖子数量分析等分析。

- 可自定义关键词，用户定义关键词，命中关键词触发报警等。

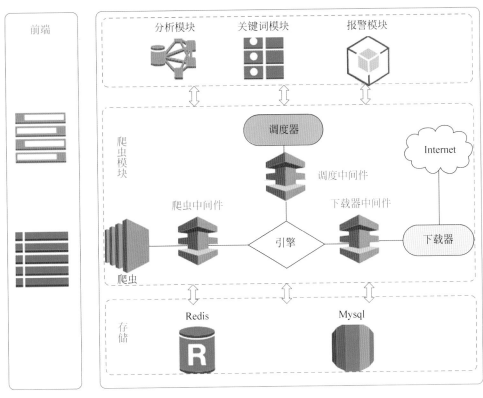

图 7-33　Qkit-BBS 架构设计图

7.3　FiT 测试平台

FiT（Final Terminal）测试平台是 QA 部门公共服务和流程的统一入口，为用户提供了三大类公共服务，包括：测试服务、监控服务和公共流程。其中，测试服务又细分为兼容性测试、客户端性能测试、安全性测试和服务端性能测试 4 种服务，为游戏产品提供全方位的质量保障；监控服务主要包含 Sentry 平台，该平台主要用于及时检测游戏中的 traceback，从源头上减少事故的发生；公共流程包含渠道测试、渠道发布两种流程，平台将流程系统化和规范化，有助于提高各流程的执行效率，减少时间成本和沟通成本。

7.3.1　概述

近几年，QA 部门产出了许多优秀的工具，为测试效率和产品质量的提升起到了关键的作用。为了统一这些工具的入口，规范各项目组的质量保障流程，我们开发了 FiT（Final Terminal）测试平台。FiT 是 QA 部门公共服务和流程的统一入口，是面向用户的统一终端。目前，FiT 上提供的服务主要分为：测试服务、监控服务和公共流程三类，如图 7-34 所示。

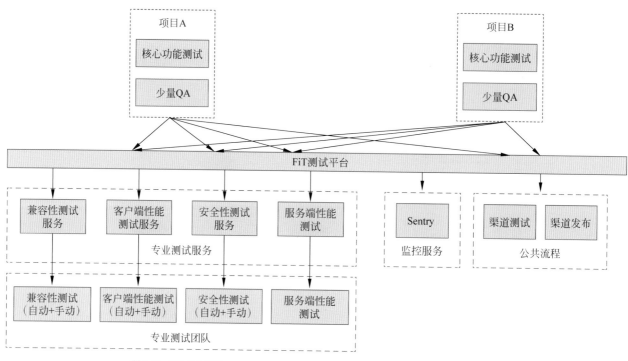

图 7-34　FiT 平台结构

就测试服务而言，我们将各个项目组的通用性测试工作（如图 7-35 所示）从项目组转移到 FiT，细分测试类型并进行集中式测试。所有专项测试需求都是从 FiT 提交，由 FiT 把需求分发到各个测试服务执行。这样做有利于项目组专注于游戏功能模块的测试，减少测试成本；也有利于开发团队发现重复性劳动，并用自动化替代，进一步提升测试效率。此外，还便于标准化测试方法，规范化测试流程，为产品质量保驾护航。

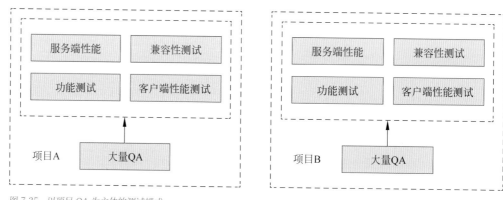

图 7-35　以项目 QA 为主体的测试模式

7.3.2　测试服务

/ 兼容性测试

手游软件需要和设备硬件、操作系统及其他软件相互兼容。手游兼容性测试可以定义为"所设计的手游程序（引擎、脚本、SDK）与手机硬件、软件之间的兼容性测试"，如图 7-36 所示。

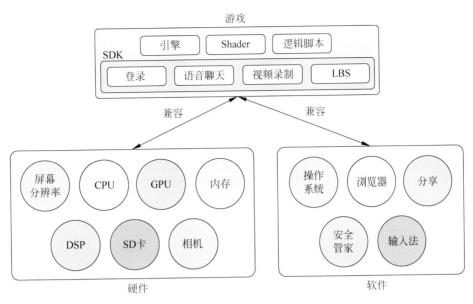

图 7-36　兼容性测试

设备硬件包括屏幕分辨率、内存、CPU、GPU、音频 DSP、SD 卡等。屏幕分辨率直接关系着 UI 适配，1920x1080 和 1280x720 是目前最主流的两种分辨率。在 Intel 退出移动芯片市场前，游戏开发者曾经需要适配两种 CPU 指令集——x86 与 ARM。GPU 领域则是 PowerVR、Mali、Adreno 三国鼎立。操作系统包括 Android 和 iOS，现如今保持着一年一个大版本的更新速度。此外，游戏软件除了逻辑、Shader 代码外还内嵌多种 SDK，比如登录 SDK、语音聊天 SDK 等，这些 SDK 如果有兼容性问题也可能会导致游戏出现问题。

项目组通过 FiT 平台提出兼容性测试需求，测试需求信息反映测试信息、测试规模、测试用例、测试包体以及测试环境（见表 7-1）。

表 7-1　兼容性测试需求

测试信息	项目名称、测试版本、项目阶段、提包日期、期望结果日期
测试规模	Android、iOS、PC、模拟器，Android/iOS 最低配置 测试机型有 TOP50/100/150、热门机型、海外机型多种等选择
测试用例	可以直接网页填写，也可以本地上传
测试包体	可以本地上传，也可以提供下载链接
测试环境	服务器与账号

MTL（Mobile Testing Lab，移动测试实验室）收到项目组发起的测试需求后，统筹协调资源并进行排期。兼容性测试需求分为深度兼容性测试与快速兼容性预估（见表 7-2）。深度兼容性测试流程如图 7-37 所示。快速兼容性预估使用 AirTest 框架，利用图像识别原理定位游戏控件位置，完成简单的游戏流程执行，最后通过排查截图反馈测试问题。

表 7-2　兼容性测试服务对比

测试类型	测试方法	测试内容
深度兼容性测试	人工测试	覆盖安装、启动、运行、UI、功能
快速兼容性预估	自动化测试	覆盖安装、启动、新手引导、UI 遍历

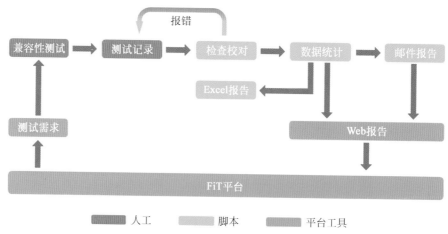

图 7-37　深度兼容性测试流程

/ 客户端性能测试

客户端性能指标包括内存、CPU、FPS、流量和功耗，各项指标意义如图 7-38 所示。此外，还需考虑客户端的灵敏度表现和在弱网络下的游戏表现。

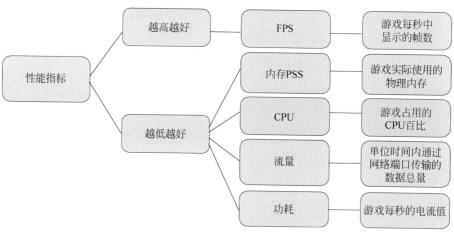

图 7-38　性能指标

主要分为以下几类测试：

1. 常规性能测试

常规性能指标包括内存、CPU、FPS、流量。

● 游戏进程由于内存泄露或者偶尔内存波动使峰值超过阈值导致闪退，其中 Android 内存指标类型为 PSS，iOS 内存指标类型为 USS。

● 游戏进程 CPU 使用率高说明 CPU 负荷较大，这会增加设备功耗与发热，造成游戏卡顿。

● FPS 的数值分布与方差能够反映游戏是否足够流畅。

● 控制流量大小就可以减少用户在非 Wi-Fi 环境下的流量使用，提升用户体验。

Android 的内存、CPU、FPS 采用 MTL 开发的 EPGM 进行测试。EPGM 是一个性能测试的 APP，能够运行在 Android 系统后台收集性能数据，测试完毕后可以将数据直接上传到网站。iOS 的内存、CPU、FPS 使用苹果的 Instruments 工具获取数据文件，然后使用脚本解析该数据文件。

此外，MTL 基于 Facebook 的 ATC 开源代码做了二次开发，除了弱网环境模拟外还能够统计网络流量。

2. 功耗测试

随着游戏画面制作越来越精美，游戏运行时 CPU 和 GPU 负荷越来越大，增加了手机功耗，导致手机容易发烫。而手机温度太高会使系统启动保护机制对 CPU 或者 GPU 进行降频，导致游戏出现严重卡顿，因此手机功耗测试非常有必要。MTL 使用电流仪进行功耗测试。

3. 灵敏度测试

灵敏度包括点击灵敏度和滑动灵敏度。在游戏中，从用户点击游戏 UI 按钮到界面开始展开或者完全展开之间会有响应延迟时间，这个响应延迟时间定义为点击灵敏度。同理，从用户手指滑动游戏界面到界面列表开始响应之间也会有响应延迟，这个响应延迟时间定义为滑动灵敏度。灵敏度测试主要使用高速摄像机。

4. 弱网络测试

由于 Facebook 的 ATC 原生代码有兼容性问题，在许多手机的浏览器上无法正常显示控制台，所以 MTL 对此作了二次开发，将控制台放到 PC 上，实现一个控制台控制多部设备网络参数。

/ 安全性测试

1. 项目介绍

游戏的安全性是游戏测试中非常重要的一个环节，关系到游戏的生存状态。一款制作精良的游戏，很可能会因为安全性考虑不足，导致游戏出现无法弥补的损失。游戏加速、游戏数值修改、反汇编和截获修改都属于比较常见的游戏破解方法，如果安全性考虑不足，这些方法会导致非常严重的后果，影响游戏平衡性，甚至会流失大批游戏玩家。

另一方面，由于安卓开源、非授权应用商店下载以及安卓系统本身存在漏洞等问题，使得应用本身就可能存在较多安全性问题。通常涉及如表 7-3 所示漏洞检测项。

表 7-3　常见漏洞检测项

漏洞名称	名词解释	权重	处理难度	推荐处理	优先级	备注
导出组件	Activity 拦截，恶意广播	小	低	最小权限，Exported=false	高	组件安全
自定义权限	应用申请权限管理，劫持			最小权限	高	系统风险
Intent 风险	链接	小	高	无	低	系统风险
Keystore 漏洞	链接	小	高	无	低	系统风险
是否可被调试	是否开启调试选项	大	低	Debuggable	必要	
可被反编译	Apk 是否可被反编译	大	低	加壳	高	
Webview 安全						
Dex 保护	Dex 反反编译	大	高	无	低	
资源文件保护	图片、音视频等资源保护	中	中	资源加密	中	
异常处理	客户端异常、报错信息等	小	低		低	信息泄露
动态调试					必要	
敏感数据保护	客户端数据修改、替换	小	中	服务端校验、客户端完整性检查	必要	
日志安全	非必要的 log 屏蔽	小	低	屏蔽日志，敏感信息禁止打印	中	
证书验证	服务器有效性验证			验证客户端完整性、服务器合法性	低	
通信加密	通信数据是否明文传输	大	中	通信加密	必要	

而在 iOS 方面，也面临着各种各样的问题，如：包体配置项不正确、私有 API 和私有 Framework 的使用、Xcode Ghost 事件、64-bit 架构不支持和可执行程序大小超过限度等，这类问题在提审时一旦被 App Store 检测出来，会导致提审不通过，非常影响效率。另外，当前苹果对应用的营销素材审核也非常严格，如果图片或文字描述不合规范，也会导致被拒无法上架。

针对上述问题，FiT 平台集成了安全性测试服务，包括安全扫描、苹果发布预审和专家安全性测试 3 项服务，各项服务均有自己的侧重点，并相辅相成，相互补充：

- 安全扫描：采用自动化检测的方式，提供安卓包体的静态检测和 iOS 包体私有 API 和 Framework 调用检测。

- 苹果发布预审：采用半自动化的方式，提供 App 预机审（利用 ITMSTransporter 对包体进行预审核并上传至 App Store）和营销素材审核服务。

- 专家安全性测试：采用全手工的方式，针对不同类型的游戏，由安全小组制定测试方案，对游戏尝试内存修改、协议截取等破解操作，根据结果形成评估报告。

2. 平台架构

安全性测试服务的工作流程架构如图 7-39 所示：

- 用户通过 FiT 发起安全扫描、苹果发布预审或者专家安全性测试请求，提交的订单信息转发到微服务。

- 通过工作流微服务进行推进，服务器 POST 创建订单拿到订单编号，开始执行异步任务计算。

- 安全扫描和苹果发布预审是自动化执行的，采用 Celery 执行异步 Task，专家安全性测试直接提交订单到专家安全组，如果采用自动化检测则从 YOLANDA 下载包体，下载结束解析包体并计算，最后输出执行结果。

- 执行成功 / 失败继续推进工作流，并发送报告和 POPO 通知消息到提单用户。

- 监控模块始终监控服务进展，遇到失败或报错通知系统负责人员。

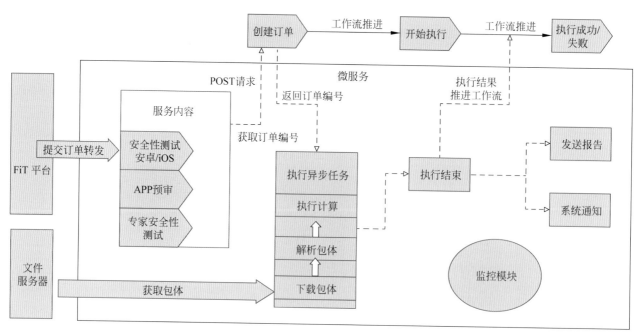

图 7-39 安全性测试平台工作流程

3. 安全扫描架构如图 7-40。

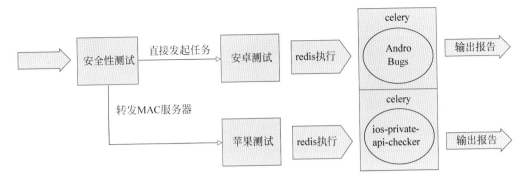

图 7-40　安全扫描整体架构

- 发起安全扫描到服务器，判断是安卓包体还是苹果包体，若是苹果包体则转发到 MAC 机器上操作。

- 通过 redis+celery 执行异步操作。安卓检测底层调用了 AndroBugs，iOS 检测调用了 iOS-private-api-checker 进行检测，之后输出最终报告。

- AndroBugs 是一款高效的 Android 漏洞扫描程序，主要是在安卓程序中扫描一些高危漏洞；安卓检测部分调用底层自动化执行检测，并生成 html 形式的报告，并且以邮件和 POPO 提醒方式发送给用户。

- iOS-private-api-checker 用于进行私有 API 检查，苹果在 App 提审的时候，会检查 App 使用私有 API 的情况，工具的目的就是在提审之前检查一下，提高通过率。

4. 专家安全性测试流程如图 7-41。

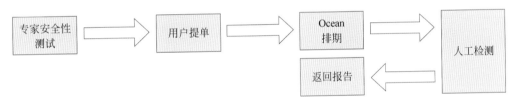

图 7-41　专家安全性测试整体流程

专家安全性测试非自动化检测，而是采取人工检测方式。用户提单后将检测信息和包体提供给 Ocean 进行排期，Ocean 按照排期完成安全性检测，并返回报告。

/ 服务端性能测试

1. 云压测

- 项目背景

在每个项目的开发过程中，压力测试是一个必不可少的过程。它可以帮助项目组发现功能缺陷、性能瓶颈、压力承受上限以及服务器群组配置上的一些问题。云压测平台旨在为产品 QA 提供一个高效、配置灵活、功能全面的压测解决方案。

- 系统介绍

用户在云压测平台上可以控制机器人集群发送大量请求给目标服务器，同时从目标服务器收集性能数据，如图 7-42 所示。用户在云压测平台上可以配置压测场景，查看压测过程中的各项性能指标。

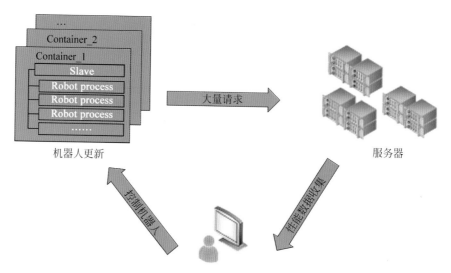

图 7-42　云压测平台工作原理

总的来说，云压测平台有以下特点：

（1）可快速构建的压测环境

平台使用 Docker 提供压测过程中所需要的资源，可以在短时间内快速启动大量应用容器。在压测准备阶段，通过 Docker 快速启动大量容器；在压测过程中，将压测 Robot 进程分配到这些容器中；等到压测结束，可以快速销毁这些容器，回收机器资源。

（2）可配置的压测过程

在云压测平台上可以配置各种压测场景，一次配置，多次执行。

（3）可控制的压测机器人

在压测过程中，有时候需要发送指令给机器人，触发特定的压测逻辑。平台提供了控制台，用户可以在网页上输入指令，后端机器人监听指定端口即可获得指令。

（4）详细的请求响应时间分析

平台使用 Kafka 搭建了客户端请求响应时间收集处理模块。客户端的各种请求响应时间都会发送到收集模块上，收集模块分析完这些数据后，就可以给出响应时间的详细情况。

（5）实时的监控报告

压测过程中实时记录各项数据，包括：脚本 error/trace、客户端请求响应时间、监控服性能、压力机性能等，快速形成压测报告，方便后续分析和对比。

● 平台架构

云压测平台整体架构如图 7-43 所示，主要分为四个模块：Docker 模块、Monitor 模块、Kafka 模块和 RobotMgr 模块。

（1）Docker 模块：对 Docker 镜像、Docker 数据卷、Docker 容器进行管理。

（2）Monitor 模块：性能数据的收集、统计及平台权限处理。

（3）Kafka 模块：收集、处理压测机器人的请求响应时间。

（4）RobotMgr 模块：管理各 Docker 容器中的机器人进程，包括进程分配、状态获取等。

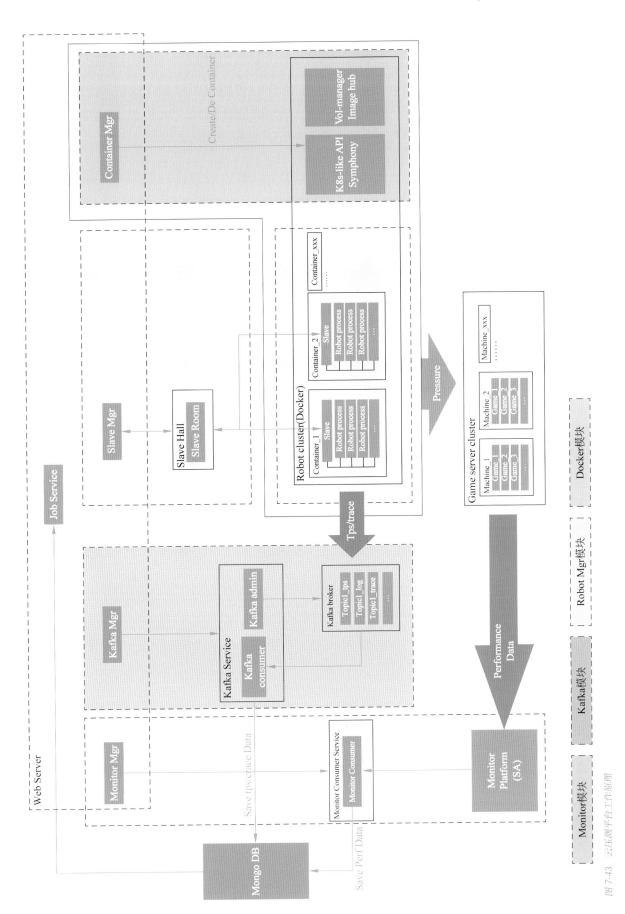

图 7-43 云压测平台工作原理

211

2. Bulma Http 直压

- 项目背景

公司内很多业务和功能都以 http 接口和 http 页面的形式提供，例如登录接口、图像传输接口、游戏排行榜接口、游戏活动页面等，这类接口通常会面临高并发、高数据量等问题，需要在上线前进行严格的压力测试，否则在上线承压之后很容易出问题。

Bulma 压测平台主要用于公司通用的 http 压力测试，为这类测试提供方便的配置页面和执行环境。

- 系统介绍

Bulma 提供了多种类型的 http 直压服务，用户在网页上简单配置需测试的接口或页面，压测平台就可以自动进行测试，并产出详尽的测试结果和报告。

Bulma 支持丰富的 http 压测参数和场景，包括：

（1）完整的 http 参数，其中 get、delete 方法自动拼装到 url 上，post、put 请求则放置到 http body 中。

（2）模拟用户的数量，一般情况下，一个用户可以当成两个连接。

（3）设定期望的目标 QPS，以保证对接口施加足够的负载。

（4）设定测试时长，以保证整个测试过程有足够的数据量，同时验证接口稳定性。

（5）支持高级信息，例如添加额外的 http headers: content-type、content-dispositiOSn 等。

（6）支持自定义脚本压测，满足用户对更复杂业务场景的测试需求。

Bulma 压测平台通过"配置 – 执行 – 报告"流程，将烦琐的 http 压测需求变成简单的页面配置操作。在功能上覆盖公司绝大部分的 http 压测场景，节省各产品搭建压测环境、执行测试、整理测试报告的时间，并且能对整个测试执行过程规范化。

- 平台架构

Bulma 服务端为分布式架构，站点与压力源节点分开部署，压力源节点可以根据需求动态扩充，以支持更大数量级的压测需求。系统架构如图 7-44 所示。

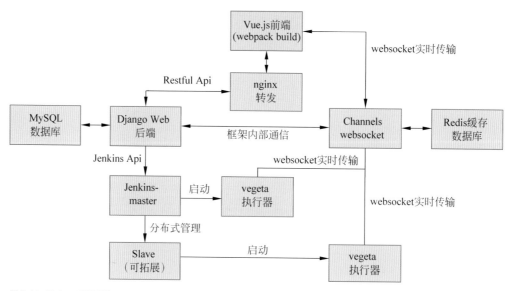

图 7-44　Bulma 系统架构

7.3.3 监控服务

/ Sentry

1. 项目背景

在项目的开发和正式上线阶段，traceback 的快速收集和通知都是必不可少的。Sentry 可以帮助项目组显著减少从 traceback 发生到被发现的时间，使快速修复 Bug 成为可能。

Sentry 原本是一个开源项目，主要应用于一些 Web 服务，我们将其引入到公司内部，主要针对游戏项目的一些特点做了相应的优化。此外还进行了性能调优、压力测试等工作，旨在为产品提供一个多端和多语言的日志收集告警系统，能够横向扩展以提供低延迟高并发的服务，为产品在各个阶段及时跟进修复 Bug 提供支持。

2. 系统介绍

Sentry 主要提供以下几种功能：

- 合并相同的 traceback，避免同样的问题被多次记录，方便后续跟踪。

- 为 traceback 添加自定义标签，方便统计或执行自定义通知服务。

- 丰富的 traceback 状态 / 搜索功能。

- 自定义通知服务，支持对多个条件进行不同的逻辑组合（同时满足 / 满足任何一个 / 均不满足），并且距离上一次通知操作间隔一定时间时才会采取通知动作（利用 POPO 或 Webhook，通知到对应问题跟进人或对问题进行记录和处理）。

- 快速易协作提单，便于后续跟踪和解决问题。

- 多种方式显示 traceback 的详细堆栈信息，帮助程序定位和修复问题。

- 限额 / 扩容。对每个项目每小时的 traceback 处理数量设置上限（3 万条 / 小时），防止突发的 traceback 激增导致 Sentry 服务端压力过大；如果需要支持更多的数量，可以联系管理员进行扩容。

3. 平台架构

Sentry 给每个接入的项目组分配了一个实例，以达到项目组之间的隔离，并利用 Symphony 平台来提供 Sentry 的横向扩展能力，目前单项目组每小时 traceback 处理能力可以接近 100 万。Sentry 的系统架构如图 7-45 所示，图 7-46 是单个 Sentry 编排的结构图。Web Server 主

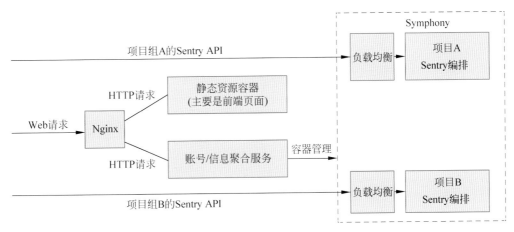

图 7-45　Sentry 系统架构

要处理前端发过来的 API 请求和 Sentry SDK 发过来的 trcaeback，对 traceback 仅进行简单的预处理就放入 Redis 缓存和触发相应的 Celery 任务。Celery Worker 主要是对 traceback 进行进一步的处理，最终存入数据库中。

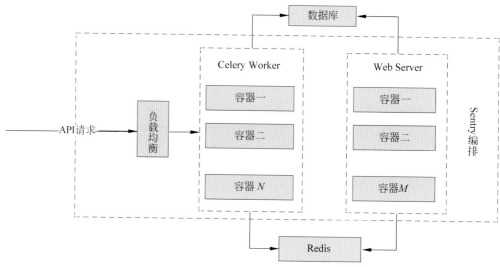

图 7-46　单个 *Sentry* 编排结构

7.3.4　公共流程

/ 渠道发布

1. 项目背景

为了游戏的顺利发布和推广，手游产品都会接入海量的渠道，来引入更多的玩家。大部分渠道会提供一套 SDK，用于渠道内用户在游戏内的登录和付费操作。目前，公司内部已经有相关平台和工具来支持渠道 SDK 的接入流程，如 Jelly 计费系统、UniSDK 打包工具等。

为了将渠道包体的提审发布纳入统一流程，我们开发了渠道发布管理平台。该平台旨在规范渠道包体和提审材料的收取流程，节省各职位同事之间的沟通成本，使渠道包体的提审过程有迹可循，方便项目组的同事及时跟进渠道包体的提审进度。

2. 系统介绍

渠道发布管理平台的整体功能模块如图 7-47 所示。

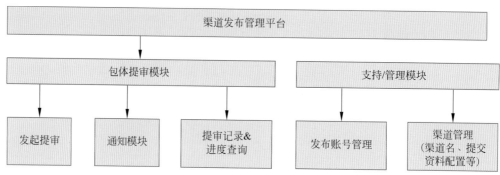

图 7-47　渠道发布管理平台功能模块

渠道发布管理平台主要由两大模块构成，分别为包体提审模块和支持 / 管理模块。其中，包体提审模块主要用于发起提审流程、查询提审记录和提审进度，以及在流程中的各个节点通知相关负责人进行任务操作。支持 / 管理模块则主要用于为前者提供支持，包括发布账号的管理和对各个渠道填写材料的管理。

平台的各个模块都是围绕包体提审来设计的，图 7-48 是详细的提审流程。

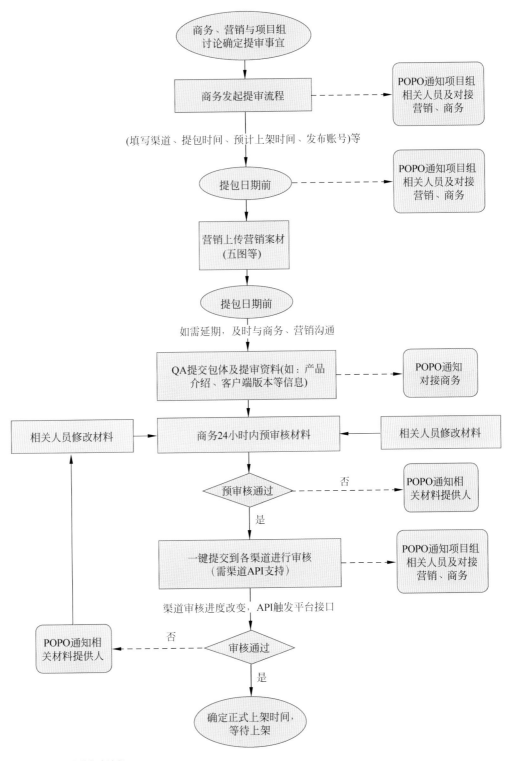

图 7-48 渠道包体提审流程